EUL VERLAG

SUPPLY CHAIN, LOGISTICS AND OPERATIONS MANAGEMENT

Herausgegeben von Prof. Dr. Dr. h. c. Wolfgang Kersten, Hamburg

Band 1
Mareike Böger
Gestaltungsansätze und Determinanten des Supply Chain Risk Managements – Eine explorative Analyse am Beispiel von Deutschland und den USA
Lohmar – Köln 2010 • 272 S. • € 58,- (D) • ISBN 978-3-89936-969-4

Band 2
Meike N. Schröder
Förderung der Leistungsbereitschaft in unternehmensübergreifenden Projektteams – Eine empirische Analyse
Lohmar – Köln 2010 • 264 S. • € 57,- (D) • ISBN 978-3-89936-995-3

JOSEF EUL VERLAG

Förderung der Leistungsbereitschaft in unternehmensübergreifenden Projektteams – Eine empirische Analyse

DISSERTATION

zur Erlangung des akademischen Grades einer Doktorin
der Wirtschafts- und Sozialwissenschaften
der Fakultät Wirtschafts- und Organisationswissenschaften
der Helmut-Schmidt-Universität, Universität der Bundeswehr Hamburg
vorgelegt von

Meike N. Schröder

aus Haltern am See

Hamburg 2010

1. Gutachter: Prof. Dr. Hans Koller
Betriebswirtschaftslehre, insbesondere
Industriebetriebslehre und Technologiemanagement
Helmut-Schmidt-Universität,
Universität der Bundeswehr Hamburg

2. Gutachter: Prof. Dr. Dr. h. c. Wolfgang Kersten
Institut für Logistik und Unternehmensführung
Technische Universität Hamburg-Harburg

Tag der mündlichen Prüfung: 14. Oktober 2010

Reihe: Supply Chain, Logistics and Operations Management · Band 2
Herausgegeben von Prof. Dr. Dr. h. c. Wolfgang Kersten, Hamburg

Meike N. Schröder

Förderung der Leistungsbereitschaft in unternehmensübergreifenden Projektteams

Eine empirische Analyse

Mit einem Geleitwort von Prof. Dr. Hans Koller,
Helmut-Schmidt-Universität – Universität der Bundeswehr Hamburg,
und Prof. Dr. Dr. h. c. Wolfgang Kersten,
Technische Universität Hamburg-Harburg

EUL VERLAG

Bibliografische Information der Deutschen Nationalbibliothek

Die Deutsche Nationalbibliothek verzeichnet diese Publikation in der Deutschen Nationalbibliografie; detaillierte bibliografische Daten sind im Internet über <http://dnb.d-nb.de> abrufbar.

Dissertation, Helmut-Schmidt-Universität – Universität der Bundeswehr Hamburg, 2010

ISBN 978-3-89936-995-3
1. Auflage Dezember 2010

JOSEF EUL VERLAG GmbH
Brandsberg 6
53797 Lohmar
Tel.: 0 22 05 / 90 10 6-6
Fax: 0 22 05 / 90 10 6-88
E-Mail: info@eul-verlag.de
http://www.eul-verlag.de

Bei der Herstellung unserer Bücher möchten wir die Umwelt schonen. Dieses Buch ist daher auf säurefreiem, 100% chlorfrei gebleichtem, alterungsbeständigem Papier nach DIN 6738 gedruckt.

Geleitwort

In der Praxis ist deutlich zu verzeichnen, dass neben dauerhaften Unternehmenskooperationen der Einsatz temporär begrenzter unternehmensübergreifender Projektarbeit stetig ansteigt. Dabei trägt jedes einzelne Teammitglied – als Schlüsselfigur – durch sein Leistungsverhalten entscheidend zum Erfolg oder Misserfolg der unternehmensübergreifenden Zusammenarbeit bei.

In der aktuellen Literatur zum Projektmanagement und zum Personalmanagement scheint jedoch der Leistungsbeitrag des einzelnen Teammitglieds fast etwas in den Hintergrund getreten zu sein. Auch kann nicht behauptet werden, dass ganzheitliche mitarbeiterbezogene Leistungsmanagement-Ansätze abschließend durchdrungen wären und Gestaltungsempfehlungen für jeden Anwendungsfall in befriedigendem Ausmaß vorlägen. Diese Aussage gilt in besonderer Weise für das mitarbeiterbezogene Leistungsmanagement bei der unternehmensübergreifenden Projektarbeit, bei dem die individuelle Leistungsbereitschaft des Teammitglieds im Vordergrund steht. Ein noch relativ wenig beleuchtetes, aber vielversprechendes Feld liegt hier in der Analyse der unterschiedlichen Einflussfaktoren auf die individuelle Leistungsbereitschaft des einzelnen Teammitglieds im Rahmen der interorganisationalen Zusammenarbeit.

Genau diesem Thema ist die vorliegende Arbeit gewidmet. Konkret beleuchtet die Arbeit den Zusammenhang zwischen den Gestaltungsvariablen des mitarbeiterorientierten Leistungsmanagements und der individuellen Leistungsbereitschaft des Teammitglieds bei der zeitlich befristeten unternehmensübergreifenden Zusammenarbeit.

Dem ganzheitlichen Ansatz der Personalführung folgend orientiert sich die Arbeit dabei nicht nur an der individuellen Personalführung, sondern berücksichtigt gleichzeitig organisatorische Aspekte, wie die Konstellation des unternehmensübergreifenden Projektteams. Auf diese Weise adressiert die Arbeit zentrale Einflussfaktoren auf die individuelle Leistungsbereitschaft des Teammitglieds. Denn diese hängt letztlich nicht nur von der Existenz einzelner Maßnahmen der Personalführung ab, sondern vielmehr von der Art und Weise, wie diese bei der unternehmensübergreifenden Zusammenarbeit eingesetzt werden und welche Konsequenzen sich daraus für die Zusammenarbeit zwischen den Projektmitgliedern ergeben.

Mit einer umfangreichen empirischen Untersuchung analysiert die vorliegende Arbeit die direkten und indirekten Wirkungsbeziehungen zwischen den Gestaltungsvariablen des mitarbeiterorientierten Leistungsmanagements und der individuellen Leistungsbereitschaft des Teammitglieds. Mittels eines Kausalmodells werden dazu die Ergebnisse aus einer branchenübergreifenden Befragung von 218 Projektmitgliedern untersucht und mit AMOS ausgewertet.

Die Ergebnisse der Auswertung belegen die von Frau Schröder vermutete Abhängigkeit der individuellen Leistungsbereitschaft des Teammitglieds von der Personalführung, der Teamkonstellation sowie von der kooperativen Zusammenarbeit innerhalb des interorganisationalen Projektteams. Frau Schröder weist nach, unter welchen Bedingungen das individuelle Teammitglied von seinem entsendenden Unternehmen zu einem kontinuierlichen Leistungsbeitrag unter Ausschöpfung seiner Leistungspotenziale im Rahmen der unternehmensübergreifenden Projektarbeit motiviert werden kann.

Die vorliegende Arbeit gibt damit nicht nur der Forschung wichtige Impulse, sondern präsentiert bedeutsame Hinweise für ein erfolgreiches Personalmanagement bei der unternehmensübergreifenden Projektarbeit, die auf einem soliden empirischen Fundament basieren. Es ist zu hoffen, dass diese Arbeit eine breite Aufnahme in der Wissenschaft und in der Praxis erfährt, die sowohl dem Thema als auch der hier geleisteten Art der Themenbearbeitung gebühren. Den Lesern – sowohl aus der Wissenschaft als auch aus der wissenschaftlich interessierten Praxis – dürften anregende und aufschlussreiche Erkenntnisse gewiss sein.

Prof. Dr. Hans Koller
Helmut-Schmidt-Universität /
Universität der Bundeswehr Hamburg

Prof. Dr. Dr. h. c. Wolfgang Kersten
Technische Universität Hamburg-Harburg

Vorwort

Die vorliegende Arbeit wurde von der Fakultät für Wirtschafts- und Sozialwissenschaften an der Helmut-Schmidt-Universität, Universität der Bundeswehr Hamburg als Dissertation angenommen. Sie entstand im Rahmen meiner Tätigkeit als wissenschaftliche Mitarbeiterin an der Kühne School of Logistics and Management an der Technischen Universität Hamburg-Harburg.

Meine Dissertation wurde begleitet von einer Reihe von Personen, denen ich an dieser Stelle herzlich danken möchte. Mein ganz besonderer Dank gilt meinem Doktorvater, Herrn Professor Dr. Hans Koller, der mir durch einen kritisch-konstruktiven Dialog geholfen hat, die Aussagen der Arbeit zu schärfen und der durch zahlreiche fachliche Anregungen bis in die Endphase hinein die Gestaltung der Arbeit wesentlich beeinflusst hat.

Bedanken möchte ich mich darüber hinaus bei meinem Zweitgutachter Herrn Prof. Dr. Dr. h. c. Wolfgang Kersten, der mich stets durch intensive Diskussionen unterstützt hat und der mir durch die Betreuung meiner Tätigkeit als wissenschaftliche Mitarbeiterin umfangreiche Praxiserfahrungen in der Projektarbeit ermöglichte. Seine wertvollen Anregungen haben entscheidend zum Erfolg der Dissertation beigetragen.

Ebenfalls gilt mein Dank den zahlreichen Mitarbeitern und Führungskräften in den Unternehmen, die an meiner Befragung teilgenommen haben und die mir ihre Erfahrungen und Einschätzungen mit auf den Weg gaben.

Allen Mitarbeitern des Instituts für Logistik und Unternehmensführung an der Technischen Universität Hamburg-Harburg danke ich für die kollegiale Zusammenarbeit, die angenehme Arbeitsatmosphäre und dafür, dass sie immer wieder Zeit für fachliche Gespräche gefunden haben. Dem regen Austausch verdanke ich wertvolle Ideen und immer wieder neuen Antrieb.

Für das gemeinsame Überwinden sämtlicher Höhen und Tiefen, die das Verfassen einer Dissertation mit sich bringt, danke ich meiner Familie und meinen Freunden, die mich jederzeit unterstützt haben.

Mein besonderer Dank gilt jedoch meinen Eltern, die mich während der verschiedenen Phasen der Promotion stets liebevoll motiviert und unterstützt haben und die durch vielfältige Förderung entscheidend zur Entstehung dieses Buches beigetragen haben. Ihnen möchte ich diese Arbeit widmen.

Meike Schröder

Inhaltsverzeichnis

Abbildungsverzeichnis XIII

Tabellenverzeichnis XV

Abkürzungsverzeichnis XVI

1 EINLEITUNG 1

1.1. AUSGANGSSITUATION UND PROBLEMSTELLUNG 1

1.2. BEZUGSRAHMEN UND EINGRENZUNG DER UNTERSUCHUNG 2

1.3. ZIELSETZUNG UND AUFBAU DER ARBEIT 6

2 KONZEPTIONELLE GRUNDLAGEN 11

2.1 TEAMS IN ORGANISATIONEN UND UNTERNEHMENSÜBERGREIFENDE TEAMS 11

2.1.1 Definition eines Teams 11

2.1.2 Klassifikation von Teams 13

2.1.3 Einsatzgebiete interorganisationaler Projektteams 17

2.1.4 Forschungsfokus innerhalb der interorganisationalen Projektteams 19

2.2 LEISTUNG, LEISTUNGSBEREITSCHAFT UND LEISTUNGSMANAGEMENT – BEGRIFFLICHE UND INHALTLICHE ABGRENZUNG 21

2.2.1 Leistung – ein interdisziplinärer Begriff 21

2.2.2 Typologie der Leistung 26

2.2.3 Ebenen der Leistungserstellung 27

2.2.4 Determinanten der Mitarbeiterleistung 29

2.2.5 Begriffliche Abgrenzung und Nutzen des Leistungsmanagements 32

2.2.6 Prozessschritte des Leistungsmanagements 34

2.3 THEORETISCHE ERKLÄRUNGSANSÄTZE FÜR DAS LEISTUNGSVERHALTEN 38

2.3.1 Inhaltstheorien der Motivation 38

2.3.1.1 Die Bedürfnistheorien von Maslow und Alderfer 39

2.3.1.2 Die Zwei-Faktorentheorie von Herzberg 41

2.3.2 Prozesstheorien der Motivation 43

2.3.2.1 Das Weg-Ziel-Modell von House und Evans 43

2.3.2.2 Die VIE-Theorie von Vroom 46

2.3.2.3 Das Motivationsmodell von Porter und Lawler 49

2.3.2.4 Zieltheorie der Arbeitsmotivation von Locke 51

2.3.2.5 Gerechtigkeitstheorie von Adams 53

2.3.3 Personalökonomischer Ansatz 54

2.3.4 Human Relations Ansatz 55

2.3.5 Ansätze zur Teamarbeit 57

2.3.5.1 Das Modell nach McGrath und Hackman 58

2.3.5.2 Das Modell nach Gladstein 61

2.3.5.3 Weitere Ansätze zur Teamforschung 63

2.3.6 Zusammenfassende Würdigung 68

3 MODELL DER INDIVIDUELLEN LEISTUNGSBEREITSCHAFT IN UNTERNEHMENSÜBERGREIFENDEN PROJEKTTEAMS 71

3.1 BEZUGSRAHMEN UND SELEKTION DER VARIABLEN 71

3.2 GESTALTUNGSVARIABLEN DES MITARBEITERORIENTIERTEN LEISTUNGSMANAGEMENTS 77

3.2.1 Leistungsfähigkeit 77

3.2.2 Anreizgestaltung 80

3.2.3 Zielbildung 83

3.2.4 Erfassen des Leistungsbeitrags 85

3.2.5 Leistungsbeurteilung und Feedback 88

3.2.6 Entscheidungsstrukturen und Anzahl der Kooperationspartner 90

3.2.7 Homogenität der Teammitglieder 91

3.2.8 Mehrfachbelastung des Teammitglieds 95

3.3 KOOPERATIVE ZUSAMMENARBEIT 96

3.4 MODERIERENDE VARIABLEN 100

3.4.1 Komplexität der Projektaufgabe 101

3.4.2 Bedeutung der Projektaufgabe 103

3.5 Individuelle Leistungsbereitschaft 105

3.6 Hypothesensystem und Modellstruktur im Überblick 107

4 EMPIRISCHE ANALYSE 111

4.1 Grundlagen der empirischen Untersuchung 111

4.1.1 Operationalisierung der Modellvariablen 111

4.1.1.1 Gestaltungsvariablen des mitarbeiterorientierten Leistungsmanagements 115

4.1.1.2 Kooperative Zusammenarbeit 119

4.1.1.3 Individuelle Leistungsbereitschaft 120

4.1.1.4 Moderierende Variablen 120

4.1.2 Erhebungsdesign und Stichprobenstruktur 122

4.1.2.1 Vorgehensweise der Datenerhebung 122

4.1.2.2 Testen des Datensatzes und Behandlung fehlender Werte 125

4.2 Methodik und Vorgehensweise der Datenauswertung 128

4.2.1 Analyse von Strukturgleichungsmodellen 128

4.2.2 Analyse moderierender Variablen 132

4.2.3 Vorgehensweise zur Gütebeurteilung reflektiver Konstrukte 133

4.3 Ergebnisse der empirischen Untersuchung 136

4.3.1 Beschreibung der Stichprobe 136

4.3.2 Deskriptive Befunde zur unternehmensübergreifenden Projektarbeit 142

4.3.3 Prüfung des Untersuchungsmodells 153

4.3.3.1 Ergebnisse der Güteprüfung der Gestaltungsvariablen des mitarbeiterorientierten Leistungsmanagements 153

4.3.3.2 Ergebnisse der Güteprüfung der kooperativen Zusammenarbeit 155

4.3.3.3 Ergebnisse der Güteprüfung der individuellen Leistungsbereitschaft 156

4.3.3.4 Ergebnisse der Güteprüfung der moderierenden Faktoren 157

4.3.3.5 Prüfung der Diskriminanzvalidität 159

4.3.4 Ergebnisse der Hypothesenprüfung 159

4.3.4.1 Überprüfung der direkten und indirekten Einflüsse auf die individuelle Leistungsbereitschaft *160*

4.3.4.2 Überprüfung der Moderationseffekte *166*

5 INTERPRETATION DER ERGEBNISSE UND GESTALTUNGSEMPFEHLUNGEN **169**

5.1 LEISTUNGSPLANUNG **170**

5.2 LEISTUNGSERSTELLUNG **183**

5.3 LEISTUNGSBEWERTUNG **186**

5.4 FEEDBACK ZUM LEISTUNGSERGEBNIS **188**

5.5 VERBESSERUNG UND WEITERENTWICKLUNG DES LEISTUNGSMANAGEMENTS **190**

6 SCHLUSSBETRACHTUNG **193**

6.1 ZUSAMMENFASSUNG DER ZENTRALEN UNTERSUCHUNGSERGEBNISSE **193**

6.2 LIMITATIONEN UND AUSBLICK **199**

ANHANG **201**

LITERATURVERZEICHNIS **211**

Abbildungsverzeichnis

Abb. 1-1: Einordnung der Leistungsmanagementliteratur ... 4
Abb. 1-2: Bezugsrahmen der Untersuchung ... 7
Abb. 1-3: Aufbau der Arbeit ... 9
Abb. 2-1: Kriterien zur Unterscheidung verschiedener Teamarten ... 15
Abb. 2-2: Einsatzgebiete interorganisationaler Projektteams ... 18
Abb. 2-3: Leistungsverständnis nach Thoms ... 23
Abb. 2-4: Leistungsverständnis in der Betriebswirtschaftslehre ... 24
Abb. 2-5: Ebenen der Leistungserstellung ... 28
Abb. 2-6: Determinanten der Mitarbeiterleistung ... 30
Abb. 2-7: Prozessschritte des Leistungsmanagements ... 37
Abb. 2-8: Weg-Ziel-Theorie nach Evans ... 44
Abb. 2-9: Zusammenhang zwischen den Ergebnissen und der Instrumentalität nach Vroom ... 47
Abb. 2-10: Motivationsansatz nach Porter und Lawler ... 50
Abb. 2-11: Zieltheorie von Locke ... 52
Abb. 2-12: Leistungsdeterminanten im Human Relations Ansatz ... 57
Abb. 2-13: Das traditionelle Modell nach McGrath ... 59
Abb. 2-14: Normatives Modell nach Hackman ... 60
Abb. 2-15: Modell nach Gladstein ... 62
Abb. 3-1: Darstellung des Bezugsrahmens der Untersuchung ... 76
Abb. 3-2: Art der Zielbildung im interorganisationalen Team ... 84
Abb. 3-3: Das Teammitglied als Grenzmitarbeiter ... 90
Abb. 3-4: Portfolio zur Charakterisierung der kulturellen Ausprägung ... 94
Abb. 3-5: Direkter Einfluss der Gestaltungsvariablen auf die individuelle Leistungsbereitschaft ... 107
Abb. 3-6: Indirekter Einfluss der Bezugselemente auf die individuelle Leistungsbereitschaft ... 108
Abb. 4-1: Möglichkeiten der Konzeptualisierung von Konstrukten ... 112
Abb. 4-2: Umsetzung der Zwei-Sprachentheorie in der empirischen Forschung . 113
Abb. 4-3: Reflektive und formative Indikatoren ... 114
Abb. 4-4: Themenkomplexe der durchgeführten Befragung ... 123
Abb. 4-5: Methodisches Vorgehen zur Analyse von Strukturgleichungsmodellen ... 129
Abb. 4-6: Zusammenhang zwischen Mess- und Strukturmodell ... 129
Abb. 4-7: Verteilung der Branchen in der Stichprobe ... 137
Abb. 4-8: Verteilung der Unternehmen nach Größenklassen ... 138
Abb. 4-9: Verteilung der Hierarchieebenen in der Stichprobe ... 138
Abb. 4-10: Wettbewerbsverhältnis zwischen den beteiligten Unternehmen ... 140

Abb. 4-11: Anzahl der zuvor durchgeführten unternehmensübergreifenden Projekte ... 141
Abb. 4-12: Aufgabenschwerpunkte der unternehmensübergreifenden Projekte ... 142
Abb. 4-13: Deskriptive Statistik zu der Leistungsfähigkeit ... 142
Abb. 4-14: Deskriptive Statistik zu den Individualanreizen ... 143
Abb. 4-15: Deskriptive Statistik zur Zielbildung ... 144
Abb. 4-16: Deskriptive Statistik zum Erfassen des Leistungsbeitrags ... 145
Abb. 4-17: Deskriptive Statistik zum Feedback ... 146
Abb. 4-18: Deskriptive Statistik zur Entscheidungsbefugnis ... 146
Abb. 4-19: Deskriptive Statistik der Homogenität ... 147
Abb. 4-20: Deskriptive Statistik zur Mehrfachbelastung ... 148
Abb. 4-21: Deskriptive Statistik der kooperativen Zusammenarbeit ... 149
Abb. 4-22: Deskriptive Statistik der individuellen Leistungsbereitschaft ... 150
Abb. 4-23: Deskriptive Statistik der Komplexität der Projektaufgabe ... 150
Abb. 4-24: Deskriptive Statistik der Bedeutung der Projektaufgabe ... 151
Abb. 4-25: Deskriptive Statistik zum Erfolg des Projektes ... 152
Abb. 4-26: Ergebnisse der direkten Einflüsse auf die individuelle Leistungsbereitschaft ... 161
Abb. 4-27: Ergebnisse der direkten und indirekten Einflüsse auf die individuelle Leistungsbereitschaft ... 163
Abb. 5-1: Zuordnung der Hypothesen zu den Prozessschritten des Leistungsmanagements ... 169
Abb. 5-2: Empfehlungen zur Leistungsfähigkeit ... 172
Abb. 5-3: Empfehlungen zu Individualanreizen ... 175
Abb. 5-4: Anforderungen an die Zielbildung bei der unternehmensübergreifenden Projektarbeit ... 177
Abb. 5-5: Empfehlungen zur Zielbildung ... 178
Abb. 5-6: Empfehlungen zur Entscheidungsbefugnis ... 180
Abb. 5-7: Empfehlungen zur Teamzusammensetzung ... 181
Abb. 5-8: Empfehlungen zur Mehrfachbelastung ... 183
Abb. 5-9: Empfehlungen zur Leistungserstellung ... 185
Abb. 5-10: Empfehlungen zur Leistungsbewertung ... 187
Abb. 5-11: Empfehlungen zum Feedback ... 189
Abb. 5-12: Empfehlungen zur Leistungsbewertung ... 191

Tabellenverzeichnis

Tab. 2-1: Morphologischer Kasten zur Klassifikation von Leistung 26
Tab. 2-2: Definitionen des Begriffs Leistungsmanagement 33
Tab. 2-3: Prozessschritte des Leistungsmanagements 35
Tab. 2-4: Ansätze zur Teamarbeit 68
Tab. 3-1: Anforderungen an die Mitglieder unternehmensübergreifender Projektteams 78
Tab. 4-1: Unterschiede zwischen formativen und reflektiven Messmodellen 115
Tab. 4-2: Indikatoren zur Operationalisierung der leistungsorientierten Personalführung 116
Tab. 4-3: Indikatoren zur Operationalisierung der Teamkonstellation 118
Tab. 4-4: Indikatoren zur Operationalisierung der kooperativen Zusammenarbeit 119
Tab. 4-5: Indikatoren zur Operationalisierung der Leistungsbereitschaft 120
Tab. 4-6: Indikatoren zur Operationalisierung der moderierenden Faktoren 121
Tab. 4-7: Rückläufer bei der empirischen Untersuchung 124
Tab. 4-8: Verwendete Anpassungsmaße und Schwellenwerte 131
Tab. 4-9: Charakteristika der Stichprobe 139
Tab. 4-10: Explorative Faktorenanalyse der Gestaltungsvariablen des mitarbeiterorientierten Leistungsmanagements 153
Tab. 4-11: Konfirmatorische Faktorenanalyse der Gestaltungsvariablen des mitarbeiterorientierten Leistungsmanagements 154
Tab. 4-12: Explorative Faktorenanalyse zur kooperativen Zusammenarbeit 155
Tab. 4-13: Konfirmatorische Faktorenanalyse zur kooperativen Zusammenarbeit 156
Tab. 4-14: Explorative Faktorenanalyse zur individuellen Leistungsbereitschaft 156
Tab. 4-15: Konfirmatorische Faktorenanalyse zur individuellen Leistungsbereitschaft 157
Tab. 4-16: Explorative Faktorenanalyse zur Komplexität der Projektaufgabe 157
Tab. 4-17: Konfirmatorische Faktorenanalyse zur Komplexität der Projektaufgabe 158
Tab. 4-18: Explorative Faktorenanalyse zur Bedeutung der Projektaufgabe 158
Tab. 4-19: Konfirmatorische Faktorenanalyse zur Bedeutung der Projektaufgabe 158
Tab. 4-20: Quadrierte Korrelationen zwischen den reflektiv latenten Variablen 159
Tab. 4-21: Direkte, indirekte und totale Wirkung auf die individuelle Leistungsbereitschaft 164
Tab. 4-22: Ergebnisse der Hypothesenprüfung 166
Tab. 4-23: Hierarchisch moderierte Regressionsanalyse der Komplexität der Projektaufgabe 167

Tab. 4-24: Hierarchisch moderierte Regressionsanalyse der Bedeutung der Projektaufgabe 168
Tab. 4-25: Ergebnisse der Hypothesenprüfung (moderierende Effekte) 168

Abkürzungsverzeichnis

AGFI	: Adjusted Goodness of Fit Index
AMOS	: Analysis Of Moment Structures
ASQ	: Administrative Science Quarterly
DBW	: Die Betriebswirtschaft
DEV	: Durchschnittlich erfasste Varianz
DGFP	: Deutsche Gesellschaft für Personalführung
EM	: Expectation Maximization
GFI	: Goodness of Fit Index
GLS	: General-Least-Squares
HWFü	: Handwörterbuch der Führung
HWO	: Handwörterbuch der Organisation
I-t-T K	: Item-to-Total Korrelation
IuK-Technologie	: Informations- und Kommunikationstechnologie
JAP	: Journal of Applied Psychology
JASP	: Journal of Applied Social Psychology
LM	: Leistungsmanagement
MAR	: Missing At Random
MCAR	: Missing Completely At Random
MIS	: Management Information Systems
ML	: Maximum Likelihood
MNAR	: Missing Not At Random
MSA	: Measure of Sampling Adequacy
NFI	: Normed Fit Index
OBHP	: Organizational Behavior and Human Performance
PNFI	: Parsimonious Normed Fit Index
RFI	: Relative Fit Index
RMSEA	: Root Mean Square Error of Approximation
SEM	: Structural Equation Modeling
SPSS	: Statistical Package for the Social Sciences
STD	: Standardabweichung
ULS	: Unweighted-Least-Squares
WISU	: Das Wirtschaftsstudium
WLS	: Weighted Least Squares
ZfB	: Zeitschrift für Betriebswirtschaft
ZfbF	: Zeitschrift für betriebswirtschaftliche Forschung
ZfgG	: Zeitschrift für das gesamte Genossenschaftswesen
Zfo	: Zeitschrift Führung und Organisation
ZFP	: Zeitschrift für Forschung und Praxis

1 Einleitung

1.1 Ausgangssituation und Problemstellung

Die aktuellen wirtschaftlichen Rahmenbedingungen, die durch internationale Wertschöpfung, steigende Wettbewerbsanforderungen sowie sich stetig ändernde Kundenanforderungen gekennzeichnet sind, erzwingen neben der Fokussierung der einzelnen Unternehmen auf ihre Kernkompetenzen eine engere Kooperationen zwischen den Unternehmen innerhalb des Wertschöpfungsprozesses, z. B. in Form von Netzwerken und strategischen Allianzen.[1] Neben dauerhaften Kooperationen gibt es immer wieder temporär begrenzte, inhaltlich umfassende Aufgaben, für deren Lösung Mitarbeiter aus verschiedenen Unternehmen in einem unternehmensübergreifenden Projektteam zusammengezogen werden.[2] Diese unternehmensübergreifenden Projektteams bilden das zentrale Betrachtungsobjekt dieser Arbeit.

Unternehmensübergreifende Teams kommen in unterschiedlichen Funktionsbereichen (z. B. Forschung und Entwicklung, Produktion und Logistik), auf unterschiedlichen Hierarchieebenen (z. B. operatives oder strategisches Management) und für unterschiedliche Zwecke zum Einsatz. Die Beweggründe für die Bildung von unternehmensübergreifenden Projektteams sind dabei gemäß ihrer strukturellen Vielfalt sehr vielschichtig. In vielen Fällen veranlassen jedoch Know-how-Zuwachs, Kosten- und Risikoreduktion sowie erweiterte Marktzugänge die Unternehmen zur unternehmensübergreifenden Zusammenarbeit.[3] Die Arbeit in derartigen Projektteams ist aufgrund hoher Neuartigkeit, Komplexität und Unstrukturiertheit der Aufgabe – Merkmale, die dazu geführt haben, dass ein unternehmensübergreifendes Projetteam gebildet worden ist – kaum vororganisierbar, sondern hängt vielmehr in erster Linie von der Leistungsbereitschaft der einzelnen Mitarbeiter ab.[4] Die Mitarbeiter tragen durch ihr Leistungsverhalten zum Erfolg oder Misserfolg der unternehmensübergreifenden Projektarbeit bei.[5]

Um den geeigneten Mitarbeiter für die unternehmensübergreifende Teamarbeit auszuwählen, der zum Erfolg der Zusammenarbeit beiträgt, muss das entsendende Un-

---

1 Zu verteilter Leistungserstellung bzw. Kooperationen siehe z. B. Koller (1998), Gaul (2001), Sydow (2006).

2 Vgl. Stock-Homburg/Gaitanides (2006b), S. 48ff.

3 Vgl. Rupprecht-Däullary (1994), S. 27, Ehrlenspiel et al. (2007), S. 23, Figge (1999), S. 50ff. und S. 77, Rotering (1990), S. 85.

4 Vgl. zum Personal als Erfolgsfaktor Keller (2006), S. 871f. sowie Jetter (2004), S. XV. Zur Schwerpunktentwicklung des Personalmanagements siehe Lorenz/Oppitz (2001) sowie zum Wandel des Personalmanagements Schust (1994), S. 33.

5 Zu Einflussfaktoren auf die Teamleistung siehe beispielhaft Seers (1989), Gladstein (1984), Högl (1998), Kratzer et al. (2004), Higgs et al. (2005), Mehra et al. (2006), Kuester et al. (2008).

ternehmen einerseits Kenntnis über sein Leistungsverhalten haben und wissen, was den Mitarbeiter zum Einsatz seiner Leistungspotenziale motiviert. Andererseits muss es die Möglichkeit besitzen, auf sein Leistungsverhalten gestalterischen Einfluss zu nehmen. Hierzu bedarf es eines mitarbeiterorientierten Leistungsmanagements. Unter dem Begriff Leistungsmanagement wird in der vorliegenden Arbeit ein Ansatz zur Beeinflussung und Steuerung der individuellen Mitarbeiterleistung verstanden, der auf die Förderung der Leistungsbereitschaft, der individuellen Fähigkeiten und der Leistungsmöglichkeiten ausgerichtet ist.[6]

Zwar haben viele Unternehmen die Notwendigkeit eines mitarbeiterorientierten Leistungsmanagements erkannt, die Umsetzung eines entsprechenden Ansatzes beschränkt sich in der Praxis häufig jedoch nur auf Teilaspekte, wie z. B. auf die Weiterbildung, die Zielvereinbarung oder das Talent Management. Im Zusammenhang mit der unternehmensübergreifenden Projektarbeit werden die Aspekte eines mitarbeiterorientierten Leistungsmanagements bislang weitgehend ignoriert. Empirische Ergebnisse, die für das entsendende Unternehmen Aufschluss über die Gestaltung von Personalführungsmaßnahmen, Teamkonstellation, sowie kooperativer Zusammenarbeit im unternehmensübergreifenden Projekt geben, bei denen die Leistungsbereitschaft des individuellen Teammitglieds im Vordergrund steht, liegen bislang nicht vor.

1.2 Bezugsrahmen und Eingrenzung der Untersuchung

Die Analyse der Beiträge zum Leistungsmanagement (Performance Management) zeigt, dass das Themengebiet aus zwei verschiedenen Perspektiven betrachtet wird: der Finanzperspektive und der Humanperspektive. Erstere umfasst die finanzkennzahlenbasierten Systeme, letztere betrachtet die Arbeitsleistung vor dem personalwirtschaftlichem Hintergrund. Neben zahlreichen Beiträgen, die lediglich Teilaspekte des Leistungsmanagementansatzes behandeln, sind zudem Beiträge zu finden, die einen ganzheitlichen Leistungsmanagementansatz beschreiben und dabei neben der Gesamtleistung des Unternehmens gleichzeitig auf die Leistung einzelner Unternehmensebenen und -funktionen fokussieren.[7] Beispielhaft sei an dieser Stelle auf die Leistungsmanagementansätze von *GLEICH*, *JETTER* und *DANIEL* verwiesen, die überwiegend durch Konzepte und Instrumente der Finanzwirtschaft geprägt sind.[8] Sie erarbeiten in ihren Beiträgen einen ganzheitlichen Leistungsmanagementansatz und unterbreiten Vorschläge für dessen erfolgreiche Implementierung. Dabei wird die Frage diskutiert, wie Leistungen im Unternehmen gemessen und wie Strategien zur

---

6 Vgl. 2.2.5.

7 Vgl. Cokins (2004), Aguinis (2009), Natale et al. (1995), Sui-Pheng/Khoo (2001).

8 Vgl. Gleich (2001a,b), Jetter (2004) sowie Daniel (2008).

Leistungsförderung umgesetzt werden können. *HILGERS* analysiert die Methoden und Konzepte zur Leistungserfassung, Leistungsmessung und Leistungssteuerung zunächst im privatwirtschaftlichen Bereich und überträgt diese im Anschluss auf das Umfeld der öffentlichen Verwaltungen.[9] *SPRECKELSEN* hingegen beschäftigt sich ausschließlich mit der Leistungsmessung in F&E-Kooperationsprojekten.[10] Sowohl A*GUINIS* als auch *COKINS, GROTE und HARBOUR* entwickeln einen unternehmensbezogenen Leistungsmanagementansatz, der weniger auf finanzwirtschaftliche Kennzahlen ausgerichtet ist, als vielmehr strategische Managemententscheidungen in den Vordergrund stellt.[11] Dabei richten insbesondere *GROTE* und *AGUINIS* ihr Augenmerk nicht nur auf die Unternehmensebene, sondern auch auf die Individualebene. Leistungsmanagementansätze, die stärker auf den personalwirtschaftlichen Bereich ausgerichtet sind, fokussieren mit wenigen Ausnahmen nur auf einzelne Teilaspekte des Leistungsmanagements. So betrachten *FERSCH* und *SOMMERHOFF* beispielsweise nur die Leistungsbeurteilung als Instrument zur systemorientierten Mitarbeiterführung.[12] *SCHULER* greift neben der Leistungsbeurteilung den Aspekt der beruflichen Leistungsförderung mit auf.[13] *ROTHENBÜCHER* und *KRINS* hingegen beschäftigen sich intensiv mit der Leistungsentscheidung und der damit verbundenen Leistungsbereitschaft des Individuums. Dabei berücksichtigen sie ausgewählte Instrumente der Personalführung, die einen Einfluss auf die Motivation und Arbeitszufriedenheit des einzelnen Mitarbeiters haben können.[14] Auch *BERNHARD* und *CREMER* stellen die Arbeitsmotivation des Mitarbeiters in den Vordergrund ihres Forschungsinteresses. Während *BERNHARD* die direkten und indirekten Wirkungen verschiedener Parameter des Leistungsvergütungssystems auf die Arbeitsmotivation analysiert, stellt *CREMER* in seiner Arbeit einen Zusammenhang zwischen der Motivation der Teammitglieder und dem Projekterfolg dar.[15]

Einen vollständigen Leistungsmanagementprozess mit neuen Formen der Leistungs- und Potenzialnutzung in Führung und Organisation betrachtet *SCHUST* in seinem „Total Performance Management-Ansatz". Durch eine effiziente Gestaltung der Organisationsstrukturen und entsprechenden Personalführungsmaßnahmen versucht er, Mitarbeiterleistung und -potenziale zu erschließen und auszuschöpfen.[16] Auch *ARMSTRONG* unternimmt mit seinen „Practical Guidelines" einen Versuch, einen

---

9 Vgl. Hilgers (2008).

10 Vgl. Spreckelsen (2004).

11 Vgl. Aguinis (2009), Cokins (2004), Grote (2002), Harbour (2009).

12 Vgl. Fersch (2002), Sommerhoff (1999).

13 Vgl. Schuler (2004).

14 Vgl. Rothenbücher (2007) und Krins (2008).

15 Vgl. Bernhard (2006), Cremer (2002).

16 Vgl. Schust (1994) sowie Schust (2000).

ganzheitlichen Performance Management-Ansatz sowohl auf der organisatorischen Ebene als auch auf der Team- und Individualebene zu etablieren.[17] Abb. 1-1 ordnet die zuvor beschriebenen Beiträge zum Leistungsmanagement in den Bezugsrahmen ein. Hierbei wird unterschieden, ob sich vollständige Ansätze oder nur Teilbereiche auf die Unternehmens-, Team- oder Individualebene beziehen.

Autoren	**Unternehmens-ebene**	**Team-ebene**	**Individual-ebene**
Aguinis (2009)	●	◐	●
Armstrong (2002)	●	○	◐
Bernhard (2006)	○	○	◐
Cokins (2004)	●	○	◐
Cremer (2002)	◐	◐	◐
Daniel (2008)	●	○	○
Fersch (2002)	○	○	◐
Gleich (2001)	●	◐	◐
Grote (2002)	○	◐	●
Harbour (2009)	●	○	○
Hilgers (2008)	●	○	○
Jetter (2004)	●	◐	◐
Krins (2008)	○	◐	◐
Rothenbücher (2007)	○	○	◐
Schuler (2004)	○	○	◐
Schust (1994)	●	○	●
Schust (2000)	○	○	◐
Sommerhoff (1999)	○	○	◐
Spreckelsen (2004)	◐	○	○

Legende:

● Ganzheitlicher LM-Ansatz vorhanden
◐ LM-Ansatz teilweise vorhanden
○ Kein LM-Ansatz vorhanden

Abb. 1-1: Einordnung der Leistungsmanagementliteratur

[17] Vgl. Armstrong (2006).

Die Einordnung lässt erkennen, dass die bestehenden Beiträge zum ganzheitlichen Leistungsmanagement einen starken Bezug zur Unternehmensebene aufweisen. Eine Übertragung entsprechender Konzepte auf die Team- bzw. Individualebene findet hingegen kaum statt. Zwar werden einzelne Aspekte des Leistungsmanagements vor dem personalwirtschaftlichen Hintergrund betrachtet, jedoch haben alle Beiträge gemeinsam, dass sie dabei nur allgemeine Arbeitssituationen analysieren. Gestaltungsempfehlungen für einen umfassenden Leistungsmanagementansatz, der die Förderung der individuellen Leistungsbereitschaft im unternehmensübergreifenden Projektteam zum Ziel hat, wurden bislang nicht entwickelt.

Auch bei der weiterführenden Literaturanalyse zum zweiten Forschungsschwerpunkt der vorliegenden Arbeit, der Zusammenarbeit im unternehmensübergreifenden Projektteam, ist kritisch anzumerken, dass sich zahlreiche Beiträge der Teamforschung nur mit Teilbereichen der relevanten personalwirtschaftlichen Problemstellungen des Leistungsmanagements auseinandersetzen. Die Analyse der anglo-amerikanischen Literatur zur Teamforschung, auf die in Kapitel 2.3.5 noch näher eingegangen wird, zeigt, dass sich zahlreiche konzeptionelle Arbeiten mit verschiedenen Einflussfaktoren auf die Zusammenarbeit im Team und die Teamleistung (team performance) als Ganzes beschäftigen.[18] Die empirischen Arbeiten fokussieren jedoch größtenteils nur auf vereinzelte, spezielle Konstrukte, insbesondere auf den Aspekt der Teamführung. Hierbei stehen mehr die Führungsstile, die Intensität der Teamführung oder die Macht bzw. das Verhalten des Teamleiters im Vordergrund der empirischen Untersuchungen und weniger die individuelle Personalführung des Teammitglieds aus Sicht des entsendenden Unternehmens.[19] Zu der Beantwortung der Frage, wie die Leistungsbereitschaft des individuellen Teammitglieds sichergestellt werden kann und welche organisatorischen Maßnahmen hierzu vom entsendenden Unternehmen ergriffen werden müssen, liegen nur wenige empirische Ergebnisse vor.[20] Vor diesem Hintergrund wird in der vorliegenden Arbeit auf eine weitere empirische Analyse der Teamführung verzichtet. Stattdessen steht die individuelle Personalführung des Teammitglieds aus Sicht des entsendenden Unternehmens im Vordergrund der Be-

---

[18] Allgemein lassen sich die Erklärungsmodelle nach Input-Output-Modellen oder Input-Prozess-Output-Modellen klassifizieren, wobei letztere die Literatur dominieren, da sie die Realität widerspielen, indem sie dem Prozess der Teaminteraktion eine bedeutende Rolle beimessen. Im Vergleich zu den Input-Prozess-Output-Modellen verstehen die einstufigen Input-Output-Modelle den Prozess der Teaminteraktion als Inputgröße, der neben weiteren Inputfaktoren die Teameffektivität beeinflusst.

[19] Vgl. zur Teamführung Blendell et al. (2001), Campion et al. (1993), Cannon et al. (1995), Essens et al. (2005), Gladstein (1984), Klimoski/Jones (1995), Rasker et al. (2001) oder Tannenbaum et al. (1992). Für allgemeine Übersichten zu empirischen Teamstudien siehe Hackman (1983), Högl (1998), Ernst (2002), Kwak (2004), Essens et al. (2005), Adams (2006) sowie Delgado Pina (2008).

[20] Vgl. hierzu z. B. Krins (2008), Cremer (2002).

trachtung. Es wird auf das den Mitarbeiter entsendende Unternehmen fokussiert, da das entsendende Unternehmen bei der unternehmensübergreifenden Zusammenarbeit einen stärkeren Einfluss auf sein eigenes Teammitglied ausüben kann als auf die Teammitglieder der Kooperationspartner. Erforderliche personalwirtschaftliche Maßnahmen für seinen Mitarbeiter können ohne aufwändige Abstimmung mit den Projektpartnern umgesetzt werden. Da der Leistungsbeitrag des eigenen Mitarbeiters innerhalb des Teams entscheidend für die Reputation des Unternehmens im Projekt ist, versucht das entsendende Unternehmen daher, bei der unternehmensübergreifenden Zusammenarbeit seine Einflussmöglichkeiten auf seinen Mitarbeiter weitestgehend auszuschöpfen. Es ist folglich ein Bestreben des entsendenden Unternehmens, dass sein Teammitglied eine hohe Leistungsbereitschaft bei der unternehmensübergreifenden Zusammenarbeit aufweist.

Des Weiteren ist anzumerken, dass in bisherigen Forschungsarbeiten unterschiedliche Teamarbeiten isoliert betrachtet werden. Der Schwerpunkt der überwiegend amerikanischen Studien liegt dabei deutlich auf intraorganisationalen IT-Teams. Die Besonderheiten unternehmensübergreifender Projektteamarbeiten bleiben hingegen größtenteils unberücksichtigt.[21] In der vorliegenden Arbeit sollen daher unternehmensübergreifende Projektteams interdisziplinär empirisch untersucht werden, um eine Generalisierbarkeit der gewonnenen Aussagen zu erreichen.

Zuletzt ist anzumerken, dass nur in wenigen existierenden Studien explizit zwischen direkten und indirekten Wirkungsmechanismen unterschieden wird. Ein indirekter Wirkungsmechanismus liegt vor, wenn „der Effekt einer Variable auf eine andere durch eine kausal zwischengelagerte Variable mediiert wird.“[22] Eine vergleichende Analyse der Wirkungen von direkten und indirekten Einflussgrößen auf die individuelle Leistungsbereitschaft des Teammitglieds bei der unternehmensübergreifenden Projektarbeit liegt bislang nicht vor.

1.3 Zielsetzung und Aufbau der Arbeit

Den Fokus der Arbeit bildet nicht die klassische intraorganisationale Teamarbeit im Unternehmen, vielmehr liegt der Schwerpunkt in der Zusammenarbeit zwischen zwei oder mehreren rechtlich selbständigen Unternehmen, der so genannten interorganisationalen (unternehmensübergreifenden) Teamarbeit. Diese Form der Zusammenarbeit unterliegt besonderen Anforderungen, da die vorliegenden unterschiedlichen Unternehmenskonstellationen (z. B. bezogen auf die Machtverteilung zwischen den

---

21 Siehe hierzu beispielsweise Stock (2003), Ancona/Caldwell (1990).

22 Baron/Kenney (1986), S. 1173.

Kooperationsunternehmen) und -spezifika (wie z. B. die Unternehmenskultur) einen starken Einfluss auf die Zusammenarbeit haben.

In der vorliegenden Arbeit wird daher die These vertreten, dass die Leistung des Mitarbeiters nicht isoliert betrachtet werden darf. Stattdessen ist sie als ein interdisziplinäres Gebiet aus den Bereichen Personalführung und der Organisation der interorganisationalen Teamarbeit aufzufassen.[23] Nur wenn auch die organisatorischen Rahmenbedingungen und die Besonderheiten der unternehmensübergreifenden Projektarbeit genügend Berücksichtigung finden, bei denen zwingend der Mitarbeiter im Mittelpunkt der Analyse steht, kann ein erfolgreicher mitarbeiterorientierter Leistungsmanagementansatz für die unternehmensübergreifende Zusammenarbeit entwickelt werden. Hierbei wird in der vorliegenden Arbeit auf die individuelle leistungsorientierte Personalführung fokussiert, da das Unternehmen diese durch entsprechende Maßnahmen direkt beeinflussen kann. Zudem werden in der Analyse die organisatorische Gestaltung der Teamarbeit sowie der Prozess der Zusammenarbeit näher betrachtet. Die Vorgehensweise der Arbeit gründet daher auf der Annahme, dass die individuelle Leistungsbereitschaft des Teammitglieds zum einen von Gestaltungsvariablen des individuellen Leistungsmanagements abhängt, zum anderen jedoch auch von der kooperativen Zusammenarbeit der Teammitglieder beeinflusst werden kann (vgl. Abb. 1-2).[24]

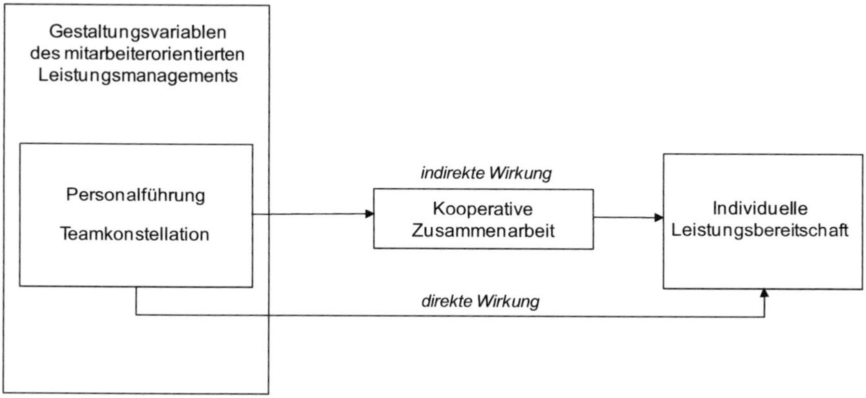

Abb. 1-2: Bezugsrahmen der Untersuchung

Ziel der vorliegenden Arbeit ist es, Einflussfaktoren und ihre Wirkungsbeziehungen auf die Leistungsbereitschaft des Individuums innerhalb der interorganisationalen

23 Vgl. Hopfenbeck (2002), S. 371, Engelhardt (1992), Sp. 1256, Raulin (1996), S. 19.

24 Zur näheren Erläuterung siehe Kapitel 3.1.

Teamarbeit zu identifizieren und aufbauend auf diesen Erkenntnissen Gestaltungsempfehlungen für ein mitarbeiterorientiertes Leistungsmanagement im Rahmen der unternehmensübergreifenden Projektarbeit abzuleiten. Es werden sowohl direkte als auch indirekte Wirkungsbeziehungen zwischen den Gestaltungsvariablen des mitarbeiterorientierten Leistungsmanagements und der individuellen Leistungsbereitschaft untersucht. Die Ergebnisse sollen Aussagen darüber ermöglichen, wie das individuelle Teammitglied von seinem entsendenden Unternehmen zu einem kontinuierlichen Leistungsbeitrag unter Ausschöpfung seiner Leistungspotenziale im Rahmen der unternehmensübergreifenden Projektarbeit motiviert werden kann. Hierzu werden ausschließlich Einflussgrößen betrachtet, auf die das entsendende Unternehmen im Rahmen der interorganisationalen Projektarbeit einen gestalterischen Einfluss nehmen kann.

Für die vorliegende Arbeit wird der in Abb. 1-3 dargestellte Aufbau in sechs Kapiteln gewählt. Nach dem einleitenden Kapitel werden in Kapitel 2 die konzeptionellen Grundlagen der Arbeit präzisiert. Dies betrifft zunächst die Darstellung und Eingrenzung der Zusammenarbeit von Individuen in interorganisationalen Teams als Untersuchungsobjekt. Um ein grundlegendes Verständnis von Leistung zu schaffen, wird der interdisziplinäre Begriff „Leistung“ systematisiert und eine eigene Arbeitsdefinition daraus entwickelt. Nach einer Typisierung des Leistungsbegriffs werden die Ebenen der Leistungserstellung sowie die Determinanten der Mitarbeiterleistung näher erläutert. Hierauf aufbauend wird eine begriffliche Abgrenzung des Leistungsmanagements vorgenommen sowie die in der Literatur existierenden aktuellen Ansätze zum Prozess des Leistungsmanagements beschrieben. Anschließend wird mit Hilfe ausgewählter Ansätze zur Arbeitsmotivation der theoretische Bezugsrahmen festgelegt, innerhalb dessen sich die folgenden Ausführungen und Analysen bewegen. In Kapitel drei werden die grundlegenden Erkenntnisse aus den vorherigen Kapiteln aufgegriffen und unter Erläuterung der relevanten Theorien in ein Modell zur individuellen Leistungsbereitschaft in unternehmensübergreifenden Projektteams integriert. Anschließend werden Hypothesen über die Wirkungszusammenhänge zwischen den einzelnen Modellelementen der leistungsorientierten Personalführung, der Teamkonstellation, der Zusammenarbeit und der Leistungsbereitschaft formuliert. In Kapitel vier folgt eine empirische Analyse der Einflussgrößen. Im Anschluss an die Erläuterung der methodischen Grundlagen der empirischen Untersuchung wird zunächst die Stichprobe charakterisiert, bevor mit Hilfe des Einsatzes statistischer Verfahren der Einfluss der in Kapitel drei vorgestellten Variablen auf die individuelle Leistungsbereitschaft und ihre Wirkungszusammenhänge untersucht werden. In Kapitel fünf werden die Ergebnisse in Anlehnung an den theoretischen Bezugsrahmen diskutiert und interpretiert sowie Hinweise für die Ausgestaltung eines mitarbeiterorientierten Leistungsmanagements im Rahmen der interorganisationalen Projektarbeit abgeleitet. Die Arbeit endet mit Kapitel sechs, in dem eine inhaltliche Zusammenfassung durchgeführt wird, die die wesentlichen Erkenntnisse der Arbeit darstellt. Abschließend werden weiterführende Forschungsfelder skizziert.

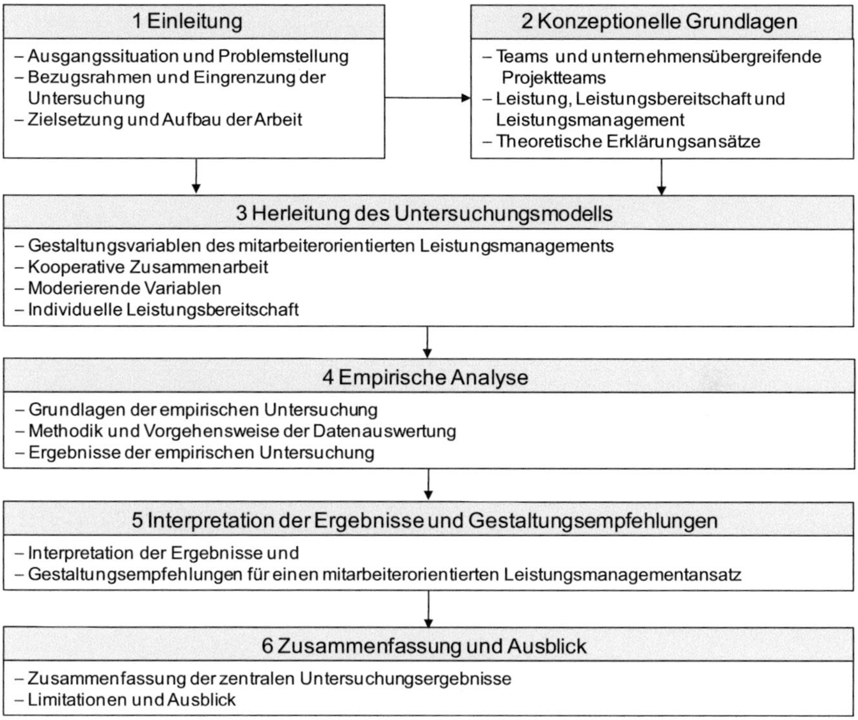

Abb. 1-3: Aufbau der Arbeit

2 Konzeptionelle Grundlagen

Im Folgenden werden die konzeptionellen Grundlagen der vorliegenden Arbeit beschrieben. Zunächst wird in Kapitel 2.1 eine Einordnung und detaillierte Erläuterung von Teams und interorganisationalen Projektteams vorgenommen. In Kapitel 2.2 folgt eine Darstellung der Grundlagen des Leistungsmanagements. Anschließend werden die in der Literatur existierenden theoretischen Ansätze zum individuellen Leistungsverhalten näher erläutert.

2.1 Teams in Organisationen und unternehmensübergreifende Teams

2.1.1 Definition eines Teams

In der wissenschaftlichen Literatur werden zahlreiche Versuche unternommen, die Zusammenarbeit von Individuen in Unternehmen zu beschreiben.[25] Hierzu werden meist unterschiedliche Begriffe verwendet, wie z. B. Gruppe, Projektteam, Qualitätszirkel oder Task Force, Community of practice.[26] Der Begriff Team hat sich dabei gegenüber den Begriffen Gruppe bzw. Arbeitsgruppe durchgesetzt. Viele Autoren unterscheiden deutlich zwischen Gruppen bzw. Arbeitsgruppen und Teams, da sie letzteres als eine besondere Form der Arbeitsgruppe ansehen.[27]

Nach *BUCHINGER* stellt die Gruppe einen personenbezogenen Sozialkörper dar, der durch eine spezifisch gut erfassbare Eigendynamik geprägt ist.[28] Dabei interagieren mehrere Personen über einen längeren Zeitraum direkt miteinander und beeinflussen sich gegenseitig.[29] Sie verfolgen gemeinsame Ziele, Werte, Normen und Praktiken und entwickeln ein so genanntes „Wir-Gefühl".[30] Zudem findet eine Rollendifferenzierung statt, d. h. die Mitglieder besetzen innerhalb der Gruppe bestimmte Positionen. Die Anzahl der Gruppenmitglieder kann je nach Aufgabenstellung variie-

---

25 Eine detaillierte Literaturanalyse zur Gruppenforschung nehmen Bettenhausen (1991) sowie Gist et al. (1987) vor.

26 Vgl. zu verschiedenen Definitionen der Zusammenarbeit Antoni (2000), S. 34ff., Brown (2000), S. 4, Högl (1998), S. 12., Pohl/Witt (2000), S. 17 sowie Unger (1998), S. 65 und Wenger/Snyder (2000).

27 Beispielhaft seien Guzzo/Dickson (1996), S. 306, McGrath (1991), S. 4 sowie Katzenbach/Smith (1993), S. 3 zu nennen. Eine Übersicht über die verschiedenen Definitionen findet sich im Anhang A1.

28 Allgemein ist zwischen formalen und informalen Gruppen zu differenzieren. Zur Erläuterung siehe Hackman/Edmondson (2007).

29 Vgl. Buchinger (1999), Teufel et al. (1995), S. 9. Eine Übersicht über die in der Literatur zu findenden Definitionen von „Gruppe" findet sich im Anhang A1.

30 Wahren betont auch das wechselseitige positive Gefühl der Gruppenmitglieder zueinander. Vgl. hierzu Wahren (1994), S. 138. Die Metaanalyen von Evans und Dion sowie von Mullen und Copper zeigen einen positiven Zusammenhang zwischen der Kohäsion und Leistung auf, insbesondere bei Gruppen mit einem hohen Interaktionsbedarf. Siehe hierzu Evans/Dion (1991), Mullen/Copper (1994).

ren. Problemlösungsgruppen sind beispielsweise durch eine kleinere Anzahl an Gruppenmitgliedern gekennzeichnet, als solche, die physische Arbeiten verrichten.[31] Die maximale Obergrenze liegt bei 20-25 Gruppenmitgliedern. Die kleinste Gruppe hingegen ist eine Dyade aus zwei Personen.[32] In Anlehnung an *ALDERFER, HACKMAN, STAEHLE* und *GUZZO/SHEA* wird eine Arbeitsgruppe definiert als eine soziale Einheit aus drei oder mehreren Personen mit gewissen Handlungsspielräumen und einer klaren Rollenverteilung der Mitglieder.[33] Die Mitglieder nehmen sich dabei selbst als Mitglieder wahr und werden gleichzeitig von außen als solche erkannt. Zudem ist diese soziale Einheit in eine Organisation eingegliedert, so dass die Leistungserbringung der Arbeitsgruppe der Zielerreichung der Gesamtorganisation dient.

Im Gegensatz zum Gruppenbegriff beinhaltet der Begriff „Team" einen stark ausgeprägten Zusammenhalt und eine gut funktionierende Kooperation der Mitglieder. Das Team, als soziale Einheit, hat das Ziel, durch unmittelbare Zusammenarbeit eine oder mehrere Aufgaben zu erfüllen, deren Ergebnisse klar erkennbar und messbar sind.[34] Zur Bearbeitung der Aufgabe sind die Mitglieder aufeinander angewiesen. Demnach bestehen wechselseitige Abhängigkeiten, so genannte Interdependenzen.[35] Nach *PRECHTEL* muss ein Team die nachfolgenden drei Kriterien erfüllen: Die Teammitglieder müssen gemeinsam Ziele entwickeln und einen gemeinsamen Arbeitsansatz definieren, damit die Strukturen, Abläufe und das gesamte System von allen Teammitgliedern akzeptiert wird. Das Team bekommt die Arbeitsaufgabe dabei generell von außen gestellt.[36] Die Anzahl der Teammitglieder ist nach oben und unten hin beschränkt.[37]

Nach *SCHLICK* zeichnet sich die Teamarbeit durch ein gemeinschaftliches Arbeiten aus.[38] Den Teammitgliedern werden zur Aufgabenbewältigung eigene spezifische Kenntnisse, Fähigkeiten und Fertigkeiten abverlangt, die in die übergeordnete „Teameinheit" integriert werden.

---

31 Vgl. Wahren (1994), Köppel (2007), S. 10.

32 Vgl. McGrath (1984), S. 8, Staehle (1999), S. 265 sowie Wahren (1994).

33 Vgl. hierzu Alderfer (1987), Hackman (1987), Guzzo/Shea (1992) sowie weitere Abgrenzungen nach Fisch/Beck (2002), Forster (1978).

34 Vgl Cannon-Bowers et. al. (1995), S. 5, Hackman (1987), S. 322.

35 Vgl. Högl (1998), S. 10ff.

36 Vgl. Prechtl (1999), S. 31ff., Hayes (1997), S. 2.

37 Vgl. Tannenbaum et al. (1992), S. 118.

38 Vgl. hierzu und im Folgenden Schlick (1999), Schröder (2003), S. 9.

Teams stellen eine sekundäre Organisationseinheit dar, welche die Primärorganisation ergänzt.[39] Dabei haben Teams in Unternehmen die Aufgabe, eine bestimmte, zeitlich begrenzte Aufgabe zu übernehmen und entsprechende Ergebnisse zu liefern. Der Teamoutput wird dabei als Teamleistung, als absolute Größe verstanden, die in Qualität oder Quantität bewertet werden kann.[40] Als relative Größe wird in der Literatur häufig die Teameffektivität herangezogen, welche die Leistung in Verbindung zu den Zielen setzt.[41] Demnach stellt die Teameffektivität den Grad der Erreichung der organisationalen Teamziele dar. Nach *WITTE* und *LECHER* (1998) werden Leistung und Effektivität als objektive Leistungskriterien bezeichnet. Im Rahmen der Leistungserstellung wird ein zielgerichteter Mitteleinsatz angestrebt, zu dem neben materiellen Ressourcen auch die individuellen Kompetenzen der Mitglieder oder die kulturelle Diversität zählen.[42]

Im weiteren Verlauf der Arbeit wird folgende Arbeitsdefinition verwendet:[43] Ein Team stellt eine (Arbeits-)Gruppe von mindestens drei Mitarbeitern mit einem bestimmten Handlungsspielraum dar, dessen Mitglieder zum einen von außen als Bestandteil des Teams erkannt werden, zum anderen sich selbst als Teammitglied verstehen und als Bestandteil der Organisation in unmittelbarer durch starke Interaktion geprägte Zusammenarbeit die gemeinschaftliche Erfüllung einer Aufgabe anstreben, um die Ziele der Organisation zu erreichen.

2.1.2 Klassifikation von Teams

In der Literatur lassen sich zahlreiche Arten von Teams unterscheiden. Daher haben viele Forscher den Versuch unternommen, Ansätze zu entwickeln, nach denen die verschiedenen Teamarten klassifiziert werden können.[44] Den Klassifikationen liegen Differenzierungsmerkmale zugrunde, wie die Dauer der Existenz oder der Grad der Multifunktionalität des Teams, die hierarchische Ebene der Teammitglieder etc. *MAKIN ET AL.* nehmen beispielsweise je nach Zeitdauer und Mitgliedschaft eine Einteilung in Work Team, Project and Development Team, Parallel Team, Management Team sowie Ad hoc Networks vor.[45] Bei ersteren liegt eher eine gleichbleibende Mitgliedschaft vor, ad hoc Networks hingegen sind durch ein relativ loses und informel-

---

39 Vgl. zur Unterscheidung von primären und sekundären Organisationseinheiten Schulte-Zurhausen (1995), S. 222ff. sowie S. 248ff.

40 Vgl. Köppel (2007), S. 33f.

41 Vgl. beispielsweise Campion et al. (1996), S. 431f., Hackman (1983), S. 39f., Gladstein (1984), S. 502 sowie Simon (2002) S. 12, Högl/Gemünden (2001) S. 42.

42 Vgl. hierzu Witte/Lecher (1998) und Witte (2002), Köppel (2007), S. 33.

43 In Anlehnung an Alderfer (1987), S. 202 sowie Guzzo/Shea (1992), S. 272.

44 Zur Unterscheidungen von Teams siehe Adams (2006), Katzenbach/Smith (1993) oder Cohen/Bailey (1997).

45 Vgl. Mankin et al. (1996), S. 24ff.

les Kollektiv gekennzeichnet, das mit einer fließenden Mitgliedschaft und einer unschärferen Zeitdauer verbunden ist.

SUNDSTROM ET AL. beschäftigen sich in ihren Arbeiten ebenfalls mit Klassifikationsansätzen von Teams und differenzieren dabei zwischen Beratungs- und Beteiligungsteams, Produktions- und Serviceteams, Projekt- und Entwicklungsteams sowie zwischen Aktions- und Verhandlungsteams.[46] *COHEN* und *BAILEY* kommen nach ihrer Durchsicht der 1990-1996 veröffentlichten wissenschaftlichen Beiträge zur Teamforschung zu der Erkenntnis, dass sich die bestehenden Ansätze zur Klassifizierung auf wenige Grundarten von Teams reduzieren lassen. Sie differenzieren zwischen vier Arten von Teams: Arbeitsteams, Parallelteams, Projektteams und Managementteams.[47]

STOCK-HOMBURG unterscheidet Teams entsprechend der verschiedenen Einsatzgebiete und -formen anhand von sechs Merkmalen: Die Merkmale hierarchische Ansiedlung, Dauerhaftigkeit und funktionale Heterogenität stellen Kriterien zur Beschreibung klassischer Teamarten dar, wohingegen die Merkmale der interkulturellen Heterogenität, der Intensität persönlicher Interaktion und der institutionellen Heterogenität der Abgrenzung neuerer Teamarten dienen. Die verschiedenen Teamarten sollen im Folgenden kurz anhand der verschiedenen Kriterien erläutert werden (vgl. Abb. 2-1).[48]

Als ein Unterscheidungsmerkmal von klassischen Teamarten führt *STOCK-HOMBURG* die hierarchische Ansiedlung an. Hierbei differenziert sie zwischen Ausführungs- und Managementteams. Während Ausführungsteams, welche Arbeitseinheiten darstellen, die sowohl im Produktions- als auch im Service-Bereich zu finden sind, sich mit einer Aufgabenerfüllung beschäftigen, die mit einem hohen Grad an Routine verbunden ist, nehmen Managementteams in erster Linie strategische Aufgaben wahr.[49] Managementteams sind dabei hierarchisch höher angesiedelt, da sie in der Regel mit Managern besetzt sind, die einzelne Geschäftsbereiche verantworten.[50]

Weiterhin lassen sich in Bezug auf die Dauerhaftigkeit permanente von projektbezogenen Team unterscheiden. Während sich permanente Projektteams über einen lan-

---

46 Vgl. Sundstrom et al. (1990).

47 Vgl. hierzu die umfassenden Literaturanalysen zur Team- und Gruppenforschung von Cohen/Bailey (1997) sowie Goodman/Leyden (1991), Ledford et al. (1988), Mohrman et al. (1995), Mankin et al. (1996) und Stein/Kanter (1980).

48 Vgl. Stock-Homburg (2008), S. 471ff.

49 Vgl. Cohen (1991), Goodman/Leyden (1991).

50 Vgl. Mohrman et al. (1995), Mankin et al. (1996).

gen, häufig nicht abschließend definierten Zeitraum mit einer Aufgabenstellung beschäftigen, bearbeiten Projektteams zeitlich begrenzte Aufgabenstellungen im Unternehmen.

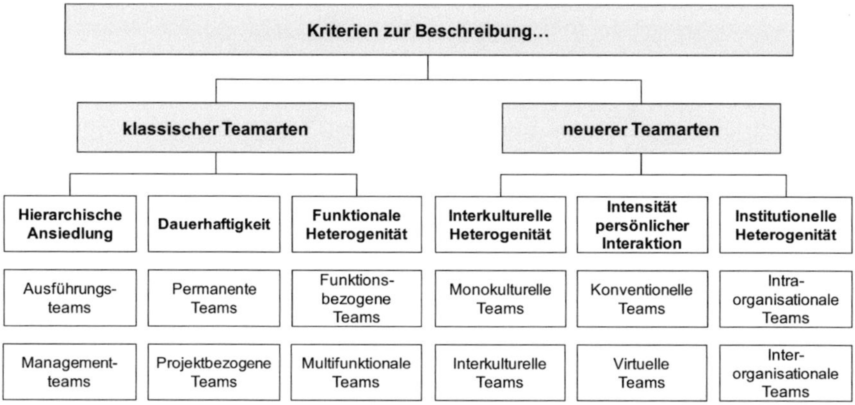

Abb. 2-1: Kriterien zur Unterscheidung verschiedener Teamarten[51]

Als weiteres Unterscheidungskriterium führt *STOCK-HOMBURG* die funktionale Heterogenität an. Hierbei können die Mitglieder des Teams aus demselben Funktionsbereich (Funktionsbezogene Teams) oder aus unterschiedlichen Funktionsbereichen (Multifunktionale Teams) des Unternehmens stammen.

Als ein Unterscheidungsmerkmal von neueren Teamarten führt *STOCK-HOMBURG* die interkulturelle Heterogenität als Unterscheidungsmerkmal an. Monokulturelle Teams zeichnen sich dabei durch Mitglieder der gleichen Länderkultur aus, wohingegen interkulturelle Teams aus Mitgliedern unterschiedlicher Kulturen bestehen.[52]

Des Weiteren lassen sich neue Teamarten anhand der Intensität persönlicher Interaktionen unterscheiden. Hierbei ist zwischen konventionellen und virtuellen Teams zu differenzieren.[53] Konventionelle Teams sind meist durch räumliche Nähe zueinander gekennzeichnet, so dass die Interaktion zwischen den Teammitgliedern überwiegend persönlich stattfindet. Virtuelle Teams hingegen sind in der Regel regional verteilt und arbeiten dennoch – ebenso wie die konventionellen Teams – interdependent

---

51 In Anlehnung an Stock-Homburg (2008), S. 471.

52 Vgl. hierzu Kapitel 3.2.7.

53 Zu virtuellen Teams vgl. Herczeg et al. (2000), S. 11, Köppel (2007), S. 26ff. sowie zur Übersicht empirischer Arbeiten Hertel et al. (2005).

an einer Aufgabe. Zur Kommunikation ist das Team auf die Nutzung moderner Kommunikationsmedien angewiesen.[54]

Als letztes Unterscheidungsmerkmal von Teams führt *STOCK-HOMBURG* die institutionelle Heterogenität an. In den letzen Jahren haben sich verstärkt Kooperationen zwischen Unternehmen in der Unternehmenspraxis etabliert. Im Rahmen derartiger Kooperationen arbeiten die Mitglieder der beteiligten Unternehmen in so genannten unternehmensübergreifenden (interorganisationalen) Teams zusammen. Wird hingegen auf die Integration von Externen in die Teamarbeit verzichtet, so handelt es sich um unternehmensinterne (intraorganisationale) Teams.[55] Die institutionelle Heterogenität zeigt dabei, inwieweit Mitglieder eines oder mehrerer Unternehmen in das Team integriert sind. Interorganisationale Teams haben unter anderem eine hohe Bedeutung im Rahmen von Unternehmenskooperationen, z. B. mit dem Ziel der Bearbeitung einer gemeinsamen Aufgabe, die sich durch einen hohen Innovationsgrad auszeichnet oder eine kundenindividuelle Lösung erfordert.[56] Solche Kooperationen können dauerhaft oder zeitlich befristet angelegt sein.[57] Zeitlich begrenzte Kooperationen eröffnen dabei dem Unternehmen die Möglichkeit, sich schnell und flexibel mit wechselnden Kooperationspartnern zusammenzuschließen, um kundenindividuelle oder komplexe Leistungen in einem verteilten Wertschöpfungsprozess erbringen zu können.[58] Die unternehmensübergreifende Zusammenarbeit ist in jedem Fall durch verschiedenartige Facetten der Teamkonstellation, wie z. B. die Machtverteilung oder die geographische oder kulturelle Distanz der Kooperationsunternehmen gekennzeichnet. Darüber hinaus hat sie Konsequenzen auf die Kommunikation und den Umgang mit Wissen im Team.

Abschließend ist festzuhalten, dass im Rahmen der vorliegenden Arbeit der Forschungsschwerpunkt auf interorganisationalen Projektteams liegt, die sich im Rahmen einer kurzfristigen Kooperation aus Mitgliedern von mindestens zwei juristisch selbständigen Unternehmen zusammensetzen.[59] Die unternehmensübergreifenden Projektteams werden parallel zu der bestehenden Primärorganisation als sekundäre Organisationseinheit implementiert. Hierbei überlagert die interorganisationale Pro-

---

54 Vgl. Lipnack/Stamps (1998), S. 32.

55 Vgl. Stock-Homburg (2008), S. 474, Stock (2005), S. 7 und S. 133.

56 Vgl. Steven (1999), S. 247.

57 Für eine Übersicht über langfristige und kurzfristige Kooperationsformen siehe Braßler/Grau (2005), S. 244f. sowie weitere Beispiele für Kooperationen Picot et al. (1998), S. 282.

58 Vgl. Braßler/Grau (2005), S. 243, Picot et al. (1998), S. 279.

59 Da es sich bei Tochtergesellschaften und weiteren vorgelagerten Konzerneinheiten um rechtlich selbständige Unternehmen handelt, werden diese im Rahmen der Arbeit mit externen Unternehmen gleichgesetzt.

jektorganisation temporär die Unternehmensorganisation.[60] Die unternehmensübergreifenden Projektteams sind in ihrer Dauer zeitlich beschränkt und werden eingesetzt, um einmalige Ergebnisse zu erzielen (Einmaligkeit), indem entweder Verbesserungen bestehender Konzepte vorgenommen oder neue generiert werden (Neuartigkeit), wie z. B. die Entwicklung eines neuen Produktes oder Services.[61] In den meisten Fällen wird die Aufgabe des unternehmensübergreifenden Projektteams nicht identisch mit den gleichen Projektpartnern wiederholt. Die unternehmensübergreifende Projektarbeit kann dabei kontinuierlich oder diskontinuierlich erfolgen. Für die Arbeit im unternehmensübergreifenden Projekt können die Mitarbeiter zudem Vollzeit oder Teilzeit eingebunden werden. Nach Beendigung der unternehmensübergreifenden Projektarbeit kehren die Mitarbeiter in ihre ursprünglichen Arbeitseinheiten zurück oder beginnen mit neuen Projekten. Zudem sind sie auf gegenseitige Zusammenarbeit der Projektpartner angewiesen und streben unter begrenzten zeitlichen, finanziellen und personellen Ressourcen das Erreichen eines vorab vereinbarten Projektziels an.[62]

2.1.3 Einsatzgebiete interorganisationaler Projektteams

Je nach Funktionsbereich lassen sich verschiedene Einsatzgebiete interorganisationaler Projektteams unterscheiden.[63] Unternehmensübergreifende Projektteams werden beispielsweise in den Bereichen Produktion/Logistik, Konstruktion/Entwicklung, Innovation/Forschung, Strategie/Organisationsentwicklung oder Marketing/Vertrieb eingesetzt (vgl. Abb. 2-2).[64]

Interorganisationale Produktions- oder Logistikteams sind in der Regel an der Schnittstelle zwischen Unternehmen und ihren Zulieferern angesiedelt.[65] Das Ziel der Integration von Externen ist es in der Regel, die bestehenden Prozesse zu verbessern bzw. zu beschleunigen, Kosten zu reduzieren sowie die Qualität der Produkte zu sichern.[66]

Einen weiteren Bereich stellt die Forschung und Entwicklung dar.[67] Hier werden z. B. interorganisationale Konstruktions- und Entwicklungsteams sowie Innovations- und

---

60 „Unter Projektorganisation wird die mit der Durchführung eines Projektes beauftragte Organisation und ihre Eingliederung in die bestehende Firmen-Organisation verstanden." Kummer et al. (1986), S. 41.

61 Siehe zu verschiedenen Ausprägungen von Projektteams die Beiträge von Ancona (1990), Ancona/Caldwell (1992a, 1992b), Pinto/Pinto (1990) oder Pinto et al. (1993).

62 Vgl. Keplinger (1992), S. 7f.

63 Im Verlauf der Arbeit wird der Begriff Team als Synonym zum Begriff Projektteam verwendet.

64 Vgl. Stock-Homburg (2006b), S. 49.

65 Vgl. Stock-Homburg/Gaitanides (2006b), S. 48.

66 Vgl. Carter/Ellram (1993), Skjoett-Larsen (2000).

67 Zur Bedeutung von F&E-Projekten siehe Litke (2004), S. 48ff.

Forschungsteams eingesetzt, um zusammen mit Mitgliedern der Zulieferer- oder Abnehmerunternehmen neue Verfahrensweisen und Produkte zu entwickeln oder bestehende zu optimieren. Ziel dieser Form der Projektarbeit ist es, das vorhandene Know-how von Zulieferern, Kunden oder Forschungseinrichtungen im Wertschöpfungsprozess zu nutzen und es gezielt einzusetzen.[68]

Interorganisationale Projektteams befassen sich weiterhin mit den Themenbereichen IT, Strategie- und Organisationsentwicklung. Während sich IT-Teams häufig mit der Verbesserung bestehender IT-Systeme befassen, sind Strategie- und Organisationsentwicklungsteams mit der Entwicklung der strategischen Ausrichtung beauftragt.[69]

Darüber hinaus sind interorganisationale Projektteams in den Bereichen Marketing oder Vertrieb zu finden. Hier werden primär Kunden in die Projektarbeit integriert, um die Beziehung zu den Kunden zu verbessern und zu intensivieren.[70] Dabei setzt sich das unternehmensübergreifende Projektteam aus Mitgliedern von Anbieter- und Kundenunternehmen zusammen.[71]

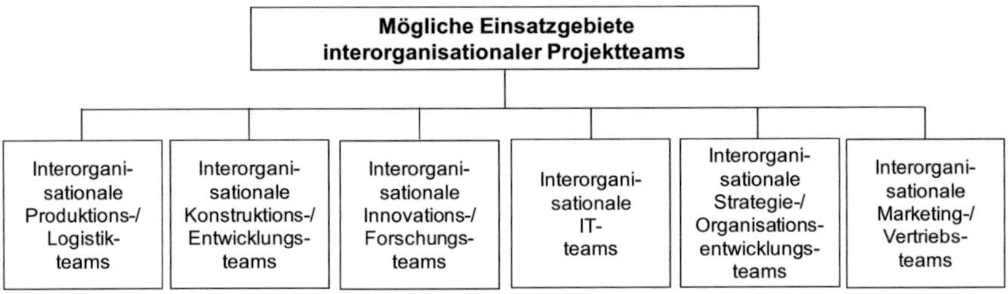

Abb. 2-2: Einsatzgebiete interorganisationaler Projektteams[72]

Innerhalb der einzelnen Einsatzgebiete muss darüber hinaus die Projektsituation des interorganisationalen Teams berücksichtigt werden: So kann es sich um eine konfliktreiche Projektsituation handeln, die durch einen zögerlichen Umgang miteinander geprägt ist. Dies kann z. B. bei Post-Merger-Projekten oder bei Projekten zu unternehmens- bzw. bereichsübergreifenden Einspar- oder Verbesserungsmaßnahmen aufgrund knapper Ressourcen der Fall sein. Hingegen kann sich die Projektsituation auch durch eine kreativitätsfördernde harmonische Zusammenarbeit auszeichnen, wie z. B. bei Innovationsprojekten.

---

68 Vgl. Ehrlenspiel et al. (2007), S. 23.

69 Vgl. Stock-Homburg/Gaitanides (2006b), S. 48.

70 Vgl. Stock (2005) und zur Kundenintegration Kleinaltenkamp (1996), Plötner/Jacob (1996).

71 Vgl. Stock-Homburg (2006b), S. 49.

72 In Anlehnung an Stock-Homburg/Gaitanides (2006b), S. 48.

Die vorliegende Arbeit befasst sich mit interorganisationalen Projektteams, die sich im Rahmen einer Kooperation aus Mitgliedern von mindestens zwei juristisch selbständigen Unternehmen zusammensetzen. Im weiteren Verlauf der Arbeit werden sowohl Produktions-/Logistikteams, Konstruktions-/Entwicklungsteams, Innovations-/ Forschungsteams als auch IT-Teams und Strategie-/Organisationsteams näher betrachtet. Hierbei wird eine Vielzahl an Einsatzgebiete berücksichtigt, um eine möglichst hohe Fallzahl für die empirische Analyse sicherzustellen. Marketing- und Vertriebsteams sowie weitere Einsatzgebiete interorganisationaler Projektteams werden hingegen nicht berücksichtigt.

2.1.4 Forschungsfokus innerhalb der interorganisationalen Projektteams

Die von den zuvor beschriebenen unternehmensübergreifenden Projektteams erzielte Teamleistung als Ganzes resultiert aus den Leistungsbeiträgen der einzelnen beteiligten Teammitglieder. Der individuelle Unternehmensmitarbeiter, als Teammitglied, nimmt daher eine entscheidende Rolle im gemeinsamen Leistungserstellungsprozess ein und entscheidet durch seinen Leistungsbeitrag über den Erfolg oder Misserfolg der Kooperation. Ist der Mitarbeiter bereit und motiviert, seine Leistungspotenziale im Rahmen der interorganisationalen Teamarbeit vollständig einzubringen, so werden keine Humanressourcen verschwendet.

Das individuelle Leistungsverhalten des Mitarbeiters und der daraus resultierende Leistungsbeitrag wird von verschiedenen intraindividuellen (internen) und situativen (externen) Determinanten beeinflusst, die in Kapitel 2.2.4 näher erläutert werden.[73] Dabei spielen die Leistungsbereitschaft (WOLLEN), die Leistungsfähigkeit (KÖNNEN) und die Leistungsmöglichkeit (DÜRFEN) eine entscheidende Rolle. Um das Leistungsverhalten des Mitarbeiters beeinflussen zu können, müssen vom entsendenden Unternehmen Maßnahmen ergriffen werden, die die Leistungsbereitschaft des Mitarbeiters im Rahmen der interorganisationalen Projektarbeit fördern.

Die vorliegende Arbeit unterliegt dem Verständnis, dass das einzelne Teammitglied über die Grundbereitschaft verfügt, am Projektteam über einen fest definierten Zeitraum teilzunehmen und dabei einen entsprechenden Leistungsbeitrag zu erbringen.[74] Dieses Verständnis beinhaltet jedoch gleichzeitig, dass das Teammitglied seine verfügbaren Leistungspotenziale während des gesamten Leistungserstellungsprozesses nicht voll ausschöpft. Die Intensität der Arbeitsleistung (Engagement)

---

[73] Zu den intraindividuellen Faktoren zählen Leistungsfähigkeit und -bereitschaft einer Person. Vgl. hierzu Sprenger (1999), S. 185.

[74] Hierbei stehen Mitarbeiter im Vordergrund der Betrachtung, die noch nicht am Höhepunkt ihrer Leistungskurve sind bzw. die sich noch nicht am höchsten Punkt ihrer Karriere befinden, bei dem sie zu keinem zusätzlichen Engagement bereit wären.

setzt eine Entscheidung des Individuums voraus. Dabei ergeben sich drei Handlungsalternativen: Entweder das Teammitglied steigert seine Leistung, da es unter den ihm geschaffenen organisatorischen Rahmenbedingungen (organisatorische Ursache, „Dürfen") in der Lage dazu (kognitive Ursache, „Können") und gewillt ist (motivationale Ursache, „Wollen") oder aber, es steigert seine Leistung nicht bzw. verringert diese, da mindestens eine der drei Grundvoraussetzungen Können, Wollen oder Dürfen nicht erfüllt ist. Vor dem Hintergrund der Entscheidungssituation wird im Rahmen der Arbeit die Frage untersucht, durch welche Faktoren die Leistungsbereitschaft des Mitarbeiters im unternehmensübergreifenden Projektteam direkt bzw. indirekt beeinflusst wird und welche Maßnahmen vom entsendenden Unternehmen ergriffen werden können, um das Teammitglied zum Ausschöpfen seiner Leistungspotenziale zu motivieren.

Im Folgenden wird daher die Leistungsbereitschaft des Mitglieds bei der unternehmensübergreifenden Zusammenarbeit näher betrachtet. Es stehen bei dieser Fragestellung neben den persönlichen Motiven, die das Individuum zum Ausschöpfen seiner Leistungspotenziale veranlassen, gleichzeitig die personalwirtschaftlichen und organisatorischen Möglichkeiten des entsendenden Unternehmens im Vordergrund, die Leistungsbereitschaft des Mitarbeiters positiv zu beeinflussen.[75]

Dabei soll die vorliegende Arbeit Antworten auf die folgenden Fragen aus Sicht des entsendenden Unternehmens finden:

- Welche Faktoren hindern bzw. fördern die Leistungsbereitschaft des Mitarbeiters im interorganisationalen Projektteam?
- Welche Faktoren wirken direkt bzw. indirekt auf die individuelle Leistungsbereitschaft des Mitarbeiters im interorganisationalen Projektteam?
- Welche leistungsorientierten personalwirtschaftlichen Maßnahmen kann das Unternehmen zur Förderung der Leistungsbereitschaft im Rahmen der interorganisationalen Projektarbeit ergreifen?
- Welche Teamkonstellationen fördern die individuelle Leistungsbereitschaft bei der interorganisationalen Projektarbeit?
- Wie kann die kooperative Zusammenarbeit im Projektteam verbessert werden?

[75] Zu Erklärungsansätzen menschlichen Handelns siehe Kapitel 2.3. sowie Berthel (1967), S. 171f.

- Wie sollte aufbauend auf den empirischen Erkenntnissen ein ganzheitlicher mitarbeiterorientierter Leistungsmanagementansatz für die Zusammenarbeit im interorganisationalen Projektteam ausgestaltet sein, bei dem die Förderung der individuellen Leistungsbereitschaft im Vordergrund steht?

In der vorliegenden Arbeit werden ausschließlich Faktoren betrachtet, auf die das entsendende Unternehmen vor bzw. während der unternehmensübergreifenden Projektarbeit einen gestalterischen Einfluss nehmen kann. Barrieren der Leistungsbereitschaft, auf die das entsendende Unternehmen nicht unmittelbar einwirken kann, werden vernachlässigt.

2.2 Leistung, Leistungsbereitschaft und Leistungsmanagement – Begriffliche und inhaltliche Abgrenzung

2.2.1 Leistung – ein interdisziplinärer Begriff

Der Leistungsbegriff findet in Wissenschaft und Wirtschaft zahlreiche Verwendungen und weist dabei verschiedene Bedeutungen und Bedeutungsnuancen auf, die stark voneinander abweichen. Auch im täglichen Sprachgebrauch zeichnet sich der Begriff „Leistung“ durch eine übergroße Verwendungsbeliebigkeit, Unschärfe und Bedeutungsvielfalt aus. Verstärkt wird seine Mehrdeutigkeit zusätzlich durch das Hinzufügen von Adjektiven[76] sowie durch verschiedenartige Wortverbindungen.[77] In der deutschen Literatur verwenden viele Autoren, unabhängig von der Wissenschaftsdisziplin, den Begriff der „Leistung“ als eine Selbstverständlichkeit, ohne dabei näher auf seine Definition bzw. seinen Ursprung einzugehen.[78] So existieren unterschiedliche Ausprägungen des Leistungsbegriffs, die eigene Interpretationen erfordern.[79]

Bei der Durchsicht relevanter Veröffentlichungen ist erkennbar, dass auch in der betriebswirtschaftlichen Literatur kein kohärentes Begriffsverständnis zum Thema Leistung besteht.[80] Stattdessen existiert wie im allgemeinen Sprachgebrauch eine große Vielfalt an Begriffsdefinitionen und Wortkombinationen. Der Leistungsbegriff wird in der betriebswirtschaftlichen Literatur sowohl bei der theoretischen (systembildenden), als auch bei der angewandten Betrachtung, wie z. B. der Betriebsabläufe, auf-

---

76 Z. B. „beste“, „hilfreiche“, „künstlerische“, „technische“ oder „wirtschaftliche“ Leistung.

77 Z. B. Einzelleistung, Unternehmensleistung, Fehlleistung, Leistungsfähigkeit, Leistungssteigerung

78 Dreitzel ist der Auffassung, dass der Leistungsbegriff in der Literatur mit so viel Äquivokationen behaftet ist, dass sich eine wissenschaftliche Verwendung fast verbietet. Vgl. Dreitzel (1975), S. 31.

79 Becker setzt sich in seiner Arbeit umfangreich mit dem „schillernden“ Leistungsbegriff auseinander und gibt einen umfassenden Einblick in den Leistungsbegriff innerhalb der verschiedenen Wissenschaftsdisziplinen. Vgl. hierzu Becker (2003), S. 11-40. Eine Übersicht hierzu findet sich im Anhang A3.

80 Eine Übersicht über verschiedene Definitionen von Leistung findet sich im Anhang A4.

gegriffen. Insbesondere wird er angeführt, wenn Entscheidungsprozesse und ihre Auswirkungen beschrieben werden.[81] Dennoch hat sich bis heute kein einheitliches und allgemein akzeptiertes Verständnis des Leistungsbegriffs in der Betriebswirtschaftslehre durchsetzen können.

In der anglo-amerikanischen Literatur wird für Leistung häufig der Begriff „performance" (oder auch „achievement") verwendet.[82] Dieser wird umgekehrt jedoch auch mit dem Ausdruck „Leistungsfähigkeit", „Erfolg", „Ergebnis" oder „Ausführung" übersetzt. Dabei ist der Performance-Begriff überwiegend mit einer stark zukunftsorientierten Bedeutung verbunden. Er ist deutlicher auf nicht finanzielle Aspekte gerichtet und rückt Anspruchsgruppen, wie z. B. Kunden und Mitarbeiter, neben Kapitalgebern, stärker in den Vordergrund.[83] Aufgrund seiner „Multidimensionalität" hat der Ausdruck „Performance" Einzug in die deutschsprachige betriebswirtschaftliche Literatur gefunden. Insbesondere in den Bereichen Unternehmenstheorie, Human Resource und Controlling lässt sich eine zunehmende Verwendung des Begriffs feststellen.[84]

Nachfolgend sollen in chronologischer Reihenfolge einige verschiedene Auffassungen zum Leistungsbegriff vorgestellt werden, die sich in der Betriebswirtschaftslehre in den letzten Jahren entwickelt haben.

LORENTZ (1932) und HATHEYER (1933) gehören zu den ersten Wissenschaftlern, die Versuche zur Erklärung des Leistungsbegriffs in der Betriebswirtschaftlehre unternommen und dabei intensiv die verschiedenen Ausprägungen diskutiert haben. *LORENTZ* unterscheidet in seiner Analyse den sachlichen und den wertbetonten Charakter des Leistungsbegriffs. Den wertbetonten Charakter ordnet er dem allgemeinen Sprachgebrauch zu, wohingegen der sachliche seine Verwendung in der Fachsprache findet. Einen tätigkeitsorientierten Leistungsbegriff lehnt *LORENTZ* ab, da seiner Auffassung nach das Geschehen einer Leistung immer an ihrem Ergebnis festgelegt wird.[85] *HATHEYER* hingegen nimmt eine Differenzierung der Leistung in die wirtschaftliche Leistung, als Ergebnis der wirtschaftlichen Tätigkeit und als Grundlage des Ertrags, sowie in die betriebswirtschaftliche Leistung, als Ergebnis der betriebswirtschaftlichen Tätigkeit, vor.[86]

---

81 Vgl. Hilgers (2008), S. 14.

82 Vgl. z. B. Brannick et al. (1997a,b), Aguinis (2009).

83 Vgl. Krause (2006), S. 18.

84 Vgl. Gleich (2001a, b), Hilgers (2008), Jetter (2004), Schust (2000).

85 Vgl. Lorentz (1932), S. 372ff.

86 Vgl. Hatheyer (1933), S. 281ff.

THOMS (1940) bezeichnet die Leistung als polare Einheit von Arbeitseinsatz und Arbeitsleistung, da seiner Auffassung nach eine polare Spannung zwischen dem Arbeitseinsatz und dem Arbeitsergebnis besteht.[87] Eine Leistungssteigerung ist demnach eine Verbesserung und Optimierung des Arbeitseinsatzes und eine Erhöhung des Arbeitsergebnisses unter Würdigung der polaren Spannung zwischen Arbeitseinsatz und Arbeitsergebnis.[88] Einerseits wird versucht, durch den Arbeitseinsatz das größtmögliche Arbeitsergebnis zu erzielen, andererseits zielt das Arbeitsergebnis auf den kleinstmöglichen Arbeitseinsatz (vgl. Abb. 2-3)

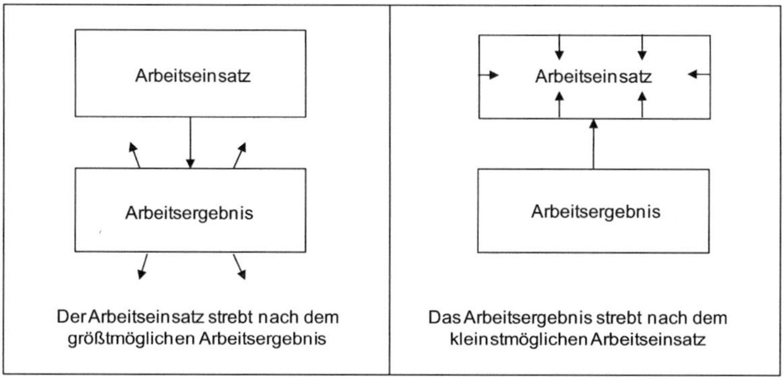

Abb. 2-3: Leistungsverständnis nach Thoms (1940)[89]

Als einer der Wenigen beschäftigt sich *BECKER (2003)* umfassend mit den vorliegenden Begriffsdefinitionen in der deutschen betriebswirtschaftlichen Literatur. Dabei nimmt er eine Kategorisierung des Leistungsverständnisses in die vier folgenden Klassen vor: das technologisch-orientierte, das tätigkeitsorientierte, das ergebnisorientierte und das umfassende Leistungsverständnis (vgl. Abb. 2-4).[90]

Die Definitionen des Leistungsbegriffs vor dem technologisch-orientierten Verständnis orientieren sich stark an der Definition des physikalischen Leistungsverständnisses (Arbeit pro Zeiteinheit).[91] Dieses Leistungsverständnis ist hauptsächlich in der Produktionswirtschaft anzutreffen. *STEINTHAL* bezieht dabei die Leistung auf die

87 Thoms bezeichnet diese Spannung als „betriebswirtschaftliche Polarität", und sieht in ihr das Kernproblem der Betriebswirtschaftlehre. Vgl. hierzu Thoms (1940), S 20f.

88 Vgl. Thoms (1940), S. 20.

89 In Anlehnung an Thoms (1940), S. 19.

90 Eine vertiefende Ausführung der einzelnen Leistungsverständnisse ist in Becker (2003) zu finden.

91 Siehe hierzu im Anhang A3 die Definition des Leistungsbegriffs in der Physik.

erreichte Produktionsmenge (Leistung = Produktionsmenge/Zeitverbrauch). *SCHNEIDER* hingegen bezeichnet als Leistung die Menge pro Zeiteinheit.[92]

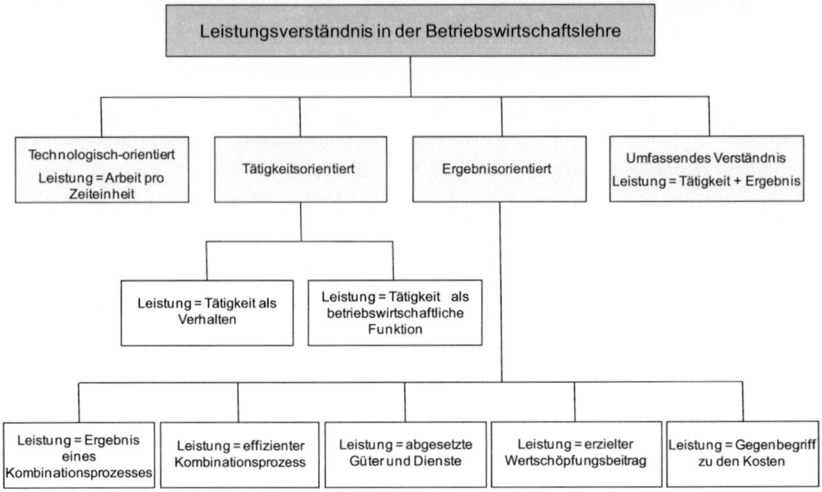

Abb. 2-4: Leistungsverständnis in der Betriebswirtschaftslehre[93]

Das tätigkeitsorientierte Leistungsverständnis beschreibt die Leistung im Sinne der Ausführung der Tätigkeit. Hierbei wird die Tätigkeit im Sinne des menschlichen Leistungsverhaltens von der Tätigkeit im Sinne von Aufgaben bzw. betrieblichen Funktionen unterschieden.[94] Erstere umfasst dabei oft nicht nur das „Tätig sein" bzw. das Verhalten an sich, sondern ist mit einer bestimmten Zielsetzung verbunden. Demnach kann unter der Leistung ein „Tätig sein" mit Zielerreichung verstanden werden.[95] In der zweiten Sichtweise des tätigkeitsorientierten Leistungsbegriffs werden die betrieblichen Tätigkeiten als Funktion bzw. Aufgabe des Betriebes verstanden. Leistung stellt demnach die Art und Weise dar, wie diese Aufgaben erfüllt werden (konkrete Tätigkeit).

Das tätigkeitsorientierte Leistungsverständnis steht in enger Relation zum ergebnisorientierten Leistungsverständnis. Dieses ist das in der Betriebswirtschaftslehre am häufigsten vorzufindende Verständnis. Es beschreibt die Leistung im Sinne des Tätigkeitsergebnisses, d. h. das dabei erzielte Ergebnis der menschlichen bzw. betrieblichen Tätigkeit (Arbeitsergebnis). Unternehmen erstellen die so bezeichnete (mate-

92 Vgl. Schneider (1969), S. 26f. sowie Steinthal (1924), S. 6ff.

93 In Anlehnung an Becker (2003), S.77.

94 Vgl. Becker (2003), S. 51f.

95 Vgl. Oetting (1951), S. 7.

rielle oder immaterielle) Leistung in Form von Produkten (Sachleistung) bzw. Diensten (Dienstleistung).[96]

Die letzte Klassifikation nach *BECKER*, das umfassende Leistungsverständnis, bezieht sowohl die Tätigkeit als auch das Ergebnis gleichzeitig mit ein (Kombinationsprozess, d. h. Leistung = Tätigkeit + Ergebnis). *THOMS* stellt einen vehementen Vertreter dieses Leitungsverständnisses dar, der die Leistung als Einheit aus Leistungsprozess und Leistungsprodukt versteht.[97]

Dem umfassenden Leistungsverständnis können auch die meisten der in dem personalwirtschaftlichen Bereich verwendeten Leistungsbegriffe zugeordnet werden.[98] In der Regel wird hier unter der Leistung das tatsächlich vom Mitarbeiter erbrachte Arbeitsergebnis pro Zeiteinheit zur Erfüllung der arbeitsvertraglichen Pflichten oder der mit dem Arbeitsplatz verbundenen Arbeitsanforderungen verstanden.[99] Leistung bezeichnet dabei das im Hinblick auf Quantität, Qualität und Zeitaufwand bewertete Ergebnis des menschlichen Arbeitseinsatzes im Unternehmen, die so genannte Arbeitsleistung, der vorwiegend das umfassende Leistungsverständnis zugrundegelegt wird.[100] Die erbrachte Leistung wird dabei als Wertezuwachs verstanden, die durch eine Tätigkeit und die Fähigkeit eines Individuums bzw. durch eine Organisationseinheit (z. B. einem Team) erbracht wird und für die es verbindliche Wertmaßstäbe (Ziele) gibt. Dabei unterliegt die Leistungserstellung in der Regel einer Vielzahl an Restriktionen, wie z. B. dass sie zu einer vorgegebenen Zeit (während der Arbeitszeit), am vereinbarten Ort (z. B. im Unternehmen), innerhalb eines vereinbarten Zeitraums (z. B. vorgegebene Laufzeit) und in der gewünschten Qualität erstellt werden muss. Dabei wird vorausgesetzt, dass die Arbeitsmittel und Ressourcen optimal genutzt werden. Im Rahmen der Leistungserstellung sollten die besten Methoden gewählt und eingesetzt werden, um die Aufgaben zu bewältigen.[101]

Die Arbeit folgt dem so genannten umfassenden Leistungsverständnis. Unter Berücksichtigung der zuvor genannten unterschiedlichen Leistungsbegriffe, wird Leistung in der vorliegenden Arbeit verstanden als das im Hinblick auf Quantität und

---

[96] Vgl. zur Unterscheidung von materiellen und immateriellen Leistungen z. B. Wöhe/Döring (2008), S. 5f. oder Stüdemann (1988), S. 318ff.

[97] Siehe hierzu die Ausführung des Leistungsbegriffs nach Thoms (1940) im vorherigen Abschnitt.

[98] Eine Analyse der deutschen personalwirtschaftlichen Literatur zeigt, dass zahlreiche Autoren den allgemeinen Terminus Leistung (oder Arbeitsleistung) verwendet, jedoch nur in den seltensten Fällen eine Definition des Leistungsbegriffs angeführt wird. Zur Definition von Leistung in der personalwirtschaftlichen Literatur siehe Büdenbender/Strutz (2005), S. 171, Havranek/Mauhart (2008), S. 100f., Schanz (1992), S. 82, Timme (1967), S. 8.

[99] Vgl. Scholz (2000), S. 743.

[100] Vgl. Büdenbender/Strutz (2005), S. 171.

[101] Vgl. Ueberschaer (1998), S. 14f.

Qualität bewertete Arbeitsergebnis pro Zeiteinheit, das innerhalb einer fest definierten Betrachtungsperiode zur Erfüllung der betrieblichen Funktion bzw. Aufgabe tatsächlich und unmittelbar vom Mitarbeiter unter Einsatz seiner Fähigkeiten erbracht wird.

Die erbrachte Leistung kann dabei verschiedenste Merkmale aufweisen, auf die im folgenden Kapitel kurz eingegangen werden soll.

2.2.2 Typologie der Leistung

In der Literatur werden verschiedenartige Merkmale beschrieben, die anhand ihrer Ausprägung zur Typologie der Leistung herangezogen werden können (vgl. Tab. 2-1).

Zunächst kann eine Unterscheidung der Leistung in Bezug auf den Leistungsersteller vorgenommen werden.[102] Hierbei ist zwischen dem Menschen (Humanressource) und der Maschine (technische Ressource) zu differenzieren. Neben dem Leistungsersteller kann auch der Leistungsempfänger unterschiedlicher Herkunft sein. Hierbei ist zwischen einem bzw. mehreren externen Abnehmern, den Kunden (der vor- bzw. nachgelagerten Wertschöpfungsstufe), und dem eigenen Unternehmen (Unternehmensbereiche, Tochterunternehmen etc.) zu unterscheiden. Die Leistung lässt sich darüber hinaus nach ihrem Ursprung der Erstellung differenzieren. Hier ist zwischen der persönlichen, der technischen und der wirtschaftlichen Leistung zu unterscheiden. Letztere ergibt sich aus dem Wert, den die Konsumenten dem Produkt beilegen.[103]

<table>
<tr><th>Merkmale</th><th colspan="4">Ausprägungen</th></tr>
<tr><td>Leistungsersteller</td><td colspan="2">Mensch</td><td colspan="2">Maschine</td></tr>
<tr><td>Leistungsempfänger</td><td colspan="2">Kunde
(Zulieferer, Abnehmer)</td><td colspan="2">eigenes Unternehmen
(Unternehmensbereich, Tochterunternehmen, etc.)</td></tr>
<tr><td>Ursprung der Leistungserstellung</td><td>persönliche</td><td colspan="2">technische</td><td>wirtschaftliche
(ökonomische)</td></tr>
<tr><td>Art der Leistung</td><td colspan="2">materielle</td><td colspan="2">immaterielle</td></tr>
<tr><td>Zeitpunkt der Leistungserstellung</td><td colspan="2">Tagesleistung</td><td colspan="2">Nachtleistung</td></tr>
<tr><td>Dauer der Leistungserstellung</td><td>kurzfristig</td><td colspan="2">mittelfristig</td><td>langfristig</td></tr>
<tr><td>Quantifizierbarkeit der Leistung</td><td colspan="2">quantifizierbar</td><td colspan="2">nicht (unmittelbar) quantifizierbar</td></tr>
</table>

werden im Rahmen der Arbeit betrachtet

Tab. 2-1: Morphologischer Kasten zur Klassifikation von Leistung

[102] Vgl. hierzu und im Folgenden Henzel (1942) sowie Henzel (1967), S. 43.

[103] Vgl. Schmidt (1935), S. 15f.

Des Weiteren lässt sich die Leistung nach ihrer Art in materielle (= Sachleistungen) und immaterielle Güter (= konstitutionelle Leistungen, wie Dienst- und Nutzleistungen, konjunktionelle Leistungen wie Potenzialleistungen) einteilen.[104]

Als weiteres Kriterium zur Typologie der Leistung kann der Zeitpunkt der Leistungserbringung angeführt werden. Hierbei ist zwischen einer Tages- und Nachtleistung zu unterscheiden.

Neben der Dauer der Leistungserstellung (kurz-, mittel- oder langfristig) kann als weiteres Unterscheidungsmerkmal die Quantifizierbarkeit der Leistung betrachtet werden. Hierbei lässt sich die quantifizierbare von der nicht bzw. nicht unmittelbar quantifizierbaren Leistung unterscheiden. Ein Beispiel für leicht messbare Leistungen stellen die Tätigkeiten, die im Akkord entlohnt werden, dar.[105] Schwierig ist es hingegen, wenn eine eindeutige Beziehung zwischen dem Verhalten des Mitarbeiters und seinem Leistungsergebnis nicht ohne weiteres herstellbar ist. Das gilt insbesondere für viele Tätigkeiten im nicht-gewerblichen Bereich. Hier sind Leistungsergebnisse und der Anteil des Mitarbeiters an diesem Ergebnis nur schwer messbar.

2.2.3 Ebenen der Leistungserstellung

Der Prozess der Leistungserstellung kann im Unternehmen auf unterschiedlichen Ebenen erfolgen. Zur Differenzierung der Leistungsebenen wird im weiteren Verlauf der Arbeit dem Ansatz von *RUMMLER* und *BRACHE* (1995)[106] gefolgt, die sich an dem klassischen Unternehmensschema orientieren, nachdem ein Unternehmen in die Leistungsebenen (Levels of performance) Organisationsebene, Prozessebene und Mitarbeiterebene untergliedert werden kann (vgl. Abb. 2-5).

Diese Ebenen sind eng miteinander verbunden, da sie alle dasselbe übergeordnete Ziel verfolgen. Die Organisationsziele gehen mit den Zielen der Prozess- bzw. Abteilungsebene einher und müssen durch diese vollständig abgedeckt werden. Die Ziele der Prozess- bzw. Abteilungsebene müssen wiederum bei der Zielformulierung auf der Team- bzw. Mitarbeiterebene berücksichtigt werden.

Die Organisationsebene stellt die höchste Leistungsebene dar. Hier muss sichergestellt werden, dass die effektiven Tätigkeiten („die richtigen Dinge") vollzogen werden, d. h. alles, was zum Erhalt oder zur Verbesserung der Wettbewerbsfähigkeit

---

104 Vgl. zur Unterscheidung von Sach- und Dienstleistungen Wöhe/Döring (2008), S. 5f. sowie Stüdemann (1988), S. 318ff. Hinzu kommt eine weitere Besonderheit, die hybride Leistung, die eine Kombination aus Sach- und Dienstleistung darstellt. Vgl. hierzu Kersten et al. (2006).

105 Für eine Übersicht von Messkriterien der Finanz-, Prozess- und Mitarbeiterperspektive siehe Jetter (2004), S. 94ff.

106 Vgl. Rummler/Brache (1990), S. 16. Siehe auch Sharman (1995), S. 33, Hronec (1996), S. 22 und Gleich (2001b), S. 70, die diesen Ansatz in ihren Arbeiten aufgreifen.

des Unternehmens notwendig ist. Auf Organisationsebene können verschiedene Werttreiber zur Realisierung bzw. Steigerung der Unternehmensleistung ausgemacht werden. Hierbei werden unterschiedliche Schwerpunkte verfolgt: Neben dem Bilden und Sicherstellen von Visionen, Strategien und Unternehmenszielen, muss der Unternehmensprozess durch das Topmanagement gesteuert werden. Auf Organisationsebene müssen Entscheidungen über den Zweck und die Richtung der Leistungserbringung sowie über verfügbare Ressourcen zur Leistungserstellung getroffen werden. Die auf Organisationsebene erbrachten Leistungen, können in vielen Unternehmen anhand vergleichbarer Kennzahlen abgelesen werden. Mit Hilfe der klassischen finanzwirtschaftlichen und erfolgswirtschaftlichen Kennzahlen, die der Handelsbilanz entnommen werden können, kann ein Vergleich der individuellen Unternehmensleistung vorgenommen werden.[107] Die Leistungsmesszyklen auf Organisationsebene sind langfristig ausgerichtet und weisen ergebnisorientierte Leistungsmaße auf.

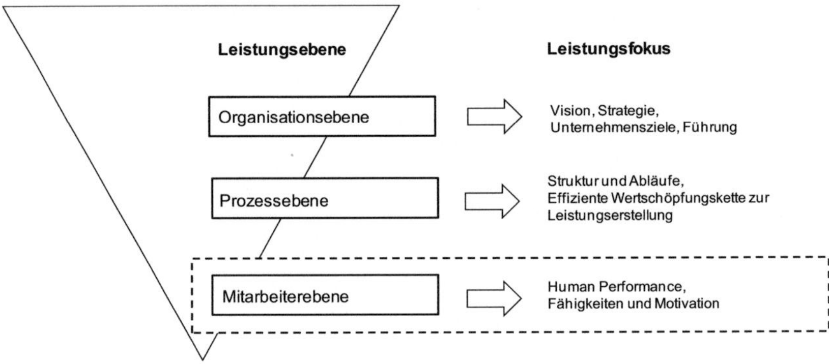

Abb. 2-5: Ebenen der Leistungserstellung[108]

Die prozessbezogenen Leistungsmaße sind hingegen eher mittel- bis langfristig ausgerichtet und orientieren sich an den operativen Abläufen und Handlungen des Unternehmens. Auf der Prozessebene wird daher die Prozessleistung aller Geschäfts- und Querschnittsprozesse sichergestellt. Ansatzpunkt dafür bieten die Ablauf- und Aufbauorganisation des Unternehmens. Die Organisationsstruktur und die Geschäftsprozesse stellen die grundsätzlichen Voraussetzungen für ein Unternehmen dar, um die angestrebte Leistung im Rahmen einer wiederholbaren, systematischen und koordinierten Vorgehensweise darstellen zu können. Wie auf der Unterneh-

[107] Z. B. Kapitalrendite (ROCE, ROI, EVA), Betriebsergebnis, Deckungsbeitrag, Cashflow etc. Zur Vertiefung siehe Baetge et al. (2007).

[108] In Anlehnung an Gleich (2001b), S. 70

mensebene lässt sich die Leistung an den internen finanziellen Kennzahlen ablesen.[109]

In der Literatur werden die Mitarbeiter häufig als Leistungsträger der Organisation bezeichnet.[110] Die Leistung des Mitarbeiters (auf der Mitarbeiterebene bzw. Individualebene), auch unter dem Begriff Human Performance bekannt, ist in Abhängigkeit von der jeweiligen Tätigkeit einfach bis schwierig zu erfassen. Unter der Leistung auf der Mitarbeiterebene (Mitarbeiterleistung) ist jener Beitrag an einen internen oder externen Abnehmer, z. B. dem Kunden, zu verstehen, den ein Mitarbeiter in Übereinstimmung mit gültigen Zielvorgaben zum Unternehmenserfolg beiträgt.[111] Während der Leistungserstellung, die aus beobachtbaren Aktionen und Tätigkeiten, die *HOMANS* (1960) als Aktivität bezeichnet, resultieren, wird versucht, die Leistungsmöglichkeiten des Mitarbeiters, zu denen er aufgrund seiner vorhandenen Qualifikationen und Konditionen psychisch und physisch befähigt ist, voll auszuschöpfen.[112] Zur Erfassung der Mitarbeiterleistung lassen sich je nach Arbeitsaufgabe unterschiedliche Messkriterien heranziehen.[113]

Da die Mitarbeiterleistung im interorganisationalen Projektteam Betrachtungsgegenstand der Arbeit ist, wird im Folgenden die Leistung auf der Mitarbeiterebene näher erläutert.

2.2.4 Determinanten der Mitarbeiterleistung

Die menschliche Leistung stellt einen vielschichtigen Komplex dar, dem sich viele wissenschaftliche Disziplinen widmen. Allgemein erbringen die Mitarbeiter ihre Arbeitsleistungen als Beiträge für die Unternehmung. Der Einsatz des Mitarbeiters in Arbeitsprozessen hat zum Ziel, dass der Mitarbeiter eine möglichst große Leistung erbringt, ohne einen gesundheitlichen Schaden zu erleiden. Die Arbeitsleistungen können dabei stark differenzieren.[114]

Für die Systematisierung der Einflussgrößen auf die Mitarbeiterleistung finden sich in der neueren personalwirtschaftlichen Literatur zahlreiche Vorschläge. Überwiegend

---

[109] Als Zielgrößen der Prozessperspektive lassen sich beispielsweise die Prozesszeit (Effektivität des Fertigungszyklus), die Prozessqualität (Fehlerquote, Nacharbeit, Rücksendungen) sowie die Prozesskosten (Activity-based Costing) unterscheiden. Zur Vertiefung siehe Jetter (2004), S. 95 und S. 328.

[110] Vgl. Fritsch (1997), S. 49.

[111] Vgl. Richter (1999), S. 12 sowie zur Leistungssteigerung von Mitarbeitern durch Zielvorgaben Galberg (2000), S. 97ff.

[112] Vgl. Homans (1960), S. 58ff.

[113] Zur ausführlichen Darstellung von Ziel- und Kennzahlenbeispielen der Mitarbeiterleistung siehe Jetter (2004), S. 331ff.

[114] Vgl. Schulte-Zurhausen (1995), S. 53, Day (2006), S. 29ff.

wird dabei zwischen individuellen und situationsbedingten bzw. zwischen internen und externen Einflussgrößen differenziert (vgl. Abb. 2-6).[115] Die außerbetrieblichen Einflüsse entziehen sich dabei weitestgehend dem betrieblichen Wirkungskreis. Die Mitarbeiterleistung wird demnach als Ergebnis des Leistungsverhaltens durch das Zusammenspiel der Person des Mitarbeiters und der Situation determiniert. Erstere umfasst die, bei denen die genetisch bedingte und durch Leistungsprozesse entfaltete Leistungsfähigkeit von der Leistungsbereitschaft unterschieden wird. [116]

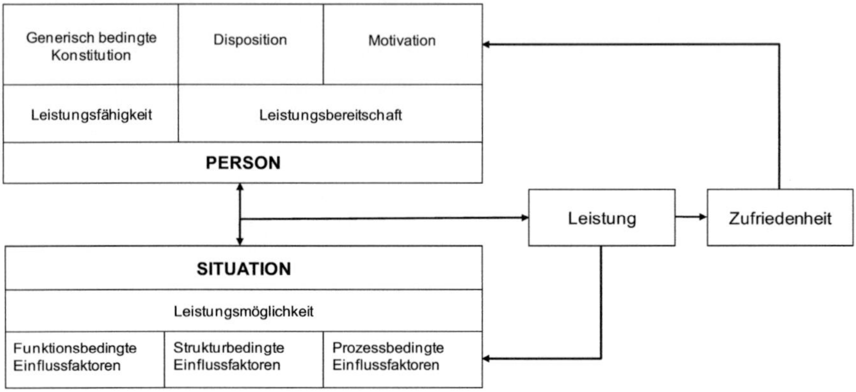

Abb. 2-6: Determinanten der Mitarbeiterleistung[117]

Die Leistungsfähigkeit (häufig auch als Leistungsvermögen bezeichnet) umfasst die Möglichkeit des Mitarbeiters, die Tätigkeit ausüben zu können. Sie stellt eine prinzipielle Voraussetzung für das Erbringen der Leistung dar und ist neben der Anwendung von fachlichem Wissen an die Ausübung fachlichen Könnens im Sinne von Fähigkeiten bzw. Fertigkeiten gebunden.[118] Es handelt sich dabei um das Leistungspotenzial im Sinne der theoretischen Obergrenze. Fähigkeiten stellen in der Persönlichkeit angelegte Merkmale dar, wie z. B. Begabung, Sensibilität, Psychomotorik, dabei sind sie als relativ stabil anzusehen. Ihr individueller Ausbildungsgrad kann durch entsprechende Weiterbildungsmaßnahmen (Trainings) entwickelt, aber auch durch Vernachlässigung verdeckt werden.[119]

---

[115] Vgl. Hopfenbeck (2002), S. 371.

[116] Vgl. Engelhard (1992), Sp. 1256, Raulin (1996), S. 19.

[117] Engelhardt (1992), Sp. 1258.

[118] Vgl. Hopfenbeck (2002), S. 371, Engelhard (1992), Sp. 1257.

[119] Vgl. Richter (1999), S. 163. Sowie zum Projektmanagement als Instrument zur Verbesserung der Individual- und Teamleistung Loo/Thorpe (1996).

Die interindividuellen Unterschiede in Bezug auf das Können und Wissen der Mitarbeiter werden in den Arbeitswissenschaften auch auf die genetisch bedingten physisch-psychischen Konstitutionen zurückgeführt. Neben den Körpersystemen (Körpergröße, Beweglichkeit, Belastbarkeit etc.) finden auch die psychischen Grundlagen, wie Kognition (Informationsverarbeitung, -speicherung, Lernen) und Emotionen (Gefühle, Stimmung und Affekte) Berücksichtigung. Demnach kann diejenige Leistung, welcher ein Mitarbeiter aufgrund seiner genetischen Veranlagung bis zur restlosen Erschöpfung aller physischen und psychischen Kräfte fähig ist, als maximale Leistungsfähigkeit bezeichnet werden.[120]

Bis zu welchem Grad der Mitarbeiter bereit ist, seine Leistungsfähigkeit auszuschöpfen, hängt von seiner Leistungsbereitschaft ab. Die Leistungsbereitschaft spiegelt wider, in welchem Ausmaß der Mitarbeiter unter den gegebenen Arbeitsbedingungen bereit und in der Lage ist, seine Fähigkeiten einzusetzen und seine Leistungspotenziale auszuschöpfen.[121] Sie setzt sich dabei zum einen aus der Motivation und zum anderen aus der physischen Disposition zusammen und kann durch zahlreiche interne und externe Faktoren, wie z. B. die eigentlichen Aufgabeninhalte oder durch das Führungsverhalten des Vorgesetzten beeinflusst werden.[122]

Neben den intrapersonellen Faktoren sind unter der Variablengruppe „Situation" alle personenexternen Determinanten einzuordnen, welche die Leistung des Mitarbeiters fördern bzw. hemmen können. In der Literatur auch als Leistungsmöglichkeiten bzw. Leistungsbedingungen bezeichnet, können sie sowohl einen direkten als auch indirekten Einfluss auf die Mitarbeiterleistung ausüben. Neben der Leistungsfähigkeit und der Leistungsbereitschaft werden organisatorische Rahmenbedingungen vorausgesetzt, die dem einzelnen Mitarbeiter das Erbringen der Leistung innerhalb des Unternehmens ermöglichen. Sie können beispielsweise nach ihrer Beziehung zum Arbeitssystem in funktions-, struktur-, und prozessbedingte Determinanten unterschieden werden. Die funktionsbedingten Einflussfaktoren beinhalten die Art und Komplexität der Aufgabe sowie die damit verbundenen Arbeitsanforderungen (Fähigkeiten, Kompetenzen) an die Mitarbeiter.[123] Die strukturbedingten Einflüsse resultieren aus der Zugehörigkeit der Mitarbeiter zu unterschiedlichen sozialen Gruppen, hierunter fallen z. B. auch Teams, in denen über Sozialisations- und Lernprozesse Leistungsstandards vermittelt werden.[124] Die prozessbedingten Einflussfaktoren ent-

---

120 Vgl. Hackstein (1977).

121 Vgl. Schulte-Zurhausen (1995), S. 53 sowie zur Motivation zur Leistungssteigerung Bernand (1992), S. 145ff.

122 Als physische Disposition wird das Ausmaß der aktuellen Verfügbarkeit über die Kompetenzen – der Leistungsfähigkeit – bezeichnet. Vgl. Engelhard (1992), Sp. 1258f.

123 Vgl. Kurzewitz (2007), S. 12ff., Scholz (2000), S. 363ff.

124 Vgl. Raulin (1996), S. 21.

stammen der Anordnung und Abfolge von Bewegungsabläufen. Hierbei spielt der Einsatz ausgereifter Technologien, insbesondere der Informations- und Kommunikationstechnologien eine wichtige Rolle.[125]

Es zeigt sich somit, dass die Leistung des Mitarbeiters zahlreichen Einflussfaktoren unterliegt. Um das Zusammenspiel dieser verschiedenen Faktoren zu fördern, bedarf es eines Leistungsmanagements, das im Folgenden näher beschrieben wird.

2.2.5 Begriffliche Abgrenzung und Nutzen des Leistungsmanagements

Wie der Leistungsbegriff wird auch der Begriff des Leistungsmanagements in der betriebswirtschaftlichen Literatur nicht einheitlich definiert. Tab. 2-2 zeigt, dass sich bei den aktuellen Definitionen zum Leistungsmanagement in der betriebswirtschaftlichen Literatur zwei Entwicklungsrichtungen erkennen lassen.[126]

BRUNNER ET AL. versteht unter Leistungsmanagement ein unternehmensweites Managementsystem, bei dem der Prozess zur Operationalisierung der Unternehmensstrategien und -ziele in ein permanentes Führungssystem überführt wird.[127] Neben *JETTER, HILGERS* und *DANIEL* betont er, dass die Ziele der relevanten Anspruchsgruppen (z. B. einzelne Abteilungen) unterstützt werden, indem eine Verknüpfung von Strategien, strategischen Initiativen und der Planung, Steuerung und Kontrolle relevanter Steuerungsgrößen vorgenommen wird. Dabei ist das Leistungsmanagement wertschöpfungsgetrieben und verfolgt keinen hierarchischen Zugang, da die Leistung einer jeden Unternehmensfunktion analysiert werden muss. Auf Unternehmensebene führt das Leistungsmanagement zu einer Fokussierung auf die wesentlichen leistungsstarken Felder, die eine Verbesserung der Wettbewerbsfähigkeit herbeiführen können.[128] Durch die Erhöhung der Leistungstransparenz sind Führungskräfte besser über Daten, Funktionen und Abläufe sowie über die Leistungspotenziale ihrer Mitarbeiter informiert und können folglich entsprechende Maßnahmen zur Leistungssteigerung einleiten. Arbeitsleistungen können effizienter und schneller erbracht werden und folglich zu Ressourcen- und Kosteneinsparungen führen. Wichtige Voraussetzung hierbei ist die Integration des Leistungsmanagements in die Unternehmensplanung, um eine Vernetzung der Leistungsziele zwischen den Unternehmensebenen sicherzustellen. Mit Hilfe des Leistungsmanagements können Strategien operationalisiert und im operativen Planungsprozess verankert werden.[129] Die Einhaltung der Strategien kann zwar durch das Controlling überprüft werden, zur

---

[125] Vgl. Kern (2005), S. 29ff., Schröder (2003), S. 85ff.

[126] Vgl. hierzu auch Williams (1998), S. 1.

[127] Vgl. hierzu und im Folgenden Brunner et al. (1999), S. 11ff.

[128] Siehe hierzu auch Jetter (2004), S. 41, Hilgers (2008), S. 51, Daniel (2009), S. 31.

[129] Vgl. hierzu und im Folgenden Havranek/Mauhart (2008), S. 96f.

Umsetzung bedarf es jedoch der Mitarbeiter. Im Rahmen des Leistungsmanagements kommt es daher zu einer interdisziplinären Zusammenarbeit zwischen Controlling und Human Resources.

AUTOR	**DEFINITION LEISTUNGSMANAGEMENT (PERFORMANCE MANAGEMENT)**
Brunner et al. (1999), S. 11.	„Leistungsmanagement ist ein unternehmensweites Management-System, das den Prozess zur Operationalisierung der Unternehmensstrategien und -ziele in ein permanentes Führungssystem überführt. Durch die Verknüpfung von Strategien, strategischen Initiativen und der Planung, Steuerung und Kontrolle der relevanten Steuerungsgrößen wird die Zielerreichung (der relevanten Anspruchsgruppen) unterstützt."
Hoffmann (2000), S. 29.	„Leistungsmanagement beinhaltet Techniken, mit denen Manager in Abstimmung mit den übergeordneten Unternehmenszielen die Performance ihrer Mitarbeiter planen, lenken und verbessern können."
Schust (2000), S. III.	„Human Performance Management stellt eine zeitgemäße Weiterentwicklung des Personalmanagement für das 21. Jahrhundert dar."
Cokins (2004), S. 1.	"Performance management (PM) is the process of managing the execution of an organization's strategy. [...] PM is sometimes confused with human resources and personnel systems, but it is much more encompassing."
Jetter (2004), S. 41.	„Unter Performance Management wird hier ein systematischer, an der Unternehmensstrategie ausgerichteter Management-Prozess verstanden, der gewährleisten soll, dass die Summe aller im Unternehmen erzielten Leistungen bzw. Ergebnisse den Leistungsanforderungen und Erwartungen an das Unternehmen entspricht und dadurch die Wettbewerbsfähigkeit des Unternehmens sicherstellt."
Krause (2006), S. 39.	„Performance Management umfasst alle Aktivitäten, die unter ständiger Aktualisierung der Fach- und Sozialkompetenz der Akteure auf die Optimierung des Stakeholder-Nutzens gerichtet sind und dabei gleichzeitig den finanziellen, materiellen, zeitlichen, emotionalen und sozialen Aufwand minimieren."
Daniel (2008), S. 31.	„Aufgabe des Performance Management ist es, ganzheitlich gestaltend und integriert lenkend in den Objektfeldern eines Unternehmens zu wirken, um damit die gewünschte Performance zu realisieren. Unter Objektfeldern werden Programm, Portfolios, Produkte, Prozesse, Projekte und Potenziale verstanden."
Hilgers (2008), S. 51.	„[...] dass unter Performance Management ein System zur Leistungssteuerung und Leistungsbeeinflussung der Leistung des Unternehmens [...], wie auch der individuellen Mitarbeiterleistung verstanden wird."

Tab. 2-2: Definitionen des Begriffs Leistungsmanagement

Nach *COKINS, HOFFMANN, SCHUST und KRAUSE* liegt der Schwerpunkt des Leistungsmanagements in dem Management und der Steuerung der Leistungserbringer, wie z. B. den Mitarbeitern des Unternehmens.[130] Es hilft, personelle Schwachstellen anhand von Leistungsdefiziten zu erschließen und Leistungstreiber

[130] Vgl. Cokins (2004), S. 1 sowie Hoffmann (2000),S. 29, Schust (2000), S. III, Krause (2006), S. 39.

(Schlüsselpersonen und Schlüsselfunktionen) im Unternehmen zu identifizieren. Es trägt daher dazu bei, den Personaleinsatz zu verbessern, indem es die Aufgaben und Anforderungen von Funktionen mit den Stärken und Interessen der Mitarbeiter kombiniert. Risiken des Ausfallens von Schlüsselpersonen können besser eingeschätzt und entsprechende personalwirtschaftliche Maßnahmen frühzeitig ergriffen werden, um die Leistung langfristig zu sichern bzw. zu steigern. Durch das Leistungsmanagement gewinnt die Arbeit des Mitarbeiters an Transparenz, so dass ein besseres Aufgabenverständnis erlangt wird. Die Kompetenzen und Fähigkeiten des Mitarbeiters rücken bei der Leistungserbringung stärker in den Vordergrund, so dass diese gezielt gefördert werden können. Dies führt vor allem bei den Mitarbeitern zu einer höheren Arbeitsmotivation.[131] Darüber hinaus erzeugt der Einsatz eines Leistungsmanagements Lern- und Erkenntnisgewinne, da die menschliche Leistungserstellung prozessual im Sinne eines Kreislaufmodells verstanden werden kann: Von der zum Zeitpunkt t_1 erstellten Leistung sind Rückwirkungen auf die Situation sowie auf die Motivation des Leistungserbringers zu erwarten. Diese wiederum nehmen Einfluss auf die Leistungserstellung in t_{n+1}. Demnach hat ein gezielt eingesetztes mitarbeiterorientiertes Leistungsmanagement zum Zeitpunkt t_n weitere Auswirkungen auf die Leistung des Mitarbeiters in t_{n+1}.[132]

Der Begriff Leistungsmanagement wird demnach einerseits verwendet, um ein System zur Leistungssteigerung des Gesamtunternehmens zu beschreiben, das verstärkt an finanzorientierten Kennzahlen ausgerichtet ist, andererseits umschreibt der Begriff Leistungsmanagement ein System zur Steuerung der individuellen Mitarbeiterleistung, das auf die drei Leistungsperspektiven Leistungsbereitschaft, -fähigkeit und -möglichkeit fokussiert und weniger auf finanzorientierte Kennzahlen zurückgreift.

Im Rahmen der vorliegenden Arbeit soll dem letzteren Leistungsmanagementverständnis gefolgt werden. Der Begriff Leistungsmanagement wird daher im Folgenden verstanden als ein Ansatz zur Beeinflussung und Steuerung der individuellen Mitarbeiterleistung, der auf die ständige Förderung der Leistungsbereitschaft, der individuellen Fähigkeiten und der Leistungsmöglichkeiten ausgerichtet ist.

2.2.6 Prozessschritte des Leistungsmanagements

Die Thematik des Leistungsmanagements ist bereits Bestandteil verschiedenartiger Forschungsarbeiten.[133] Dabei variiert der Anwendungsbereich des Leistungsmana-

---

131 Vgl. Millmore et al. (2007), S. 330.

132 Vgl. McGrath (1964) in Hackman (1987), S. 316f.

133 Vgl. Natale et al. (1995), Schust (2000), Gleich (2001a,b), Jetter (2004), Hilgers (2008), Daniel (2008), Aguinis (2009).

gements von Autor zu Autor. Weitestgehende Einigkeit besteht jedoch darin, dass sich der Leistungsmanagementansatz aus einzelnen Prozessschritten zusammensetzt. Dieser Prozess zeichnet sich dabei durch eine hohe Dynamik aus und kann auf unterschiedliche Bereiche angewandt werden.

In der Literatur werden verschiedene Prozessschritte des Leistungsmanagements beschrieben, die sich stark an den allgemeinen Personalmanagementprozess anlehnen (vgl. Tab. 2-3).[134]

Schust (1994)	**Grote (2002)**	**Jetter (2004)**	**Armstrong (2006)**	**Krause (2006)**
• Potenzial-Beurteilung • Potenzial-Aktivierung • Potenzial-Nutzung • Potenzial-Förderung	• Performance Planning • Performance Execution • Performance Assessment • Performance Review	• Leistungs-planung • Leistungs-erbringung • Leistungs-konsequenz	• Plan/Performance Agreement • Act/Personal Development Planning • Monitor/ Performance • Review/ Performance Review	• Performance planen • Performance verbessern • Performance prüfen • Performance kommunizieren

Tab. 2-3: Prozessschritte des Leistungsmanagements

JETTER (2004) teilt den Leistungsmanagementprozess in drei aufeinanderfolgende Phasen ein. Die erste Phase beinhaltet die Leistungsplanung. In dieser Phase werden die gesamten Zielprozesse geplant. Die zweite Phase beinhaltet die Leistungserbringung (Umsetzung). Bestandteil sind hierbei die Umsetzung und Kontrolle der zur Zielerreichung notwendigen Maßnahmen. Die letzte Phase, die an die Leistungserbringung anschließt, ist die der Leistungskonsequenzen (Konsequenz). Diese beinhaltet das Feedback an die Mitarbeiter sowie den Einsatz von zur Verfügung stehenden Methoden zur kontinuierlichen Leistungsverbesserung.[135]

SCHUST (1994), *GROTE (2002)* und *ARMSTRONG (2006)* verfolgen einen ähnlichen Ansatz wie *JETTER* und teilen den Leistungsmanagementprozess ebenfalls in aufeinanderfolgende Phasen, wobei *SCHUST* mehr die Beurteilung, Aktivierung, Nutzung und Förderung der vorhandenen Potenziale in den Vordergrund rückt, als ihre Kontrolle.[136] Dabei differenziert er zwischen vier Phasen: Zunächst schlägt *SCHUST* vor, die Leistungen und Potenziale aufzunehmen, um festzustellen, wo in

---

[134] Vgl. zum Personalmanagement Scholz (2000).

[135] Vgl. Jetter (2004), S. 44f.

[136] Vgl. Schust (1994), S. 30f.

den einzelnen Bereichen, im Team oder bei den Mitarbeitern, Defizite vorhanden sind (Potenzial-Beurteilung). Anschließend werden in einer zweiten Phase Maßnahmen entwickelt, um die zuvor ermittelten Potenziale zu aktivieren bzw. zu erschließen (Potenzial-Aktivierung). Vorhandene Schlüsselpotenziale bei Führungskräften und Mitarbeitern sollen effizient genutzt (Potenzial-Nutzung) und Kompetenzen, Persönlichkeit und Verhalten dahingehend gefördert werden, dass sie für das Unternehmen den höchstmöglichen Nutzen stiften (Potenzial-Förderung).

*KRAUSE (*2006) hingegen versteht das Leistungsmanagement nicht als einen sequentiellen, plandeterminierten Managementprozess. Er bezeichnet den Prozess des Leistungsmanagements stattdessen als ein Netzwerk aus Aktivitäten, die im Rahmen eines offenen Veränderungsprozesses wirken.[137] Dabei verwendet er zwar eine andere Reihenfolge der Abschnitte, greift jedoch ihren wesentlichen Inhalt auf. Sein so genanntes Performance-Aktivitätsmodell beinhaltet einen engen thematischen und zeitlichen Zusammenhang zwischen den vier folgenden Prozessschritten des Leistungsmanagements: Performance planen; Performance verbessern; Performance prüfen und Performance kommunizieren.[138]

Im Verlauf der Arbeit wird der Leistungsmanagementprozess als Kreislaufmodell verstanden. Der Prozessablauf orientiert sich dabei an der Sichtweise von *HAVRANEK* und *MAUHART,* da diese eine hohe Übereinstimmung mit dem allgemeinen Personalmanagementprozess aufweist.[139] Der Ablauf des Leistungsmanagements- und des Personalmanagementprozesses gestaltet sich sehr ähnlich, wobei der Kreislauf des Leistungsmanagements im Gegensatz zum Personalmanagementprozess sämtliche Maßnahmen auf die vom Mitarbeiter zu erbringende Leistung ausrichtet (vgl. Abb. 2-7). *HAVRANEK* und *MAUHART* (2008) betrachten den Prozess des Leistungsmanagements als einen Kreislauf von der Leistungsplanung bis hin zur Verbesserung/Weiterentwicklung des Leistungsmanagements.[140]

(1) In einem ersten Schritt erfolgt die Leistungsplanung (Leistungserwartung). Es werden Maßnahmen entwickelt und Rahmenbedingungen geschaffen, die zur Förderung der Leistungserbringung im Hinblick auf die Bearbeitung der Arbeitsaufgaben beitragen.

---

137 Vgl. Krause (2006), S. 48ff.

138 Die Verbesserung der Leistung kann inkrementell oder grundlegend erfolgen. Inkrementelle Ansätze streben eine kontinuierliche Verbesserung an. Dabei setzen sie auf den bestehenden Ablauf- und Aufbauorganisationen auf. Ein Beispiel hierfür sind TQM- (Total Quality Management) Programme. Unter diesem Begriff Total Quality Management werden alle Maßnahmen zusammengefasst, die unter den bestehenden Gegebenheiten einerseits die Qualität der Produkte verbessern und andererseits die Herstellkosten senken.

139 Vgl. zum Personalmanagement Scholz (2000) sowie Schust (2000), S. 9.

140 Vgl. hierzu und im Folgenden Havranek/Mauhart (2008), S. 23.

(2) Im Anschluss an die Leistungsplanung erfolgt der Prozess der Leistungserbringung (die eigentliche Handlung).

(3) In einem weiteren Prozessschritt wird eine Bewertung der Leistungsergebnisse (Leistungsbewertung) vorgenommen, die der Mitarbeiter innerhalb seines Leistungserstellungsprozesses erzielt hat.

(4) Nach eingehender Messung und Bewertung der Leistungsergebnisse erfolgt im nächsten Schritt eine Rückmeldung (Feedback) der Leistungsergebnisse an den Mitarbeiter.

(5) Der Kreislauf endet mit der Verbesserung/Weiterentwicklung der bestehenden Maßnahmen, so dass der Prozessablauf von Neuem beginnen kann.

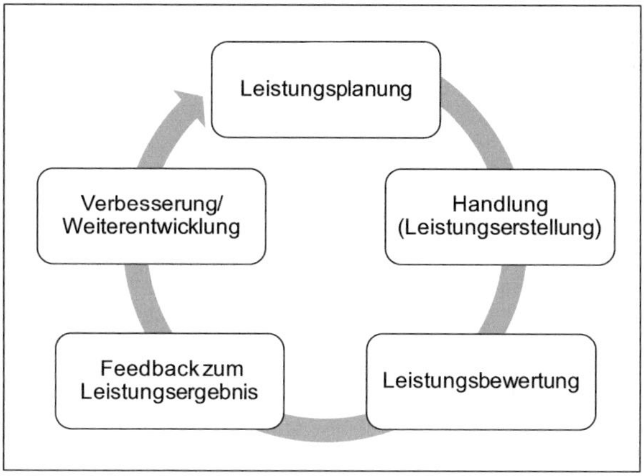

Abb. 2-7: Prozessschritte des Leistungsmanagements[141]

Im weiteren Verlauf der vorliegenden Arbeit ist zu prüfen, wie ein mitarbeiterorientiertes Leistungsmanagement im Rahmen der interorganisationalen Teamarbeit ausgestaltet sein sollte, mit dem Ziel, das individuelle Teammitglied zum Einsatz seiner Leistungspotenziale zu motivieren. Hierzu soll zunächst ein Überblick über die theoretischen Erklärungsansätze für das individuelle Leistungsverhalten gegeben werden, um darauf aufbauend Faktoren zu identifizieren, die einen Einfluss auf die individuelle Leistungsbereitschaft ausüben können.

---

[141] In Anlehnung an Havranek/Mauhart (2008), S. 23.

2.3 Theoretische Erklärungsansätze für das Leistungsverhalten

In der Organisationstheorie lassen sich je nach Forschungsfokus und -perspektive verschiedene theoretische Ansätze für das individuelle Leistungsverhalten unterscheiden.[142] Unter die für das Forschungsvorhaben relevanten Ansätze fallen die motivationstheoretischen Ansätze (Inhalts- und Prozesstheorien), der Personalökonomische Ansatz, der Human Relations Ansatz sowie die Ansätze zur Teamarbeit, die im Folgenden näher beschrieben werden.

2.3.1 Inhaltstheorien der Motivation

Zu Beginn soll das individuelle Leistungsverhalten anhand der motivationstheoretischen Ansätze erklärt werden. Diese sind der Auffassung, dass das menschliche Verhalten durch „latente, zeitlich relativ unveränderliche Bedürfnisse bestimmt [...] wird, die durch innere und äußere Anreize aktiviert werden können."[143] Motivation stellt demnach die Hauptvoraussetzung für ein zielorientiertes Verhalten des Individuums dar und spielt bei der eigentlichen Leistungserstellung des Individuums eine entscheidende Rolle.[144] Eine fehlende Leistungsmotivation ist in vielen Fällen die Hauptursache für eine Leistungszurückhaltung.[145]

Motivation ist auf das lateinische movere (=bewegen) zurückzuführen und soll Aufschluss über die Beweggründe des Handelns und des Verhaltens des Individuums geben. Die darauf aufbauenden Motivationstheorien dienen als Beschreibung und Erklärung des Aufbaus und der Aufrechterhaltung des individuellen Verhaltens. Zudem begründen sie dessen Richtung, Intensität und Dauerhaftigkeit.[146]

Die Motivation selbst ist ein hypothetisches Konstrukt, eine „intervenierende Variable zwischen situativen/personalen Bedingungen und beobachtbarem Verhalten, die sich nicht unmittelbar messen lässt."[147] Dies bedeutet, dass sich nur die Input- und Outputgrößen des Verhaltens unmittelbar beobachten und folglich empirisch erheben lassen. Motivation lässt sich neben der Selbst- und Fremdbeobachtung demnach nur anhand der Verhaltensergebnisse, wie z. B. der erbrachten Leistung (Output), messen.

---

142 Vgl. Vahs (2007) S. 26f., Kieser/Kubicek (1992), S. 33ff.

143 Vgl. Holtbrügge (2007), S. 13.

144 Häufig wird der Begriff Motivation mit den Worten Antrieb, Drang, Bedürfnis, Lust, Strebung, Wille oder Wunsch in Verbindung gebracht.

145 Vgl. Jost (2000), Rosenstiel (2001), Rheinberg (2002) sowie Staehle (1999), S. 218f.

146 Vgl. Staehle (1999), S. 219., Wolf (2003), S. 188.

147 Staehle (1999), S. 219.

Insbesondere bei der Leistungserbringung des Individuums im Rahmen der interorganisationalen Teamarbeit kann es häufig zu Motivationsproblemen kommen. Diese bestehen immer dann, wenn die Akteure (Teammitglieder) die ihnen zugewiesenen Rollen nicht spielen wollen.[148] Um das Verhalten des Mitarbeiters im Sinne einer aktiven Leistungserbringung beeinflussen zu können, stellt sich im Hinblick auf den Untersuchungsgegenstand die Frage, wie die einzelnen Mitglieder des interorganisationalen Teams zu einem effizienten Leistungsbeitrag motiviert werden können.

In der Literatur existieren verschiedene Ansätze, die Erklärungsversuche zur Motivation des Individuums unternehmen. Dabei wird zwischen der (substanziellen) Inhaltstheorie und der (mechanistischen) Prozesstheorie unterschieden.[149]

Die Inhaltstheorien beziehen sich statisch auf Inhalte von Motivstrukturen und liefern Denkanstöße dahingehend, um zu erklären, WAS, d. h. welches Motiv in dem Individuum oder in seiner Umwelt ein bestimmtes (Leistungs-)Verhalten hervorruft und dieses aufrechterhält. Die so genannten behavioristischen Motivationsansätze gehen davon aus, dass das Individuum weitgehend auf Triebe und/oder Umweltanreize reagiert. Dabei wird das Verhalten durch vergangenheitsorientierte Stimulus-Response-Verknüpfungen erklärt. Die Inhaltstheorien der Motivation zeigen auf, welche materiell-inhaltlichen Größen, wie z. B. Lohn, Arbeitserlebnis etc., die Motivation der Akteure beeinflussen. Zu den bekanntesten Vertretern der Inhaltstheorien gehören *MASLOW* (Bedürfnistheorie), *ALDERFER* (ERG-Modell), *MCGREGOR* (Theorie X und Theorie Y) und *HERZBERG* (Zwei-Faktoren-Theorie).[150]

2.3.1.1 Die Bedürfnistheorien von Maslow und Alderfer

Die Bedürfnistheorie (auch unter dem Begriff Bedürfnispyramide bekannt) von *MASLOW* hat unter den Inhaltstheorien eine besondere Bedeutung erlangt. Nach dem Konzept, das ursprünglich auf klinisch-psychologischen Erfahrungen beruht, lassen sich die menschlichen Motive in fünf Hauptbedürfnisklassen unterscheiden, die hierarchisch nach ihrer relativen Dringlichkeit aufeinander aufbauen:[151] Physiologische Bedürfnisse, Sicherheits-, Zugehörigkeits-, Selbstwertschätzungs- und zuletzt die Selbstverwirklichungsbedürfnisse. *MASLOW* ist der Auffassung, dass ein Bedürfnis in den Hintergrund tritt, sobald es befriedigt ist, und anschließend die Bedürfnisse

148 Zur Rollenverteilung im Team siehe Hedeman et al. (2006) S. 159ff.

149 Vgl. Wolf (2003), S. 188. Scholz führt an dieser Stelle zusätzlich die Aktionstheorien an, auf die jedoch im Verlauf der Arbeit nicht näher eingegangen werden soll. Siehe hierzu Scholz (2000), S. 878f.

150 Zur übersichtlichen Darstellung der verschiedenen Inhalts- und Prozesstheorien siehe Scholz (2000), S. 877ff., Staehle (1999), S. 221ff., Berthel/Becker (2003), S. 17ff., Oechsler (2000), S.155ff., Drumm (2005), S. 382ff. und S. 471ff.

151 Vgl. Maslow (1954), S. 15ff.

der höher stehenden Gruppen in Erscheinung treten (verschwinden), sobald das Bedürfnis der niedrigeren Gruppe befriedigt (unbefriedigt) ist.[152] Dominiert wird die Befriedigung dabei zunächst durch die physiologischen Bedürfnisse.

Dem Ansatz von *MASLOW* werden jedoch erhebliche Kritikpunkte entgegengebracht. Zum einen werden die Mehrdeutigkeit, die willkürliche Motivstufung und inhaltliche Klassifikation sowie die mangelnde Abgrenzbarkeit der einzelnen Bedürfnisklassen kritisiert. Der Ansatz von *MASLOW* ist zudem schichtspezifisch. Ihm wird vorgeworfen, dass er sich an der amerikanischen Mittelschicht und einem bürgerlich-humanistischen Menschenbild orientiert. Dabei wird nicht beachtet, dass sich Anreize und Motivstruktur im Laufe der Teamarbeit ändern können. Hinzu kommt, dass die einzelnen Bedürfnisse in Kulturen unterschiedlich ausgeprägt sind, so dass der Ansatz nicht nur schichtspezifisch, sondern auch kulturspezifisch ist. Zum anderen werden die mangelnde empirische Überprüfbarkeit sowie die eingeschränkte Eignung der Bedürfnistheorie zur Verhaltensvorhersage von Individuen beanstandet.[153]

MASLOWS Grundidee der Klassifikation von Bedürfnissen wurde von *ALDERFER* (1969) in seinem ERG-Modell („Existence“, „Relatedness“, „Growth“) aufgegriffen. Dieser modifizierte das Modell von *MASLOW*, indem er sein eigenes Modell auf drei Bedürfniskategorien reduziert: die physiologischen und materiellen Bedürfnisse (Existenzsicherungsbedürfnisse, existence needs), die Bedürfnisse nach Kontakt und Anschluss (Beziehungsbedürfnisse, relatedness needs) und die Bedürfnisse nach geistig-seelischem Wachstum (Wachstumsbedürfnisse, growth needs).[154] Durch die Reduktion auf drei Bedürfniskategorien versucht *ALDERFER* das Problem zu umgehen, die Bedürfnisse nach Sicherheit, Selbstachtung und Anerkennung zu operationalisieren.[155] Die Kernaussage des Modells besteht darin, dass durch die wachsende (fallende) Befriedigung eines Bedürfnisses dieses Bedürfnis an Gewicht verliert (gewinnt) und somit die Bedürfnisse der nächsthöheren (nächsttieferen) Kategorie aktiviert werden. *ALDERFER* verzichtet in seiner ERG-Theorie auf die hierarchische Schichtung der Bedürfnisse, so dass nicht erst die Bedürfnisse auf der untersten Ebene befriedigt werden müssen, um Motivkraft auf den oberen Ebenen entwickeln zu können.[156]

Im Gegensatz zu *MASLOW* hat *ALDERFER* versucht, seine Thesen empirisch zu unterstützen. Zwar besitzen seine Studien eine höhere Erklärungskraft, dennoch sind

[152] Vgl. Frese (1992), S. 268 sowie Maslow (1954), S. 32ff.

[153] Zur Kritik an der Bedürfnistheorie vgl. Wunderer/Grunwald (1980), S. 178f., sowie Conradi (1983), S. 258ff., Oechsler (2000), S. 155f.

[154] Vgl. Alderfer (1969) sowie Alderfer (1972), S. 7ff.

[155] Vgl. Staehle (1999), S. 224.

[156] Vgl. Alderfer (1972), S. 149f.

sie nicht allgemeingültig. Als Kritik an seiner Theorie ist anzubringen, dass die Reduktion der Bedürfnisklassen die Zuordnung von Handlungsweisen zu Motivarten nicht erleichtert.[157]

Beide Theorien liefern wichtige Orientierungshilfen für die im Fokus der Arbeit stehende Entscheidungssituation zum individuellen Leistungsbeitrag im Rahmen der interorganisationalen Teamarbeit. Während in der Praxis materielle Anreize, wie z. B. Gewinnbeteiligungen, Gehälter etc. genutzt werden, um die physiologischen Bedürfnisse und Sicherheitsbedürfnisse des Individuums zu befriedigen, sind zur Aktivierung höherrangiger Bedürfnisse weitere Konzepte erforderlich, die auf die Umsetzung derartiger höherrangiger Bedürfnisse fokussieren. Soziale Bedürfnisse im Hinblick auf die Akzeptanz innerhalb des Projektteams, Anerkennung von den Kooperationspartnern und Kollegen sowie die Bedürfnisse nach Selbstverwirklichung durch die Entfaltung individueller Fähigkeiten im Rahmen der Aufgabenerfüllung bleiben häufig unbefriedigt, da nur selten Maßnahmen zu deren Aktivierung angewandt werden.[158] Durch das Erbringen einer Leistung kann die Akzeptanz des Teammitglieds innerhalb des interorganisationalen Teams steigen. Versucht der Mitarbeiter aufgrund einer hohen Arbeitsmotivation seinen Leistungsbeitrag im Rahmen der Teamarbeit zu steigern, kann zusätzlich das Bedürfnis nach Anerkennung durch die Teammitglieder des eigenen Unternehmens sowie des bzw. der anderen Partnerunternehmen erfüllt werden.[159] Auch das Bedürfnis nach Selbstverwirklichung kann durch eine hohe Leistungsbereitschaft sowohl direkt als auch indirekt befriedigt werden. Es wird direkt erfüllt, wenn das Individuum das Erbringen seines Leistungsbeitrags im Rahmen der unternehmensübergreifenden Teamarbeit als Auftrag (oder Mission) ansieht, deren Erfüllung es anstrebt. Indirekt wird es hingegen erfüllt, wenn es z. B. aufgrund eines ihm gewährten materiellen Anreizes, die zusätzliche Leistung erbringt, die seiner Selbstverwirklichung dient.

2.3.1.2 Die Zwei-Faktorentheorie von Herzberg

Wie viele weitere Ansätze hat auch *HERZBERG* die Grundidee der Bedürfnispyramide aufgegriffen und neu verarbeitet.[160] Allerdings stützt sich die Zwei-Faktorentheorie dabei auf empirische Untersuchungsergebnisse. Der Ansatz zur Arbeitszufriedenheit basiert auf einer Untersuchung, in der die Probanden im Hinblick auf angenehme und unangenehme Arbeitssituationen befragt wurden. Die Untersuchungen zeigten, dass die Ursachen für gute und schlechte Arbeitssituationen einen unterschiedlichen

---

157 Vgl. Oechsler (2000), S. 156.

158 Zu Anreizen siehe Kapitel 3.2.2.

159 Vgl. Schröder (2003), S. 37ff.

160 Vgl. Herzberg et al. (1959), S. 11ff.

Ursprung hatten. Hieraus leitet *HERZBERG* ab, dass zwei Gruppen von Faktoren zu unterscheiden sind:[161]

- Motivatoren (Satisfaktoren). Sie können Zufriedenheit erzeugen und wirken als Anreiz zur Arbeitsmotivation. Ihre Befriedigung stellt einen Handlungsanreiz für das Individuum dar. Als Beispiel sind Leistung, Anerkennung der Leistung durch Geschäftspartner, Verantwortung, Aufstieg, Arbeitsinhalt sowie die Möglichkeit zur Selbstverwirklichung zu nennen.

- Hygienefaktoren (Dissatisfaktoren). Sie können hingegen nur Unzufriedenheit abbauen bzw. verhindern, jedoch keine Zufriedenheit erzeugen. Demnach stellen sie keinen positiven Handlungsanreiz dar. Ihre Befriedigung wird vom Individuum als gegeben vorausgesetzt, ihre Nicht-Befriedigung kann jedoch zur Unzufriedenheit führen. Als Beispiele sind Gehalt, Arbeitsbedingungen, Unternehmenspolitik, etc. zu nennen.

Die These der Zwei-Faktorentheorie nach *HERZBERG* unterstellt, dass Hygienefaktoren ausschließlich geeignet sind, um notwendige Rahmenbedingungen für die Leistungserbringung zu schaffen. Demnach können gute soziale Beziehungen, z. B. zwischen Führungskraft und Mitarbeiter, zwar als Grundbedingung für die Erbringung der Leistung angesehen werden, eine Intensivierung dieser Beziehung würde aber keine weiteren Leistungsanreize schaffen. Motivatoren hingegen können als Leistungsanreize eingesetzt werden.

Der Ansatz von *HERZBERG* wurde vielfach kritisiert, insbesondere da die empirischen Ergebnisse in Wiederholungsversuchen nur selten bestätigt werden konnten.[162] Weiterhin wird kritisch angemerkt, dass *HERZBERG* zwar die Thesen aufgreift, dass Motive unterschiedliches Verhalten bewirken, jedoch vernachlässigt er den dynamischen Aspekt.[163] Wie *MASLOW* ist *HERZBERG* der Auffassung, dass das menschliche Handeln überwiegend von dem Streben nach Selbstverwirklichung bestimmt wird.[164] Folglich lässt sich daraus schließen, dass der Mitarbeiter durch eine Steigerung seiner Leistung im Team eine Bedürfnisbefriedigung erlangen kann. Wird jedoch keine Steigerung des Leistungsbeitrags von den Teammitgliedern gewünscht, so baut sich Unmut im unternehmensübergreifenden Projektteam auf. Dies kann zur Folge haben, dass der Mitarbeiter seine Leistungsbereitschaft reduziert und

---

[161] Vgl. hierzu Herzberg et al. (1959), S. 113ff.

[162] Vgl. Rosenstiel (1975), S. 178, Zink (1975), S. 290ff., Weinert (1998), S. 151f. Zur Kritik an der Methodengebundenheit der Untersuchung vgl. Wunderer/Grundwald (1980), S. 180f. sowie Locke (1975), S. 469.

[163] Vgl. Frese (1992), S. 268.

[164] Zur weiterführenden Kritik siehe Wolf (2003), S. 190.

seinen für die Erfüllung der Teamaufgabe erforderlichen Leistungsbeitrag verlangsamt bzw. reduziert. Aus der Zwei-Faktorentheorie nach *HERZBERG* lässt sich für den Untersuchungsgegenstand schlussfolgern, dass Mitarbeiter nur langfristig zur Leistung im Team motiviert werden können, wenn dabei keine Unzufriedenheit aufkommt. Hierzu müssen von dem Unternehmen bestimmte leistungsfördernde Grundbedingungen für die interorganisationale Teamarbeit geschaffen werden.

2.3.2 Prozesstheorien der Motivation

Während die Inhaltstheorien die Existenz unterschiedlicher Motivziele analysieren, unternehmen die Prozesstheorien den Versuch, das Zusammenspiel der Faktoren zu erklären, die die Motivation und damit die Bereitschaft zur Leistungserstellung hervorrufen. Die Prozesstheorien bauen auf den Inhaltstheorien dahingehend auf, als dass sie die in den Inhaltstheorien herausgestellten Motivationsstrukturen in einen dynamischen Zusammenhang setzen. Sie versuchen zu erklären, wie ein bestimmtes (Leistungs-) Verhalten zustande kommt, gelenkt, erhalten und abgebrochen wird.[165] Dabei fokussieren sie auf die Beziehungen zwischen den einzelnen Variablen und den Prozess der Motivationsgenerierung.[166] Zu den wichtigsten Prozesstheorien gehören die Ansätze von *VROOM*, *LOCKE* und *PORTER/LAWLER*.[167] Da es sich hierbei um eine schwierigere Fragestellung handelt, sind die hierzu entwickelten Modelle deutlich komplexer als die der Inhaltstheorien. Dies hat wiederum eine geringere Resonanz in der Managementpraxis zur Folge.[168] Um jedoch ein Verständnis zum motivierten Verhalten zu entwickeln und entsprechende Maßnahmen ableiten zu können, ist eine erweiterte Betrachtungsweise der Inhaltstheorien um die Prozesstheorien dringend erforderlich. Nachfolgend sollen daher die für die Zielsetzung der Arbeit relevanten Ansätze der Prozesstheorien kurz vorgestellt werden.

2.3.2.1 Das Weg-Ziel-Modell von House und Evans

Die Weg-Ziel-Theorie[169] hat ihren Ursprung in den fünfziger Jahren.[170] In ihrer Grundaussage entspricht sie den Erwartungstheorien, die den Prozesstheorien zuzuordnen sind. Diese gehen im Vergleich zu den Inhaltstheorien nicht davon aus, dass die Stärke und Ausprägung der Motivation allein durch ein unbefriedigtes Er-

---

165 Vgl. Wolf (2003), S. 191f.

166 Vgl. Hellriegel et al. (2001), S. 220f.

167 Zur ausführlichen Darstellung siehe Vroom (1964), Locke (1968, 1975) sowie Porter/Lawler (1968).

168 Vgl. Staehle (1999), S. 230, Drumm (2005), S. 480f., Oechsler (2000), S. 159ff., Berthel/Becker (2003),S. 26ff.

169 Auch unter der englischen Bezeichnung „Path-Goal-Ansatz" bekannt, vgl. Evans (1970), House (1971).

170 In Anlehnung an die Arbeiten des Institute for Social Research an der University of Michigan, vgl. hierzu Georgopoulos et al. (1957).

gebnis beherrscht wird. Stattdessen untermalt sie das Zusammenwirken eines solchen Bedürfnisses mit der Bewertung eines Anreizes sowie mit der Einschätzung der Wahrscheinlichkeit, diesen Anreiz zu bekommen.[171] Das Weg-Ziel-Modell nimmt eine Differenzierung in die drei Teilaspekte Motivation, Verhalten und Zielerreichung vor. Dabei sieht es Individuen als Nutzenmaximierer.[172]

EVANS und *HOUSE* stellen in dem entwickelten Konzept die Beziehung zwischen Ergebnis und Verhalten in den Mittelpunkt.[173] Sie haben den Versuch unternommen, die Wirkungen und Akzeptanz des Führungsverhaltens des Vorgesetzten und die Handlungs- (Leistungs-)bereitschaft des Mitarbeiters aufeinander zu beziehen. In ihrem Modell fokussieren sie auf die Hauptfunktion der Führungskraft, dessen Aufgabe darin besteht, sich in die Situation des Mitarbeiters zu versetzen und seine Überlegungen nachzuvollziehen, um ihn so für die Arbeit zu motivieren (vgl. Abb. 2-8). Durch das Aufzeigen von Wegen („paths"), die zu den gewünschten Zielen („goals") führen, kann der Vorgesetzte dieser Aufgabe gerecht werden.[174]

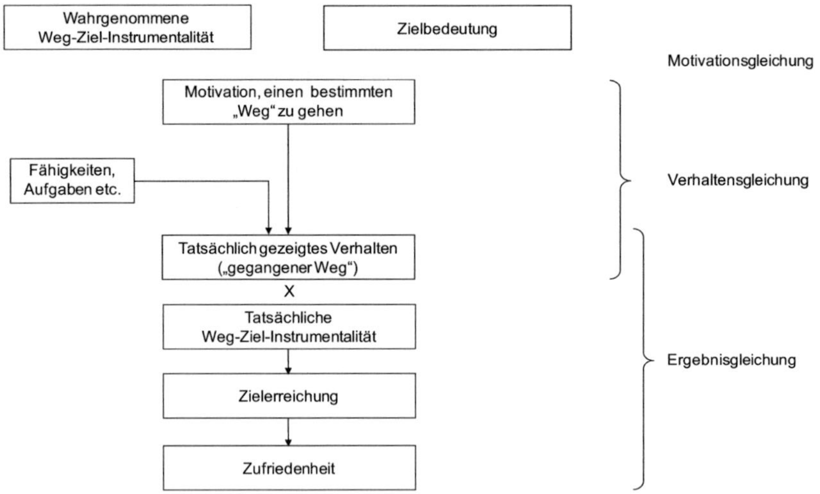

Abb. 2-8: Weg-Ziel-Theorie nach Evans[175]

Das Modell orientiert sich an der Frage, unter welchen Umständen die Anstrengungen des Vorgesetzten vom Mitarbeiter als Instrument für die Erreichung seiner Ziele

[171] Vgl. Jung (2006), S. 397f.

[172] Vgl. Evans (1970), House (1971) sowie Oechsler (2000), S. 161, Rahn (1992), S. 110ff.

[173] Vgl. Evans (1970), House (1971).

[174] Vgl. Jago (1995), Sp. 630.

[175] Oechsler (2000), S. 160f.

(Motivation) angesehen werden.[176] Der Weg-Ziel-Theorie liegen jedoch zwei Hypothesen zugrunde:[177] Zum einen, dass der Mitarbeiter das Führungsverhalten in dem Ausmaß akzeptiert, sofern es dazu beiträgt, seine Zufriedenheit zu erreichen. Zum anderen, dass der Vorgesetzte eine motivationale Funktion ausübt, die darin besteht, die persönlichen Vorteile seines Mitarbeiters auszubauen. Durch seine Motivationsfähigkeit kann er folglich das Leistungsverhalten des Mitarbeiters beeinflussen. Motivation stellt somit eine Funktion dar, die sowohl die individuellen Ziele als auch die Instrumentalität eines Weges für ein Ziel sowie die Bedeutung des Ziels integriert.[178] Dabei legt sie den Zustand der aktiven Leistungs- und Verhaltensbereitschaft eines Mitarbeiters zugrunde.[179] Es ist jedoch ebenso denkbar, dass der Vorgesetzte die Bedeutung des Ziels beeinflusst und somit Einfluss auf die Zufriedenheit des Mitarbeiters nimmt. Die Wirkung situativer Variablen wurde in dem Modell jedoch nicht berücksichtigt.

In der Literatur wird an der Weg-Ziel-Theorie die unpräzise Formulierung der Variablen kritisiert, was zu einer schweren Überprüfbarkeit des Modells führt. Darüber hinaus wird die ausschließliche Betrachtung der zweiseitigen Führer-Mitarbeiter-Beziehung beanstandet, aus welcher die Verhaltensbereitschaft der Mitarbeiter resultieren soll. Zudem wird angenommen, dass sich alle Beteiligten gut kennen, so dass sie wissen, was sie von dem anderen zu erwarten haben. Dies ist jedoch gerade bei interorganisationalen Projektteams häufig nicht der Fall. Mitarbeiter aus verschiedenen Unternehmen müssen mit meist fremden Unternehmensvertretern zusammenarbeiten. Es ist daher nicht vorherzusehen, welches Leistungsverhalten sie von dem anderen erwarten können. Weiterhin ist die Individualisierung des Führungsgeschehens kritisch anzumerken, da nur der individuelle Standpunkt des Mitarbeiters berücksichtigt wird. „Nach dem Modell wirkt der Vorgesetzte ausschließlich auf die von ihm wahrgenommene Weg-Ziel-Instrumentalität ein.“[180] Weitere Einflüsse auf die Führungssituation, wie z. B. Gruppenleistung, Konjunktur oder das Verhalten der Kollegen finden in der Weg-Ziel-Theorie keine Berücksichtigung.[181]

Dennoch liefert das Weg-Ziel-Modell für die vorliegende Arbeit wichtige Erkenntnisse. Das Modell zeigt, dass die zu erreichenden Ziele sowie der „sichere Weg“ zu diesen Zielen die Leistungsmotivation des Mitarbeiters stark beeinflussen. Inwiefern die Motivation zu der gewünschten Handlung führt, hängt neben der Zielgestaltung von

---

176 Vgl. Evans (1970), S. 277.

177 Vgl. Hentze et al. (1997), S. 331f.

178 Für den graphischen Zusammenhang vgl. Oechsler (2000), S. 160.

179 Vgl. Sprenger (1999), S. 21.

180 Oechsler (2000), S. 161.

181 Zur Vertiefung kritischer Anmerkungen vgl. Hentze et al. (1997), S. 346f.

weiteren Faktoren, wie z. B. der Leistungsfähigkeit des Mitarbeiters oder der Aufgabenstellung ab. Nur wenn der Mitarbeiter durch seine erbrachte Arbeitsleistung die vereinbarten Ziele erreicht hat, löst dieses Zufriedenheit bei ihm aus.

2.3.2.2 Die VIE-Theorie von Vroom

Die 1964 von *VROOM* entwickelte Valenz-Instrumentalitäts-Erwartungs-(VIE)-Theorie (auch Erwartungstheorie genannt) wird als Grundmodell der neueren Prozesstheorien angesehen. Das auf dem Weg-Ziel Ansatz aufbauende Modell versucht zu erklären, wie die Arbeitsleistung des Mitarbeiters zustande kommt. Darüber hinaus unternimmt es Erklärungsversuche, warum Individuen eine bestimmte Handlungsalternative wählen und inwiefern Vorhersagen zum Leistungsverhalten möglich sind.[182]

VROOMS Modell stellt eine „psychologisch orientierte ökonomische Entscheidungstheorie dar, die davon ausgeht, dass Menschen solche Alternativen wählen, die den subjektiv erwarteten Nutzen maximieren."[183] Der auf dem Weg-Ziel-Ansatz beruhende Gedanke basiert auf empirischen Beobachtungen, die belegen, dass Leistung (Weg) von dem Individuum nur dann als erstrebenswert wahrgenommen wird, wenn damit ein erwünschtes Ziel erreicht werden kann. Die Anstrengungsbereitschaft des Individuums setzt sich demnach aus der Wertigkeit des Ziels und dessen Realisierbarkeit zusammen.[184] Im Gegensatz zu den Annahmen der Inhaltstheoretiker, die die Leistungsmotivation durch Prädisposition, Anlage oder Sozialisation erklären, ist *VROOM* der Auffassung, dass die Leistungsmotivation des Individuums zusätzlich situativ von der Wahrnehmung des relativen Nutzens der Leistung für die individuelle Zielerreichung abhängt. Dieses Mittel-Zweck-Verständnis wird in der Prozesstheorie unter dem Begriff Instrumentalität subsumiert. Die VIE-Theorie ist folglich durch die drei Hauptbegriffe Valenz, Instrumentalität und Erwartungen geprägt, deren Zusammenhang im Anschluss erklärt werden soll (vgl. Abb. 2-9).

In einem ersten Schritt strebt das Individuum ein Endergebnis (E2) an und beurteilt zunächst, wie wichtig ihm der daraus resultierende Nutzen ist (= Valenz). Fokussiert wird hier auf das Ausmaß der Attraktivität des Endergebnisses für das Individuum. Die Valenz kann dabei einen negativen (d. h. den Wunsch, dieses Ergebnis zu vermeiden), einen positiven Wert (d. h. Streben nach diesem Ergebnis) oder einen Wert von Null (= Indifferenz gegenüber dem Ergebnis) annehmen. Bei den Ergebnissen lassen sich zwei Ebenen unterscheiden: Das Ergebnis erster (E1) und zweiter Ebene

---

182 Vgl. hierzu Vroom (1964) und Rosen (1961).
183 Staehle (1999), S. 231.
184 Vgl. Scholz (2000), S. 895.

(E2). Ersteres umfasst Belohnungen, die als Anreize für ein bestimmtes Leistungsverhalten dienen (z. B. Bonuszahlung), wohingegen letzeres Bedürfnisse oder Ziele umfasst, die vom Individuum angestrebt werden (z. B. Führungsposition).

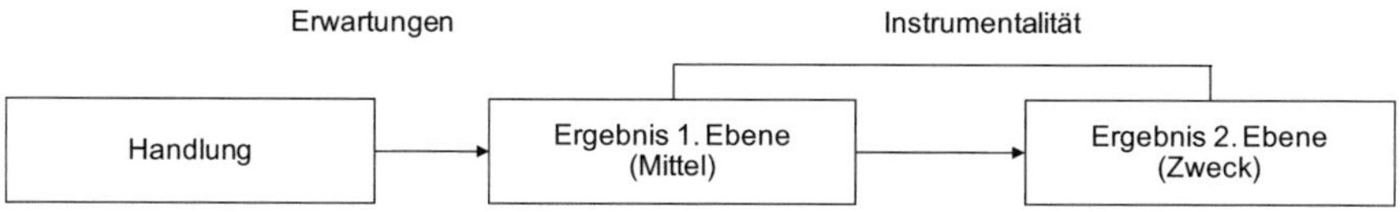

Abb. 2-9: Zusammenhang zwischen den Ergebnissen und der Instrumentalität nach Vroom[185]

In einem zweiten Schritt wird geprüft, inwieweit der Einsatz der verfügbaren Mittel zur Erreichung des Endziels beiträgt. Die Instrumentalität steht hierbei für die Erwartung, dass das Ergebnis (E1) eines bestimmten Verhaltens dazu beiträgt, das Ergebnis (E2) zu erreichen. Dabei gewinnt das Ergebnis (E1) seinen Wert (Nutzen) für das Individuum erst durch seine Eigenschaft, positiv bewertete Ergebnisse der zweiten Ebene (E2) zu befriedigen. Die Valenz der Ergebnisse der ersten Ebene hängt somit von der Valenz der Ergebnisse der zweiten Ebene ab sowie von der wahrgenommenen Instrumentalität von 1 für 2. Die Instrumentalität kann dabei einen Wert von -1 (d. h. E2 lässt sich ohne E1 sicher realisieren; mit E1 ist es unmöglich E2 zu erreichen) oder +1 (d. h. E1 stellt eine Voraussetzung dar, um E2 mit Sicherzeit zu erreichen) annehmen.

Die Erwartungen stellen das Urteil des Individuums über die Wahrscheinlichkeit dar, dass eine bestimmte Handlung (H) tatsächlich zu einem Ergebnis (Aufgabenziel E2) führt (Erwartung I) und dass die mit dem Aufgabenziel (E2) verknüpfte Belohnung (E1) auch erreicht wird (Erwartung II). Es müssen daher beide Erwartungen geprüft werden, wenn beispielsweise einem Mitarbeiter für das Erbringen besonderer Leistungen eine Beförderung versprochen wird. Zum einen ist die Wahrscheinlichkeit abzuschätzen, ob die Leistung mit einer bestimmten Anstrengung überhaupt erbracht werden kann, zum anderen ist zu prüfen, ob mit der erbrachten Leistung die versprochene Belohnung auch tatsächlich eintreten wird. Die Erwartungen können einen Wert zwischen 0 (es liegt eine subjektive Wahrscheinlichkeit vor, dass der Handlung kein Ergebnis folgen wird) und 1 (es liegt eine subjektive Gewissheit vor, dass aus der Handlung ein Ergebnis resultieren wird) einnehmen.[186]

[185] In Anlehnung an Staehle (1999), S. 232.

[186] Zur detaillierten Erläuterung siehe Vroom (1964) sowie Rosen (1961).

Die Handlungs-Ergebnis-Erwartung (Erwartung I) ist dabei stark durch die Persönlichkeitsmerkmale des Individuums selbst geprägt, während die Ergebnis-Folge-Erwartung (Erwartung II) überwiegend durch externe Rahmenbedingungen, wie z. B. das Verhalten der anderen Mitarbeiter oder durch organisatorische Regelungen beeinflusst wird. Beide Formen der Erwartungen beeinflussen die Leistungsbereitschaft des Individuums.

Bezogen auf die Situation in einem Unternehmen hat der Mitarbeiter nach *VROOM* dann eine hohe Motivation, wenn folgende Bedingungen erfüllt sind:[187]

- Der Mitarbeiter ist der Auffassung, dass seine Bemühungen und Handlungen mit hoher Wahrscheinlichkeit zu einem Ergebnis führen werden. (E)
- Der Mitarbeiter sieht eine hohe Wahrscheinlichkeit darin, dass er durch seine Handlungsergebnisse die Anreize und erwünschten Ergebnisse erreicht. (I)
- Der Mitarbeiter empfindet die Anreize, die ihm geboten werden, als möglichst attraktiv, d. h. dass sie seinen aktuellen Bedürfnissen entsprechen. (V)

VROOM unternimmt mit seinem Modell den Erklärungsversuch, dass nicht nur „Ziele mit individuellen Wertigkeiten, sondern zudem auch die Wahrscheinlichkeiten und die subjektive Wahrnehmung in den Mittelpunkt gerückt werden. Es ist daher nicht ausreichend, den Mitarbeitern individuell einen Anreiz zu bieten, stattdessen müssen entsprechende Mittel zur Erreichung der Ziele zur Verfügung gestellt werden.[188] Dabei argumentiert *VROOM* in seinem Modell überwiegend mathematisch.

Die Kritik an der Theorie setzt an der Bestimmung der Variablen und an ihren impliziten Prämissen an. Die Bestimmung der Variablen Valenz, Instrumentalität und Erwartung ist durch subjektive Schätzungen alleine nicht befriedigend zu bewältigen.[189] Zudem implizieren die Variablen eigentlich eine wechselseitige Unabhängigkeit, welche nach alltäglichen Erfahrungen aber nicht als gegeben angenommen werden kann. Weiterhin muss angezweifelt werden, dass das handelnde Individuum alle relevanten Informationen ausreichend berücksichtigt und rein rational verarbeiten kann, wie es die Theorie unterstellt. Es stellt sich daher die Frage, inwiefern der beschriebene Prozess auf die unternehmensübergreifende Projektarbeit übertragen werden kann, d. h. für das Teammitglied gültig ist.

---

187 Vgl. Jung (1999), S. 398f., Scholz (2000), S. 895.

188 Vgl. Scholz (2000), S. 898.

189 Vgl. Drumm (2005), S. 483.

2.3.2.3 Das Motivationsmodell von Porter und Lawler

Das Prozessmodell von *PORTER* und *LAWLER* hat zum Ziel, die plausibilitätsgestützten Beziehungen zwischen den relevanten Komponenten Motivation, Leistung und Zufriedenheit aufzuzeigen.[190] Die aufgestellte Motivationstheorie hat den Erwartungswert-Gedanken der Theorie von *VROOM* aufgegriffen und ausgebaut.[191] Der Grundgedanke der Theorie besteht darin, dass bestimmte Belohnungen anhand der durch sie ausgelösten Befriedigung bewertet werden. Das Individuum erhält für eine Leistung eine entsprechende Belohnung. Die Leistung ist das Ergebnis von Anstrengung und der Wirkung situativer Variablen (wie z. B. Fähigkeiten, Fertigkeiten, Rollenwahrnehmung). Der Leistungsanreiz hängt daher von der Belohnung und dessen Eintrittswahrscheinlichkeit ab (Instrumentalität).[192] Die Grundannahmen und Postulate des Modells sind in zahlreichen Studien empirischen getestet worden.

PORTER und *LAWLER* verwenden in ihrem Modell neun Variablen, wobei sie auf die Variablen Anstrengung (effort), Leistung (performance), Belohnung (rewards) und Zufriedenheit (satisfaction) fokussieren (vgl. Abb. 2-10).

Die Anstrengung stellt das Ausmaß an Energie dar, das von einem Individuum zur Erfüllung der Arbeitsaufgabe aufgebracht werden muss. Es wird zum einen durch die Wertigkeit der Belohnung und zum anderen durch die wahrgenommene Wahrscheinlichkeit der Belohnung bei der Anstrengung beeinflusst. Fügt das Individuum beispielsweise der Belohnung eine hohe Bewertung bei und nimmt zudem eine hohe Wahrscheinlichkeit wahr, dass es durch seine Anstrengungen die Belohnung erreichen wird, so wird es große Anstrengungen unternehmen, um die Leistung zu erbringen.

Leistung bezeichnet den messbaren Output einer Handlung, der nicht identisch mit den Anstrengungen sein muss. Das Ergebnis der Leistung hängt zum einen von den Fähigkeiten, Fertigkeiten und von der Persönlichkeit des Mitarbeiters ab, sowie von der Art und Weise, wie dieser seine Rolle in der Arbeitsumgebung wahrnimmt. So können beispielsweise geringe arbeitsanforderungsspezifische Kenntnisse und ungenaue Rollenwahrnehmungen trotz hoher Arbeitsanstrengung zu einer nicht zufriedenstellenden Leistung führen.

Das Leistungsverhalten des Mitarbeiters kann eine Belohnung zur Folge haben. Hierbei lassen sich zwei Arten differenzieren: die intrinsische (z. B. Erfolgserlebnis)

---

190 Vgl. Porter/Lawler (1968), S. 16ff., Scholz (2000), S. 900.

191 Vgl. zur Erwartungstheorie Vroom (1964) sowie Scholz (2000), S. 895, Staehle (1999), S. 231f.

192 Vgl. Drumm (2005), S. 484.

und die extrinsische (z. B. Bonuszahlung) Art.[193] Je nach wahrgenommener Gerechtigkeit der Belohnung (d. h. die Vorstellung des Mitarbeiters darüber, ob ihm die Belohnung für die erbrachte Leistung angemessen erscheint) ist der Mitarbeiter mit der Situation zufrieden bzw. unzufrieden. Zufriedenheit tritt ein, wenn die Belohnung seinen Erwartungen entspricht bzw. diese übersteigt. Unzufriedenheit tritt hingegen auf, wenn die Belohnung unter seinen Erwartungen liegt.

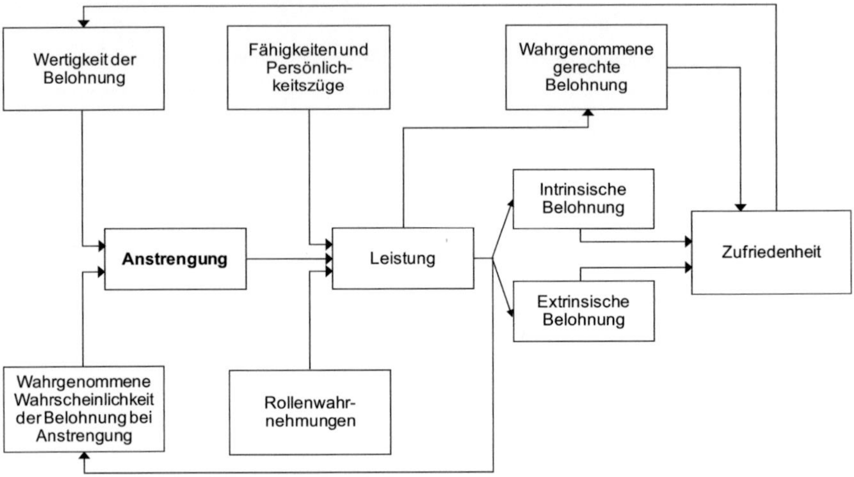

Abb. 2-10: Motivationsansatz nach Porter und Lawler[194]

Das Motivationsmodell von *PORTER* und *LAWLER* zeigt im Vergleich zum Human Relation-Ansatz, der in Kapitel 2.3.4 beschrieben wird, einen genau entgegengesetzten Zusammenhang zwischen der Leistung und der Zufriedenheit auf. Zufriedenheit ist in diesem Fall keine Voraussetzung für Leistung sondern resultiert stattdessen aus ihr. Zahlreiche empirische Studien stützen diese Aussage.[195]

PORTER und *LAWLER* nehmen an, dass der Wert und die Wahrscheinlichkeit der Belohnung multiplikativ miteinander verknüpft sind. Leistung und Zufriedenheit erklären sie als ein rückgekoppeltes System. Zwar lassen sich daher kaum Kausalitäten aufdecken, jedoch stellen die Bestandteile des Systems mögliche Ansatzpunkte zur Veränderung der Leistung und Motivation eines Individuums im Rahmen der interorganisationalen Teamarbeit dar. Prinzipiell steigt die Arbeitsleistung nur mit der Anstrengung. Diese Funktion kann aber auch durch intervenierende Variablen, wie z. B.

---

193 Zur detaillierten Erläuterung intrinsischer und extrinsischer Motivation siehe Kapitel 2.2.4.

194 Porter/Lawler (1968), S. 165.

195 Vgl. hierzu Weinert (2004), S. 210f., Thompson et al. (1993) und Blau (1993).

der Eignung oder der Rollenwahrnehmung erheblich gestört werden. Es herrschen auch keine eindeutigen Beziehungen zwischen Leistung und Belohnung. Diese setzen eine Zurechenbarkeit der Leistung voraus. Andererseits hängt das Anspruchsniveau der Belohnung auch von der Höhe der Leistung ab. Die Zufriedenheit ist somit eine mehrfach abhängige Variable.

Die Rückkopplung zwischen der Zufriedenheit und dem Belohnungswert ist mit einem Lernprozess verbunden. Der Belohnungswert nimmt mit zunehmendem Zufriedenheitsgrad eines Bedürfnisses ab.[196] Die Rückkopplung zwischen der Wahrscheinlichkeit der Belohnung einerseits sowie der Beziehung zwischen der Leistung und der Belohnung andererseits bilden einen Lernprozess ab. Demnach kann mehr Anstrengung zu höherer Belohnung führen und umgekehrt. Diese Lerneffekte steuern somit die Belohnungserwartung des Individuums.

Die Motivationstheorie nach *PORTER* und *LAWLER* enthält zwar aufgrund der hohen Komponentenzahl einen hohen Komplexitätsgrad, was eine empirische Prüfung des Modells als Ganzes erschwert, dennoch genießt das Modell eine starke Verbreitung.[197] Zudem beinhaltet es gute formale Erklärungsansätze für den Prozess der individuellen Leistungsmotivation, da die Motivationssituation explizit berücksichtigt wird. Der Motivationsansatz stellt deutlich dar, dass und warum Erwartungen Motivation bewirken und ein entsprechendes Verhalten steuern. Im Vergleich zur statischen Erwartungstheorie nach *VROOM* greift das Modell nach *PORTER* und *LAWLER* Lernprozesse auf, was ihm eine gewisse Dynamik verleiht.

Kritisch anzumerken ist jedoch, dass es offen bleibt, ob die Theorie für jede Bedürfnisart (extrinsisch oder intrinsisch) von Leistung brauchbar ist.[198] Es bleibt daher zu überprüfen, welche Bedürfnisart innerhalb der interorganisationalen Teamarbeit für den Mitarbeiter eine Rolle spielt. Das Modell von *PORTER* und *LAWLER* macht jedoch sichtbar, dass die Arbeitsmotivation des Mitarbeiters von situativen Variablen beeinflusst wird. So spielen Fähigkeiten und Rollenwahrnehmungen ebenso wie Belohnungen und Eintrittswahrscheinlichkeiten eine wichtige Rolle.

2.3.2.4 Zieltheorie der Arbeitsmotivation von Locke

Die Zieltheorie von *LOCKE* gehört zu den Theorien, die nur einen einzigen Aspekt der Leistungsmotivation in Betracht ziehen:[199] *LOCKE* rückt in seinem entwickelten

---

196 Vgl. Drumm (2005), S. 485.

197 Vgl. Thompson et al. (1993) und Blau (1993).

198 Vgl. Drumm (2005), S. 486.

199 Die erste Variante der Zieltheorie erschien 1968, die erweiterte, besonders bekannte erschien 1990. Vgl. hierzu Locke (1968, 1975), Locke/Latham (1985, 1990).

Modell neben der Ursachenanalyse der Arbeitszufriedenheit den Einfluss von Zielen auf das Leistungsverhalten der Mitarbeiter in den Forschungsvordergrund. Dabei sieht er das gesetzte Ziel als zentralen Impuls an, nach dem die Mitarbeiter intentional operieren. Die Theorie basiert auf empirischen Ergebnissen, die die Wichtigkeit von Zielen und deren Formulierung für die Motivation zum Inhalt hatten.

Nach der Zieltheorie versuchen die Mitarbeiter unter den gegebenen Bedingungen ein bestimmtes Ziel zu erreichen, wobei sie jede Unterbrechung bzw. Störung bis zur Zielerreichung abzuwehren versuchen. Bis die Aufgabe gelöst ist, wirkt eine Kraft auf das Individuum (Motivation), die von der Valenz des Ziels abhängt.[200] *LOCKE* ist der Auffassung, dass jede Zielsetzung zu Spannungen führt, die durch eine intensive Bewegung auf das Ziel hin reduziert wird. Seine empirischen Ergebnisse zeigen, dass anspruchsvolle Ziele eine höhere Leistung bei dem Mitarbeiter hervorrufen.[201] Dies setzt jedoch voraus, dass das Ziel von dem Mitarbeiter akzeptiert wurde. Es besteht daher eine dynamische Verknüpfung zwischen der Zielsetzung, der Motivation und der eigentlichen Handlung (vgl. Abb. 2-11).

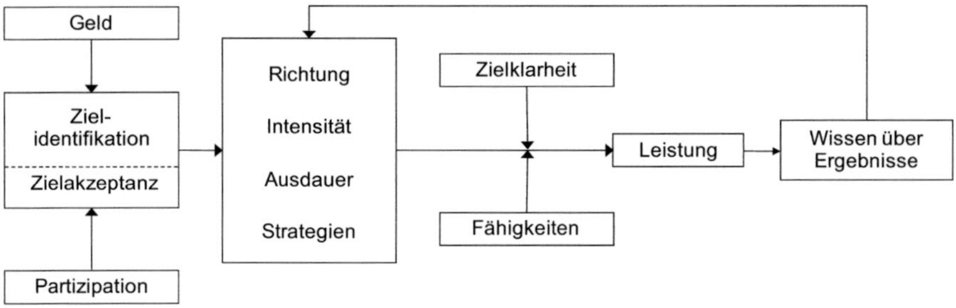

Abb. 2-11: Zieltheorie von Locke[202]

Das Modell besteht aus verschiedenen Komponenten. Die Leistung des Individuums wird durch die Ziele beeinflusst, indem die Richtung, Intensität, Ausdauer der individuellen Aktivitäten bestimmt wird, die zur Zielerreichungsstrategie anregen. Identifiziert sich das Individuum mit den Zielen (z. B. durch das Setzen monetärer Anreize) und akzeptiert (gefördert durch Partizipation) diese, so wird dieser Prozess positiv verstärkt. Darüber hinaus wird die Leistung durch die Fähigkeit des Individuums bestimmt, der die Aufgabe bearbeitet. *LOCKE* konnte beweisen, dass genau definierte Ziele (Zielklarheit) motivierend auf den Mitarbeitern wirken und bei ihm eine höhere Leistung hervorrufen. Zudem konnte gezeigt werden, dass seine Leistung durch

200 Vgl. Staehle (1999), S. 236.

201 Vgl. Franken (2004), S. 107.

202 Staehle (1999), S. 237.

Feedback gesteigert werden kann. Es ist somit festzuhalten, dass das Ziel an sich nicht zu einer höheren Leistung motiviert, stattdessen müssen Zielklarheit, Zielakzeptanz, Zielschwierigkeit sowie Feedback über die Zielerreichung gewährleistet sein.

2.3.2.5 Gerechtigkeitstheorie von Adams

Die auf der Anreiz-Beitrags-Theorie[203] basierende und mit der Zielsetzungstheorie in Einklang stehende Gerechtigkeitstheorie von *ADAMS* unterscheidet zwei Faktoren der (Arbeits-)Beziehung.[204] Die von einer Person eingebrachten Faktoren, wie z. B. Ausbildung, Erfahrung, Intelligenz, Arbeitsanstrengung, Alter, bezeichnet *ADAMS* als Input. Als Output werden hingegen die Konsequenzen für eine Person bezeichnet, wie z. B. Entlohnung, Sozialleistung, Ansehen.[205] Diese beiden Faktoren bestimmen das subjektive Gefühl der Gerechtigkeit. Da jedoch ein Vergleich zwischen zwei unterschiedlich dimensionierten Größen vorgenommen wird, kann das (Un-) Gerechtigkeitsgefühl nicht durch einen direkten Input-Output-Vergleich ermittelt werden. Stattdessen ist eine Vergleichsperson erforderlich, so dass die Austauschrelationen für die zu beurteilende und für die Vergleichsperson miteinander verglichen werden können.

Ein Gefühl der Gerechtigkeit entsteht demnach, wenn der Wert des eigenen Austauschverhältnisses dem der Vergleichsperson entspricht. Ist dieses nicht der Fall, so entsteht stattdessen das Gefühl der Ungerechtigkeit. Liegt ein Ungleichgewicht der Austauschverhältnisse vor, so versucht die zu beurteilende Person, einen als gerecht empfundenen Zustand herbeizuführen, so dass sie einen sukzessiven Prozess in Gang setzt. Das Individuum wird versuchen, dieses Spannungsfeld zu reduzieren bzw. aufzuheben. Empfindet das Individuum den Arbeitsprozess, in dem es handelt, als gerecht, so ist bei ihm eine besonders stark ausgeprägte Selbstverpflichtung sowie eine hohe Leistungsbereitschaft, Vertrauen und soziale Harmonie zu erkennen. Es weist folglich eine höhere Zufriedenheit mit dem Prozessergebnis auf.[206]

Die Gleichgewichtstheorie betont die Bedeutung der Entlohnung. Sie weist formal eine ähnliche Struktur auf, wie die Anreiz-Betrags-Theorie, da sie implizit von Nutzenvorstellungen ausgeht, mit denen der Mitarbeiter seine Leistung und die entsprechende Gegenleistung bemisst. Die Kritik der Gleichgewichtstheorie liegt in der Offenheit der Probleme, wie die Wahl der Referenzpersonen sowie in der Bewertung der verschiedenen Leistungen und Gegenleistungen. Das Modell zeigt zudem keine

---

[203] Vgl. March/Simon (1976), S. 80ff. sowie Ringle (1987), S. 64.

[204] Vgl. hierzu ausführlich Adams (1963), S. 422ff.

[205] Vgl. hierzu und im Folgenden Scholz (2000), S. 891.

[206] Vgl. Kim/Mauborgne (1998), S. 61 und 64.

Maßnahmen oder Eingriffsmöglichkeiten des Vorgesetzten auf, die Leistungsbereitschaft und den damit verbundenen Leistungsbeitrag seiner Mitarbeiter zu steuern.

Übertragen auf den Untersuchungsgegenstand der interorganisationalen Teamarbeit zeigt die Gerechtigkeitstheorie nach *ADAMS*, dass das Teammitglied seine eigene Situation mit der eines Teammitglieds des Kooperationsunternehmens vergleichen wird. Entsteht hierbei ein Gefühl der Ungerechtigkeit, z. B. aufgrund der zu erbringenden Leistungsbeiträge oder aufgrund unterschiedlicher Anreize, so wird das benachteiligte Teammitglied seinen Leistungsbeitrag zu Lasten der Teamarbeit reduzieren.[207]

2.3.3 Personalökonomischer Ansatz

Der Personalökonomische Ansatz zielt darauf ab, die personalpolitischen Entscheidungen einem ökonomischen Kalkül zu unterziehen und sie dabei vor dem Hintergrund der rechtlichen, tarifvertraglichen und sonstigen normenstiftenden institutionellen Rahmenbedingungen zu untersuchen.[208] Der personalökonomische Ansatz basiert auf den drei fundamentalen Annahmen über das menschliche Handeln:

- auf der individuellen Nutzenmaximierung (basierend auf individuellen Präferenzen),
- dem opportunistischen Verhalten (Verfolgung von Eigeninteressen) sowie
- der begrenzten Rationalität (z. B. aufgrund von Informationsasymmetrien).

Um zu zeigen, welche Auswirkungen die fundamentalen Verhaltensannahmen auf Akteure haben, greift der personalökonomische Ansatz auf zwei Organisationstheorien zurück, die der Neuen Institutionenökonomik zugerechnet werden können: Die Prinzipal-Agent-Theorie und die Transaktionskosten-Theorie.[209] Beide haben sich als allgemein anerkannte Theorien in der betriebswirtschaftlichen Forschung fest etabliert.[210]

Die Transaktionskostentheorie basiert auf der Annahme, dass die Abwicklungen von Transaktionen über den Markt mit verschiedenartigen Kosten (Anbahnungs-, Formulierungs-, Schließungs-, Überwachungs-, Durchsetzungs- oder Anpassungskosten) verbunden ist. Die Höhe der Transaktionskosten bei einem Leistungsaustausch hängt dabei von bestimmten Eigenschaften der zu erbringenden Leistung sowie von

---

207 Vgl. Adams (1963), S. 422ff.

208 Vgl. Holtbrügge (2007), S. 30.

209 Siehe hierzu Milgrom/Roberts (1992) und Stiglitz (1991).

210 Vgl. Stölzle (1999), S. 25ff. und S. 32f.

den Verhaltensmerkmalen der Kooperationspartner und den Umweltbedingungen (Spezifität, Unsicherheit und Häufigkeit) ab.[211]

Im Vordergrund der Prinzipal-Agent-Theorie stehen die Beziehungen zwischen dem Prinzipal (Unternehmensleitung) und dem Agenten (dem Mitarbeiter). Dabei wird der Agent vom Prinzipal mit der Ausübung einer bestimmten Aufgabe betraut, was durch verschiedene Formen der Informationsasymmetrie (hidden characteristics, hidden action, hidden intentions) gekennzeichnet ist. In kurzfristigen Kooperationen kann das wechselseitige Auftragnehmer-Auftraggeber-Verhältnis zwischen den beteiligten Unternehmen als Prinzipal-Agent-Beziehung charakterisiert werden, [212] so dass es im Rahmen der interorganisationalen Teamarbeit Informationsasymmetrien zu überwinden gilt. Die durch die Informationsasymmetrie entstehenden Probleme können zum einen durch eine direkte Kontrolle des Verhaltens der Mitarbeiter (monitoring and behavior control), zum anderen durch eine indirekte Kontrolle von Leistungsergebnissen reduziert werden. Als Instrumente für die indirekte Kontrolle werden in der Literatur Zielvorgaben, insbesondere in Verbindung mit leistungs- bzw. erfolgsabhängigen Anreizen, angeführt.[213] Im Rahmen der Entgeltpolitik werden extrinsische Anreize von außen gesetzt, um das Individuum dahingehend zu steuern, dass es seine Handlungen an den Zielen des Prinzipals ausrichtet.[214] Die Prinzipal-Agent-Theorie zeigt, dass die vorliegende Informationsasymmetrie zwischen den Beteiligten eine Kontrolle der Leistungsergebnisse erforderlich macht, da aufgrund des opportunistischen Verhaltens und der begrenzten Rationalität die beteiligten Partner bestrebt sind, ihren individuellen Nutzen zu maximieren. Es bleibt dabei offen, wie sich diese Leistungskontrolle im Rahmen der interorganisationalen Teamarbeit gestaltet und welche Auswirkung sie dabei auf die Leistungsbereitschaft des einzelnen Teammitglieds hat.

2.3.4 Human Relations Ansatz

Den Ausgangspunkt des Human Relations Ansatzes bilden die zwischen 1924 und 1934 von den Psychologen Mayo und Roethlisberger durchgeführten Experimente. Die langjährigen Forschungsarbeiten fanden im Hawthrone Werk der Western Electric Company statt, einem Unternehmen der AT&T Corporation.[215] Ziel der Experimente war es, den Einfluss von Arbeitsbedingungen (z. B. Arbeitsräume, Lichtverhältnisse, Pausenregelungen) auf die Arbeitsleistung aufzuzeigen. Es konnte der

[211] Vgl. Picot et al. (1998), S. 41, Groher (2002), S. 45ff., Stölzle (1999), S. 37ff.

[212] Vgl. Figge (1999), S. 68.

[213] Vgl. Holtbrügge (2007), S. 32.

[214] Vgl. Pfeffer (1997), S. 44ff.

[215] Vgl. Zu diesen Experimenten siehe hierzu und im Folgenden Roethlisberger/Dickson (1939), Mayo (1945), Frese (1992), Kieser (1999).

Nachweis erbracht werden, dass die Arbeitsproduktivität durch eine Variation der Arbeitsbedingungen positiv beeinflusst werden kann. Hierzu wurden zielgerichtete Veränderungen der Arbeitsbedingungen bei einer Testgruppe herbeigeführt, wie z. B. eine Variation der Beleuchtung und der Arbeitsplatzgestaltung, die zu einer Leistungssteigerung bei den Testpersonen führten. Die Leistungsergebnisse wurden anschließend mit denen einer Kontrollgruppe verglichen.[216]

Die Forscher kamen durch ihre Experimente zu dem Ergebnis, dass die Arbeitsleistung nicht nur von objektiven Arbeitsbedingungen abhängt, sondern gleichzeitig die sozialen Bedingungen am Arbeitsplatz einen starken Einfluss auf die Arbeitsleistung haben. Gruppenbeziehungen und -normen beeinflussen demnach das individuelle Arbeitsverhalten. Nach dem Human Relations Ansatz kann daher durch verbesserte soziale Bedingungen die Arbeitsmotivation und -zufriedenheit der Mitarbeiter gesteigert werden, woraus wiederum eine Steigerung der Arbeitsleistung resultiert (vgl. Abb. 2-12). Motivation und Arbeitszufriedenheit sind demnach wichtige Ansatzpunkte, um die individuelle Leistung zu steigern.[217]

Obgleich die weite Verbreitung des Human Relations Ansatzes dazu führte, dass in den siebziger Jahren die Debatte um die Humanisierung der Arbeit angeregt wurde, die dazu beitrug, dass in vielen Unternehmen die Arbeitsbedingungen der Mitarbeiter sowie das soziale Arbeitsklima verbessert wurden, wird der Human Relations Ansatz in der Literatur vielfach kritisiert.[218] Kritisch angemerkt wird, dass der Ansatz neben den einseitigen sozialen Faktoren weitere wichtige Einflüsse auf die Arbeitsmotivation und -leistung vernachlässigt, wie z. B. situative und persönliche Faktoren. Hinzu kommt, dass sich der Zusammenhang zwischen Arbeitsmotivation/-zufriedenheit und -leistung als weitaus komplexer erweist als in dem Ansatz angenommen.[219] Bei dem ausschließlichen Blick auf die sozialen Beziehungen am Arbeitsplatz wird beispielsweise die motivationale und qualifikatorische Bedeutung der Gestaltung der Arbeitsaufgabe vernachlässigt.[220] Darüber hinaus wird häufig auf den so genannten „Hawthorne-Effekt" verwiesen. Hierunter wird verstanden, dass die ermittelten Leistungsvariationen weder durch technisch-organisatorische noch durch soziale Einflussgrößen verursacht wurden, sondern durch die experimentelle Situation. Die Leistungs-

---

216 Vgl. Holtbrügge (2007), S. 12.
217 Vgl. Reimer (2005), S. 128f.
218 Vgl. Reimer (2005), S. 129, Holtbrügge (2007), S. 12.
219 Vgl. Holtbrügge (2007), S. 12f.
220 Vgl. Reimer (2005), S. 129.

änderungen waren also nicht durch den Inhalt der vorgenommenen Neuerung bedingt, sondern durch die Neuerung an sich.[221]

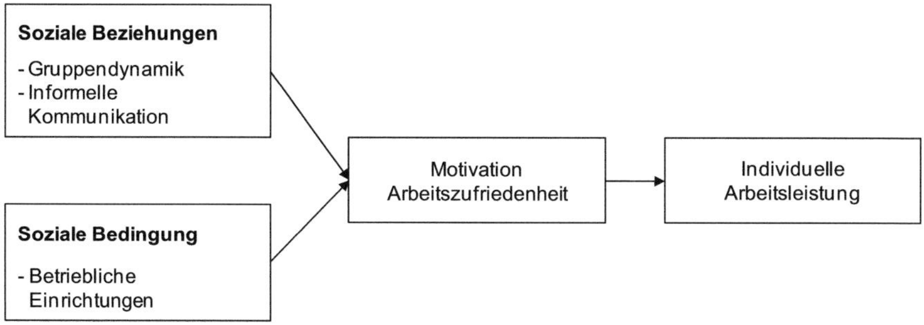

Abb. 2-12: Leistungsdeterminanten im Human Relations Ansatz [222]

Für den vorliegenden Untersuchungsgegenstand der Mitarbeiterleistung im interorganisationalen Projektteam liefert der Ansatz jedoch den wichtigen Hinweis, dass die Arbeitsleistung des Mitarbeiters stark durch soziale Beziehungen beeinflusst wird. Insbesondere bei der Arbeit in interorganisationalen Teams kommt der sozialen Komponente eine entscheidende Bedeutung zu. Mitarbeiter aus verschiedenen Unternehmen arbeiten zusammen, um eine gemeinsame Aufgabe zu lösen. Hierbei entscheiden die Kommunikation zwischen den Mitgliedern und ihr sozialer Umgang miteinander über den Projekterfolg.[223] Wenn die einzelnen Teammitglieder nicht kooperationsbereit sind und das Teamgefüge gestört ist, kann dieses Auswirkungen auf den Leistungsbeitrag des einzelnen Teammitglieds haben.

2.3.5 Ansätze zur Teamarbeit

Die zuvor beschriebenen theoretischen Erklärungsansätze zur Leistungsmotivation fokussieren im Wesentlichen auf die Motivation von Individuen. Die Arbeitsform im interorganisationalen Projektteam erfordert jedoch die Zusammenarbeit mehrerer Mitarbeiter, so dass auch die Interaktion und die Prozesse zwischen den kooperierenden Teammitgliedern berücksichtigt werden müssen. Im Folgenden soll daher ein kurzer Einblick in die wesentlichen Ansätze der Teamforschung gegeben werden, wobei der Fokus auf den für die Zielsetzung der Arbeit relevanten Ansätze liegt.

---

221 Vgl. zur detaillierten Erläuterung des Hawthorne-Effektes siehe Roethlisberger/Dickson (1939), Walter-Busch (1989).

222 In Anlehnung an Holtbrügge (2007), S. 12.

223 Siehe hierzu beispielsweise Allen (1984), Ancona/Caldwell (1992b), S. 321, Rohn (2006), S. 61.

Die im Rahmen der Arbeit betrachtete Teamliteratur beinhaltet die Analyse von Faktoren, die einen signifikanten Einfluss auf die Leistung (team performance) und Effektivität von Teams haben. Allgemein lassen sich die in der Literatur beschriebenen unterschiedlichen Erklärungsmodelle nach Input-Output-Modellen oder Input-Prozess-Output-Modellen klassifizieren, wobei letztere die Literatur beherrschen.[224] Im Vergleich zu den Input-Prozess-Output-Modellen verstehen die einstufigen Input-Output-Modelle den Prozess der Teaminteraktion als Inputgröße, der neben weiteren Inputfaktoren die Teamleistung beeinflusst. Die zweistufigen Input-Prozess-Output-Modelle hingegen messen dem Prozess der Teaminteraktion, der zwischen den Input- und Outputgrößen anzusiedeln ist, eine gewichtigere Rolle im Rahmen der Teameffektivität bei. Zu den in der Literatur existierenden bedeutendsten Erklärungsmodellen im Bereich der Teamforschung, die sich näher mit dem Aspekt der Teamleistung befassen, zählen die Modelle von *MCGRATH*, *HACKMAN*, *GLADSTEIN*, die im Folgenden kurz beschrieben werden.[225]

2.3.5.1 Das Modell nach McGrath und Hackman

Das 1964 von *MCGRATH* entwickelte Erklärungsmodell zur Effektivität von Arbeitsgruppen wird in der Literatur häufig als Grundlagenmodell bezeichnet.[226] *MCGRATH* klassifiziert in seinem Modell die Inputvariablen auf drei Analyseebenen: Die Individualebene (Individual-Level Factors) beschreibt die einzelnen Gruppenmitglieder, die Gruppenebene (Group-Level Factors) hingegen die Gruppe als Ganzes und die Umweltebene (Environment-Level Factors) beschreibt die Umwelt, in der die Gruppe agiert. *MCGRATH* unterteilt die Outputvariablen in Gruppenleistung (Performance Outcome), wie z. B. die Qualität, Problemlösungszeit, Fehleranzahl und so genannte andere Ergebnisse (Other outcomes), wie z. B. Mitarbeiterzufriedenheit, Gruppenzusammenhalt, Verhaltensänderungen oder sozio-metrische Strukturen (vgl. *Abb. 2-13*).

---

224 Das wohl bekannteste Input-Output Modell wurde von Shea/Guzzo und Sundstrom et al. entwickelt. Zur detaillierten Erläuterung der Modelle siehe Shea/Guzzo (1987a,b), Sundstrom et al. (1990).

225 Zur Erläuterung dieser Modelle siehe McGrath (1964), Hackman (1983, 1987), Gladstein (1984), Pinto/Pinto (1990), Tannenbaum et al. (1992) sowie Pinto et al. (1993).

226 Vgl. Hackman (1987), S. 317.

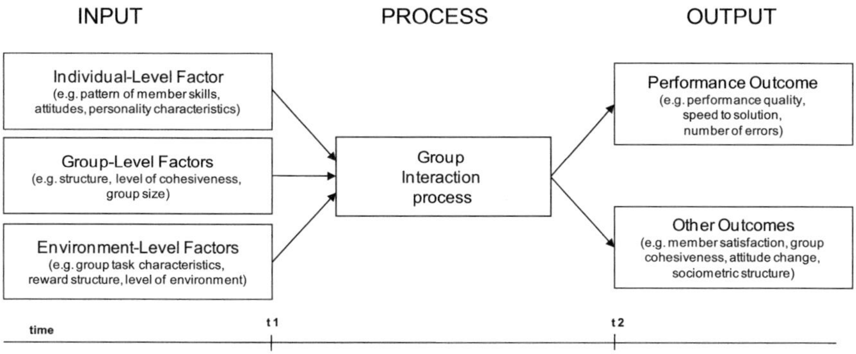

Abb. 2-13: Das traditionelle Modell nach McGrath[227]

In dem Modell wird die Hypothese vertreten, dass die Inputvariablen durch den Interaktionsprozess, der zwischen den Gruppenmitgliedern stattfindet, auf den Gruppenoutput wirken. Dieser Prozess lässt sich durch die beobachtbaren interpersonellen Verhaltensweisen charakterisieren und findet zwischen zwei definierten Zeitpunkten t1 und t2 statt. Dies ermöglicht es, alle relevanten Variablen zu jedem Zeitpunkt zu erheben, so dass Veränderungen über einen definierten Zeitraum deutlich zu erkennen sind.[228] Zudem beinhaltet das Modell, dass sich der Input-Prozess-Output-Zyklus im Zeitablauf ständig wiederholt. Dabei können die Outputgrößen aus dem vorangegangenen Zyklus die Inputgröße des zeitlich nächsten Zyklus beeinflussen, die wiederum durch den Interaktionsprozess die Outputgrößen bestimmen. Durch die Integration des dynamischen Faktors Zeit nimmt die Komplexität des Modells stark zu.

Zwar eignet sich die deskriptiv-erklärende Forschung zur Gruppeneffizienz, um ein generelles Verständnis über die Gruppenarbeit sowie über den empirischen Zusammenhang zwischen den verschiedenen Input-, Prozess- und Outputvariablen zu liefern, jedoch unternehmen nur wenige Forschungsvorhaben den Versuch, aus den substanziellen Ergebnissen Handlungs- und Gestaltungsempfehlungen für Manager abzuleiten, die zur Förderung der Teameffektivität beitragen. *HACKMAN* ist der Auffassung, dass zunächst eine Verallgemeinerung der Ergebnisse erforderlich ist und Beurteilungen von Input- und Prozessvariablen leistungsstarker Teams vorgenommen werden müssen. Anschließend können spezifische Anforderungen für die Gestaltung und das Management von Teams erarbeitet werden. Aufbauend auf diesen Erkenntnissen modifiziert und ergänzt *HACKMAN* seinen Ansatz und entwickelt ein normatives und aktionsorientiertes Modell (vgl. Abb. 2-14). Mit Hilfe dieses Ansatzes

227 In Anlehnung an McGrath (1964) in Hackman (1987), S. 316f.

228 Vgl. Rohn (2006), S. 62.

versucht er, aufbauend auf dem Verständnis des Gruppenverhaltens entsprechende Handlungs- bzw. Gestaltungsempfehlungen abzuleiten, um einen Praxisbezug herzustellen. Dieser Ansatz richtet dabei seine Aufmerksamkeit auf die grundsätzliche Gestaltung von Arbeitsgruppen und auf ihre Integration und Beziehungen mit dem organisatorischen Kontext, in dem sie agieren.[229] Dabei zielt das normative Modell auf die Analyse jener Faktoren ab, die in Abhängigkeit von der Situation zu einer Verbesserung bzw. einer Verschlechterung der Gruppeneffektivität beitragen können. Dies setzt voraus, dass die im Modell verwendeten Variablen gewichtig, erschließbar und beeinflussbar sind, d. h. dass sie von den Gruppenmitgliedern verstanden und entsprechend umgesetzt werden können.[230]

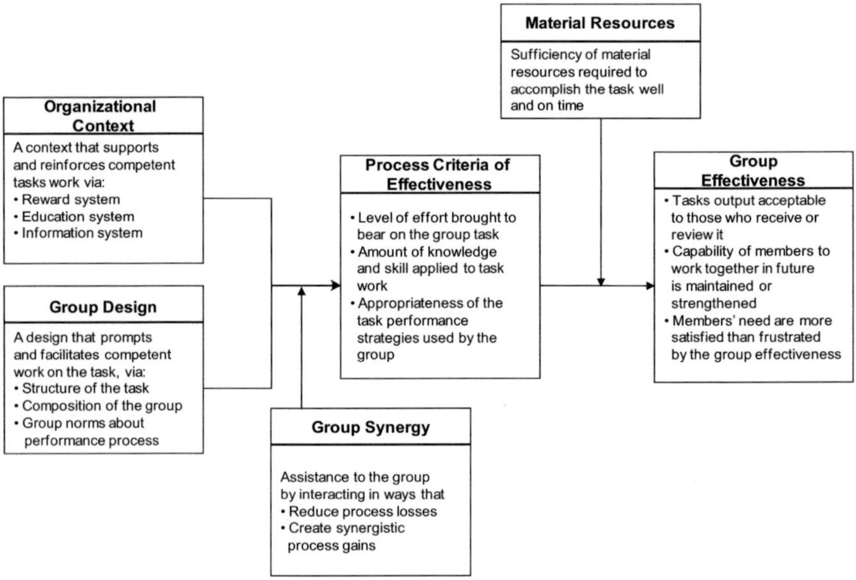

Abb. 2-14: Normatives Modell nach Hackman[231]

Um mit Hilfe des Modells einen plausiblen Erklärungsbeitrag liefern zu können, stellt *HACKMAN* eine Erläuterung der Gruppe und der Leistungsfähigkeit der Gruppe voran. Das normative Modell betrachtet dabei ausschließlich Arbeitsgruppen innerhalb einer Organisation. *HACKMAN* vertritt in seinem Modell die Grundhypothese, dass die Gruppenleistung von den Bemühungen, Fertigkeiten und angewandten

229 Vgl. Hackman (1987), S. 322.

230 Vgl. Hackman (1983, 1987, 1990) sowie Hackman/Oldham (1980) oder Hackman/Morris (1983) sowie Hackman/Edmondson (2007).

231 In Anlehnung an Hackman (1987), S. 327.

Leistungsstrategien beeinflusst wird.[232] Er bezeichnet die Anforderungen, die an die Gruppe gestellt werden, als Prozesskriterien der Effektivität (process criteria of effectiveness), die wichtige Ansatzpunkte für die Gestaltung und das Management einer effektiven Gruppenarbeit darstellen.

HACKMAN misst demnach in seinem Modell dem Prozess eine stärkere Gewichtung bei, als es im traditionellen Modell nach *MCGRATH* der Fall ist. Er unternimmt einen Versuch, den Erklärungsanteil seines Modells zu erhöhen.[233]

Nach *HACKMAN* haben die Kategorien der Inputvariablen Gruppendesign, Gruppensynergie und organisationaler Kontext aus Unternehmensperspektive einen besonders starken Einfluss auf den Gruppenprozess. Unter der Kategorie Gruppendesign lassen sich die Struktur der Gruppenarbeit, die Gruppenzusammensetzung sowie die Gruppennormen anführen, die das Verhalten der Mitglieder bestimmen. Die Gruppensynergie (Zusammenwirken) resultiert aus der Interaktion während der Leistungserstellung. Die Kategorie organisationaler Kontext der Gruppe umfasst das Entlohnungs-, Ausbildungs- und Informationssystem, das die Gruppe beeinflusst, sowie die zur Verfügung stehenden materiellen Ressourcen. Die Inputvariablen organisationaler Kontext und Gruppendesign haben einen direkten Einfluss auf den Gruppenprozess. Zudem stimmt die Gruppensynergie den Einfluss des Gruppendesigns und der kontextabhängigen Faktoren aufeinander ab. *HACKMAN* ist daher der Ansicht, dass auf Unternehmensseite die Inputfaktoren dahingehend gestaltet werden müssen, dass sie zur effizienten Erfüllung der Aufgaben beitragen. Zudem muss eine zielgerichtete und reibungslose Interaktion gewährleistet werden, die die Prozessverluste minimiert und die positiven Synergien aus der Zusammenarbeit maximiert.[234]

2.3.5.2 Das Modell nach Gladstein

GLADSTEIN nutzte die Erkenntnisse aus den zuvor beschriebenen Modellen und entwickelte ihr eigenes Input-Prozess-Output Modell.[235] In ihrem Modell stellt die Effektivität der Gruppe (Group Effectiveness) eine entscheidende Outputgröße dar. Das Modell, das im Wesentlichen auf dem Erklärungsansatz von *MCGRATH* beruht, unterstellt, dass die Effektivität durch den Gruppenprozess beeinflusst wird. Die Effektivität setzt sich aus den Komponenten Leistung und Zufriedenheit der Gruppen-

---

232 Hackman (1987), S. 323ff.

233 Vgl. Högl (1998), S. 27.

234 Vgl. Hackman/Morris (1983), S. 331ff.

235 Gladstein lag das Modell von Hackman (1987) bereits 1983 als unveröffentlichtes Arbeitspapier vor, so dass sie die daraus erworbenen Kenntnisse in ihr Modell mit einfließen lassen konnte (vgl. Högl (1998), S. 28).

mitglieder zusammen. Der Gruppenprozess umfasst z. B. die Kommunikation, die während der Leistungserstellung entsteht.[236]

Wie *MCGRATH* nimmt auch *GLADSTEIN* in ihrem Modell eine Unterteilung der Inputgrößen in Ebenen vor. Jedoch unterscheidet sie nur zwischen der Gruppen- und der Organisationsebene.[237] Die Individualebene wird hingegen in ihrem Modell nicht angeführt, so dass individuelle Eigenschaften und Fähigkeiten der Gruppenmitglieder nicht berücksichtigt werden. Stattdessen betrachtet *GLADSTEIN* nur die Gruppe als Ganzes. Wie *Abb. 2-15* zeigt, werden auf der Gruppenebene die Teamzusammensetzung (adäquate Kenntnisse, Heterogenität, Beschäftigungsdauer, etc.) und die Teamstruktur (Rollen- und Zielklarheit, spezifische Arbeitsnormen, Aufgabenkontrolle, Teamgröße, etc.) unterschieden.[238] Die Organisationsebene umfasst sowohl die verfügbaren Ressourcen (z. B. Training und technische Beratung,) als auch die organisationale Struktur (Belohnung für die Gruppenleistung, Kontrolle).

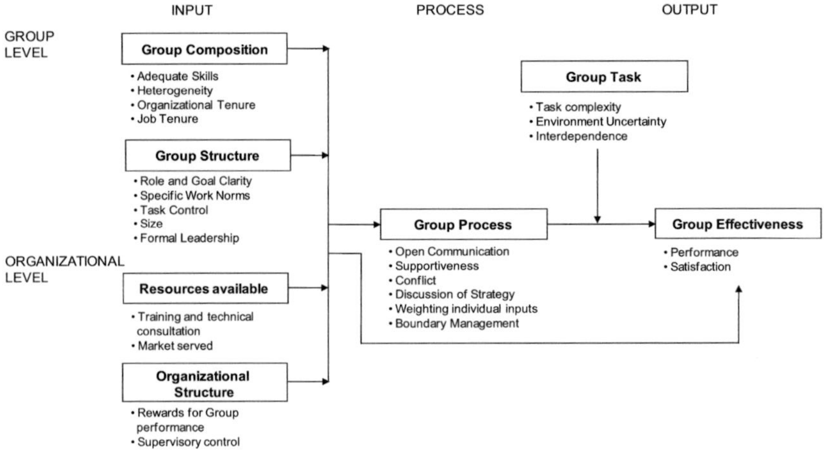

Abb. 2-15: Modell nach Gladstein[239]

Im Vergleich zu den zuvor beschriebenen Ansätzen nehmen hier die Inputgrößen eine Doppelrolle in dem Modell ein. Sie wirken sowohl direkt als auch indirekt, d. h. über den Gruppenprozess, auf die Effektivität. Basierend auf den Modellüberlegungen von *HACKMAN* hat der Prozess zwar einen direkten Einfluss auf die Effekti-

236 Vgl. Gladstein (1984), S. 500.

237 McGrath nahm an in seinem Modell eine Unterteilung der Inputgrößen in die Individual-, Gruppen- und Umweltebene vor.

238 Für Gladstein stand bei der empirischen Überprüfung des Modells die Frage im Vordergrund, ob der direkte Einfluss der Struktur auf die Effektivität stärker ist, als der indirekte.

239 Gladstein (1984), S. 502.

vität des Teams, jedoch wird die Wirkungsbeziehung zwischen dem Prozess und der Effektivität darüber hinaus zusätzlich durch die Gruppenaufgabe verstärkt.[240] Die Wirkungsbeziehung zwischen dem Prozess und der Effektivität ist somit nicht konstant, sondern variiert mit den zu bearbeitenden Aufgaben.

Wie *HACKMAN* misst auch *GLADSTEIN* dem Prozess eine stärkere Gewichtung bei als *MCGRATH*. Der Prozess der Interaktion (z. B. offene Kommunikation) wird um die inhaltliche Komponente der Vorgehensweise (z. B. Strategiediskussion) erweitert. Zudem wurde der Aspekt der organisationalen Umwelt (boundary management) in den Gruppenprozess integriert.[241]

2.3.5.3 Weitere Ansätze zur Teamforschung

Eine Analyse der anglo-amerikanischen Literatur zur Teamforschung macht deutlich, dass allgemein bei den entwickelten Ansätzen zwischen der Individual-, der Team- und der Organisationsebene unterschieden wird. Dabei werden zahlreiche Faktoren der Teamebene und der Organisationsebene im Hinblick auf ihren Einfluss auf die Teamleistung erforscht. Hierbei stehen die organisatorischen Rahmenbedingungen, wie das Teamdesign und die Teamstrukturen neben Ressourcenverfügbarkeit und umfeldbedingte Unsicherheit im Vordergrund der Untersuchungen. Es wird deutlich, dass sich jedoch nur wenige Ansätze intensiv mit den Einflussfaktoren auf der Individualebene auseinandersetzen.

Tab. 2-4 zeigt eine Übersicht über die Ansätze zur Teamforschung, die die betrachteten Faktoren der Individual-, Team- und Organisationsebene zuordnen. Darüber hinaus greift sie den Prozess der Leistungserstellung mit auf. Hierbei wurden nur Ansätze berücksichtigt, die die Leistung des gesamten Teams (Performance/Effectiveness) als abhängige Variable betrachten.

Der Literaturanalyse ist zu entnehmen, dass die Betrachtung des einzelnen Teammitglieds bei den Ansätzen zur Teamforschung eher vernachlässigt wird, obwohl es durch seinen Beitrag und durch sein Verhalten die Teamleistung im Wesentlichen beeinflusst. Zwar fügen einige Autoren die individuelle Ebene als Inputgröße an, gehen jedoch nicht näher auf mögliche Maßnahmen ein, wie die Leistung der Teammitglieder zum Wohl des Gesamtteams gesteigert werden kann. Weiterhin fokussieren

---

[240] Vgl. Gladstein (1984), S. 501 sowie Lawrence/Lorsch (1967).

[241] Gladstein testet die Hypothesen ihres entwickelten Modells der Gruppeneffektivität an 100 amerikanischen Verkaufsteams aus der Kommunikationsindustrie. Mit Hilfe von Pfadanalysen ermittelt sie ein empirisches Modell der endogen Variablen (Gruppenstruktur, Gruppenprozess und Gruppeneffektivität).

sie im Rahmen ihrer Analysen lediglich auf personenbezogene Merkmale.[242] Diese lassen sich unter der Kategorie KSA (Knowledge, Skills und Abilities/Attitudes) subsumieren. Demnach sind auf der Individualebene insbesondere die fachlichen Qualifikationen, Fach- und Erfahrungswissen sowie die persönliche Einstellung von großer Bedeutung für den Teamprozess und für die Teamleistung.

Authors	VARIABLES				
	Individual level	**Team level**	**Organisational level**	**Process**	**Output**
Blendell, Henderson, Molloy and Pascual (2001)	- Attitudes - Personalities - Member's experience	- Team composition - Degree of distribution - Team experience - Leadership style	- Operating procedures	Knowledge: - experiential Leadership: - providing guidance - stating priorities Behaviours: - communication - monitoring - feedback - backing-up Attitudes: - motivation - climate - identity	- Team satisfaction - Timeliness of products - Accuracy of responses to alarm system - Error rate
Campion, Medsker and Higgs (1993)		- Task variety, significance - Task & goal independence - Interdependent feedback, rewards - Size - Heterogeneity - Self-management - Participation - Flexibility	- Training - Managerial support - Communication/Cooperation between teams	- Communication/ Cooperation within the team - Social support - Potency - Workload sharing	- Employee judgment of effectiveness - Manager judgment of effectiveness - Employee satisfaction - Performance appraisal
Cannon-Bowers, Tannenbaum, Salas and Volpe (1995)	- Attitudes - Member motivation	- Team norms - Communication structure - Work structure - Task type - Task complexity - Task organization - Team attitudes - Team knowledge - Team skills	- Reward systems - Supervisory control - Environmental uncertainty - Available resources		- Team performance

242 Siehe Blendell et al. (2001), Cannon-Bowers et al. (1995), Driskell et al. (1987), Essens et al. (2005), McGrath (1964), Nato Task Group (2008), Rasker et al. (2001), Tannenbaum et al. (1992).

Authors	VARIABLES				
	Individual level	**Team level**	**Organisational level**	**Process**	**Output**
Driskell, Salas and Hogan (1987)	- Group member skills - Group member status - Group member personality	- Group structure - Group norms - Group size	- Task characteristics - Reward structure - Level of environmental stress	- Group interaction process - Process gain - Process loss	- Group performance
Espinosa, Lerch and Kraut (2004)		- Technology - Task - Team synchrony - Dispersion - Team organization		Team communication: - frequency pattern, media, formal/informal Implicit coordination mechanisms: - shared mental models, transactive memory, task awareness, group mind Task organization: - tools, plans, schedules, databases - coordination	- Team performance
Essens, Vogelaar, Mylle, Blendell, Paris, Halpin and Baranski (2005)	- Team member skills - Team member knowledge - Match personal to organisational goal	- Task complexity - Workload - Goal characteristics - Leader skills - Leader knowledge - Match personal to organizational goal - Team composition - Team size - Team architecture - Team maturity - Team goals	- Goal congruity - Command structure - Autonomy - Organizational support - Situational uncertainty - Stress potential - Constraints	Task focused behaviours: - managing information - assessing situation - making decisions - planning - controlling - liaising with other teams Team focused behaviours: - providing & maintaining vision - maintaining common intent - interacting within team - motivating - adapting to changes - providing team maintenance	Task outcomes: - goal achievement - stakeholders\` criteria met other stakeholders\` satisfaction - staying within limits Team outcomes: - mutual trust - morale - cohesion - collective confidence in success - shared vision - mutual respect

Authors	VARIABLES				
	Individual level	**Team level**	**Organisational level**	**Process**	**Output**
Gladstein (1984)		- Task - Interdependence - Size - Heterogeneity - Skill - Role & goal clarity - Work norm - Organizational, job tenure - Leadership	- Training - Supervisory control - Rewards - Markets served	- Open communication - Supportiveness - Discussion of strategy - Weighing individual inputs - Conflict - Boundary management	- Performance - Satisfaction
Hackman (1983)		- Task - Composition - Group norm	- Education system - Material resources - Information system - Reward system	- Group synergy - Level of effort - Task performance strategies - Knowledge and skills	- Task output acceptable - Capability of members work together in the future - Group satisfaction
Klimoski and Jones (1995)		- Team organization - Team norms - Composition - Leadership - Size - Environmental demands - Resources	- Coordination between teams - Environmental demands - Resources	- Use of skills - Strategies - Effort level and coordination - Potency - Compatibility - Environmental demands - Resources	- Task accomplishment - Quality - Satisfaction and emotional tone - Turnover
McGrath (1964)	- Attitudes - Pattern of member skills - Personality characteristics	- Structure - Group size - Cohesiveness level	- Group task characteristics - Reward structure - Environmental stress level	- Group interaction process	- Performance quality - Speed to solution - Error numbers - Member satisfaction - Group cohesiveness - Attitude change - Sociometric structure

Authors	VARIABLES				
	Individual level	**Team level**	**Organisational level**	**Process**	**Output**
NATO Task Group (2008)	- Member skills - Member knowledge - Match personal to organisational goals	- Team composition - Size - Architecture - Maturity - Goals - Task complexity - Workload - Goal characteristics - Situational uncertainty	- Goal congruity - Command structure - Autonomy - Organizational support	Team focused behaviours: - Providing/ maintaining vision - Maintaining common intent - Interacting within team - Motivating - Adapting to changes - Providing team maintenance Task focused behaviours: - Managing information - Assessing situation - Making decisions - Planning - Directing & controlling - Liaising with other teams	Team outcomes: - Mutual trust - Morale - Cohesion - Collective confidence in success - Shared vision - Mutual respect Task outcomes: - Goal achievement - Stake holders` criteria met other stake holders` satisfaction - Staying within limits/ intentions
Rasker, van Vliet, van den Broek and Essens (2001)	- Knowledge - Skills - Attitudes	- Size - Structure - Cohesion - Leadership - Composition - Task complexity and load - Task interdependency - Task structure	- Mission, objectives, goals - Reward systems - Social support	- Teamwork	- Team performance
Salas, Dickinson, Converse and Tannenbaum, (1992)		- Task - Composition - Group norm	- Education system - Material resources - Information system - Reward system	- Group synergy - Level of effort - Task performance strategies - Knowledge and skills	- Task output acceptable - Capability of members work together in the future - Group satisfaction

Authors	VARIABLES				
	Individual level	**Team level**	**Organisational level**	**Process**	**Output**
Tannenbaum, Beard and Salas (1992)	- General abilities - Member motivation - Attitudes - Personality - Mental models	- Power distribution - Member homogeneity - Team resources - Team climate - Team cohesiveness - Task organization - Task complexity - Task type - Team norms - Communication structure	- Management control - Control level of stress - Reward systems - Resource scarcity - Organizational climate - Competition - Inter-group relations - Environmental uncertainty	- Coordination - Communication - Conflict resolve - Decision making - Problem solving - Boundary spanning - Team interventions (individual training, team building and training)	Team changes: - New norms - New roles - New communication patterns - New processes Team performance: - Quality - Quantity - Time - Errors - Costs Individual changes: - Attitudes - Motivation - Mental models

Tab. 2-4: Ansätze zur Teamarbeit

Die Übersicht zeigt, dass sich zahlreiche Studien neben den direkten Einflussfaktoren auf die Teamleistung auch mit Faktoren beschäftigen, die auf die Interaktion und Zusammenarbeit (Prozesse) innerhalb eines Teams wirken. Die empirischen Ergebnisse verdeutlichen, dass der Umsetzungsprozess der Teamarbeit (Zusammenarbeit) die Leistung des gesamten Teams (Teameffizienz/-output) entscheidend beeinflusst.

Es ist jedoch anzumerken, dass die meisten Studien in den USA durchgeführt wurden und sich ausschließlich auf unternehmensinterne Teams beschränken. Die besonderen Anforderungen der unternehmensübergreifenden Zusammenarbeit werden daher nicht berücksichtigt. Dennoch liefern die Ansätze zur Teamarbeit für das vorliegende Forschungsvorhaben die wichtige Erkenntnis, dass der dynamische Prozess der Zusammenarbeit einen starken Einfluss auf die Teamleistung als Ganzes hat. Um die individuelle Leistungsbereitschaft des Mitarbeiters vor dem Hintergrund der unternehmensübergreifenden Zusammenarbeit sollte daher der Prozess der Zusammenarbeit bei der weiterführenden Analyse berücksichtigt werden.

2.3.6 Zusammenfassende Würdigung

Von den zuvor vorgestellten theoretischen Leistungsansätzen ist keiner für sich betrachtet in der Lage, eine ausreichende Erklärung für die individuelle Leistungsbereitschaft im Rahmen der interorganisatorischen Projektarbeit zu liefern, da jeder theoretische Ansatz nur Teilaspekte der Leistungsmotivation bzw. des Leistungsverhaltens erklärt. Es bestehen zwar zahlreiche Zusammenhänge zwischen den unterschiedlichen Theorien, keiner der Ansätze wird jedoch dem Anspruch gerecht, die individuelle Leistungsbereitschaft unter gleichzeitiger Berücksichtigung individueller sowie situativbedingter Einflussgrößen zu erklären.

Die Analyse der verschiedenen theoretischen Ansätze liefert im Hinblick auf die Ziele der vorliegenden Arbeit folgende Teilerkenntnisse:

- Die verschiedenen theoretischen Ansätze zur Leistungsmotivation betrachten lediglich vereinzelte Teilaspekte des Leistungsmanagementansatzes. Eine integrative Betrachtung von individuellen und situativen Einflussgrößen bleibt dabei aus.
- Des Weiteren beziehen sich die theoretischen Ansätze entweder auf allgemeine Arbeitssituationen oder auf die Zusammenarbeit im intraorganisationalen Team. Die Besonderheiten der unternehmensübergreifenden Zusammenarbeit bleiben hingegen unberücksichtigt.
- Die Ansätze zur Teamforschung zeigen, dass sich die Einflussgrößen für eine erfolgreiche Teamarbeit nach unterschiedlichen Ebenen (Individuum, Team, Organisation) klassifizieren lassen. Eine detaillierte Analyse der Individualebene wird jedoch bei den Studien weitestgehend vernachlässigt. Umfassende empirische Ergebnisse liegen in Bezug auf die individuelle Leistungsbereitschaft bei der unternehmensübergreifenden Projektarbeit nicht vor.
- Die vorliegenden Beiträge zeigen darüber hinaus die hohe Relevanz, bei Einflussgrößen explizit zwischen direkten und indirekten Wirkungszusammenhängen zu unterscheiden. Eine Diskussion direkter bzw. indirekter Wirkungsmechanismen auf die individuelle Leistungsbereitschaft im Rahmen der unternehmensübergreifenden Projektarbeit hat in den konzeptionellen Arbeiten bislang noch nicht stattgefunden.

Es kann daher zusammenfassend festgehalten werden, dass die existierenden Ansätze zum Leistungsverhalten und zur Teamforschung zahlreiche Anregungen für die vorliegende Untersuchung liefern. Allerdings geben sie keine Antwort auf die in Kapitel 1.3 formulierten Forschungsfragen.

3 Modell der individuellen Leistungsbereitschaft in unternehmensübergreifenden Projektteams

In den folgenden Abschnitten wird auf Basis der bereits geschilderten theoretischen Überlegungen ein Untersuchungsmodell entwickelt und entsprechende Hypothesen abgeleitet. Hierzu wird zunächst die grobe Wirkungsstruktur aufgezeigt. Anschließend wird die Auswahl der im Modell verwendeten Variablen begründet.

3.1 Bezugsrahmen und Selektion der Variablen

Nachdem die grundlegenden Arbeitsdefinitionen zur Teamarbeit und zum Leistungsmanagement dargestellt wurden, lässt sich erkennen, dass das Leistungsverhalten des Mitarbeiters zahlreichen Einflussgrößen unterliegt. Die Arbeitsmotivation kann als Ursache für sein Leistungsverhalten betrachtet werden, da sie die Frage nach den persönlichen Motiven (Gründen) für das Leistungsverhalten beantwortet. Anhand der verschiedenartigen theoretischen Erklärungsansätze konnte gezeigt werden, dass in der Entscheidungssituation (ob und mit welcher Intensität der Mitarbeiter seinen Leistungsbeitrag erbringt) verschiedene Motivationsarten aufeinandertreffen. Diese Erkenntnisse sollen im Folgenden in das Modell der individuellen Leistungsbereitschaft mit einfließen.

Die Grundlage für das Modell der individuellen Leistungsbereitschaft in unternehmensübergreifenden Projektteams bildet das zuvor beschriebene Input-Prozess-Output-Modell von *GLADSTEIN* (1984), das jedoch im Hinblick auf den Forschungsfokus der vorliegenden Arbeit modifiziert werden muss.

GLADSTEIN betrachtet in ihrem Modell die „Effektivität der Gruppe" als entscheidende Outputgröße. Diese wird in dem Modell der individuellen Leistungsbereitschaft in unternehmensübergreifenden Projektteams durch die „individuelle Leistungsbereitschaft" ersetzt. Weiterhin betont *GLADSTEIN* in ihrem Input-Prozess-Output-Modell eine starke Gewichtung des Interaktionsprozesses. Auch die sozialen Beziehungen des Human Relations Ansatzes und die Beziehungsbedürfnisse nach *MASLOW* sowie nach *ALDERFER* und *HERZBERG* zeigen, dass das Individuum in der Regel nach kooperativer, konstruktiver und konfliktfreier Zusammenarbeit strebt.[243] Da das Ausmaß an kooperativer Zusammenarbeit bei der unternehmensübergreifenden Projektarbeit sowohl für die individuelle Leistungsbereitschaft des Teammitglieds als auch für den gesamten Verlauf des Projekts eine wichtige Rolle spielt, soll in dem modifizierten Modell der individuellen Leistungsbereitschaft daher die Prozessgröße „kooperative Zusammenarbeit" verwendet werden.

---

[243] Siehe zur Steigerung der Leistung durch Wissensmanagement Theriou/Chatzoglou (2007).

Neben der Output- und Prozessgröße wird das Modell von *GLADSTEIN* zudem im Hinblick auf die verwendeten Inputgrößen modifiziert. Die vorliegende Arbeit fußt auf der Annahme, dass die Leistungsbereitschaft des Individuums durch Maßnahmen der leistungsorientierten Personalführung beeinflusst werden kann.[244] Bei dem Einsatz geeigneter Maßnahmen und unter den gegebenen Arbeitsbedingungen löst die Motivation des Individuums ein bestimmtes Leistungsverhalten bei ihm aus, das wiederum zu persönlicher Leistung führt.[245] So postulieren *COMELLI* und *ROSENSTIEL* (1995), dass neben der Organisation auch die Personalführung als Quelle für die Motivation anzusehen ist.[246] Weiterhin zeigen zahlreiche Führungsstilmodelle, wie z. B. das Verhaltensgitter nach *BLAKE* und *MOUTON*, das Führungsmodell nach *REDDIN* oder das Reifegradmodell nach *HERSEY* und *BLANCHARD*, dass durch einfache personalwirtschaftliche Maßnahmen die Produktivität und die damit verbundene Arbeitsmotivation des Mitarbeiters verändert werden kann.[247] Gleichzeitig üben die angewandten Maßnahmen auch einen Einfluss auf die Zusammenarbeit im unternehmensübergreifenden Projektteam aus und entscheiden über das Ausmaß des kooperativen Umgangs.

In dem vorliegenden Modell der individuellen Leistungsbereitschaft in unternehmensübergreifenden Projektteams sollen daher Variablen der Personalführung als Inputgrößen verwendet werden. Die Auswahl der Gestaltungsvariablen erfolgt dabei unter Berücksichtigung der in Kapitel 2.2.6 beschriebenen fünf Prozessschritte des Leistungsmanagements (Leistungsplanung, Leistungserstellung, Leistungsbewertung, Feedback zum Leistungsergebnis, Verbesserung/Weiterentwicklung).[248] Vor dem Hintergrund des ersten Prozessschrittes, der Leistungsplanung, werden daher in dem Modell der individuellen Leistungsbereitschaft zunächst die Erkenntnisse der Weg-Ziel-Theorie nach *EVANS* bei der Auswahl der Inputvariablen berücksichtigt, wonach die Leistungsfähigkeit des Mitarbeiters das Leistungsverhalten beeinflussen kann. Nur wenn der Mitarbeiter über ausgewogene und ausgeprägte Fähigkeiten und Kompetenzen verfügt und somit in der Lage ist, die angestrebten Ziele zu erreichen, löst dieser Zustand Arbeitszufriedenheit bei ihm aus.[249] Auch *PORTER* und *LAWLER* verdeutlichen in ihrem Motivationsansatz, dass die Leistung des Mitarbeiters von seinen Fähigkeiten und Fertigkeiten abhängt. Dieser Zusammenhang wird auch in

---

[244] Unter Personalführung wird die Optimierung des Verhältnisses zwischen der Führungskraft und seinen Mitarbeitern verstanden, bei der eine weitgehende Integration von Unternehmens- und Individualzielen angestrebt wird. Vgl. hierzu Scholz (2000), S. 775 und S. 903.

[245] Vgl. Drumm (2005), S. 464.

[246] Vgl. Scholz (2000), S. 903f.

[247] Vgl. Blake/Mouton (1968, 1986), Reddin (1981) sowie Hersey/Blanchard (1972).

[248] Zur detaillierten Erläuterung der Prozessschritte des Leistungsmanagements siehe Kapitel 2.2.6.

[249] Vgl. 2.3.2.1 sowie Evans (1970), S. 277.

der Zieltheorie nach *LOCKE* aufgegriffen. Damit das Teammitglied motiviert ist, einen Leistungsbeitrag zu erbringen, muss es über ausgeprägte Fähigkeiten und Kompetenzen verfügen, die es ihm ermöglichen, die Bearbeitung der Aufgaben und die Interaktion im Projektteam zu bewerkstelligen. Hierbei spielen verschiedene Kompetenzarten eine wichtige Rolle. Je nach Ausprägung können sie das Leistungsverhalten des Teammitglieds fördern oder hemmen.[250] Die Leistungsfähigkeit wird daher in dem vorliegenden Modell der individuellen Leistungsbereitschaft in unternehmensübergreifenden Projektteams als Inputvariable verwendet.

Wird darüber hinaus in Anlehnung an die Valenz-Instrumentalitäts-Erwartungs-Theorie nach *VROOM* sowie an den personalökonomischen Ansatz unterstellt, dass das Individuum rational handelt und seinen Nutzen maximiert, so muss das Unternehmen seinem Teammitglied einen Anreiz gewähren, um es zu einem effizienten Leistungsbeitrag motivieren zu können. Durch eine angemessene Belohnung kann, wie *PORTER* und *LAWLER* zeigen, eine Zufriedenheit erreicht werden, die zu einem positiven Leistungsverhalten anregt. Hierbei können sowohl individuelle oder Teambelohnungen als auch materielle oder immaterielle Anreize eingesetzt werden.[251] Die Individualanreize werden daher als weitere Inputvariable in das Modell der individuellen Leistungsbereitschaft in unternehmensübergreifenden Projektteams aufgenommen.

Einen weiteren wichtigen Bestandteil der Leistungsplanung stellen die Ziele und die Zielbildung dar. *HOUSE* und *EVANS* zeigen in ihrer Weg-Ziel-Theorie, dass die zu erreichenden Ziele die Leistungsmotivation des Individuums stark beeinflussen. *VROOM* verdeutlicht in seiner VIE-Theorie, dass die Leistungsmotivation des Individuums zusätzlich situativ von der Wahrnehmung des relativen Nutzens der Leistung für die individuelle Zielerreichung abhängt. *LOCKE* spezifiziert die Ziele in seiner Theorie weiter und kommt zu dem Ergebnis, dass die Zielbildung in unmittelbarem Zusammenhang mit der Zielklarheit, Zielakzeptanz, Zielschwierigkeit sowie dem Feedback über die Zielerreichung steht. Ziele und die damit zusammenhängende Aufgabenverteilung spielen im Rahmen der interorganisationalen Teamarbeit und im Hinblick auf das individuelle Leistungsverhalten eine wichtige Rolle.[252] Hierbei lassen sich Unterschiede bei der Integration in den Zielbildungsprozess ausmachen. Die Zielbildung wird daher als weitere Inputvariable in das Modell der individuellen Leistungsbereitschaft in unternehmensübergreifenden Projektteams aufgenommen.

---

[250] Vgl. Pfeiffer et al. (1977), S. 19f.

[251] Vgl. Schulz (2000) sowie Kapitel 3.2.2 zur Anreizgestaltung.

[252] Vgl. Cooper (1974), S. 54.

Im Anschluss an die Leistungserstellung (zweiter Prozessschritt), bildet die Leistungsbewertung den dritten Prozessschritt des Leistungsmanagements. Diese setzt voraus, dass der erbrachte Output zunächst erfasst wird. Die *PRINZIPAL-AGENT-THEORIE* zeigt auf, dass eine Informationsasymmetrie zwischen den beteiligten Partnern vorliegt, die eine Kontrolle der Leistungsergebnisse erforderlich macht. Da aufgrund des opportunistischen Verhaltens und der begrenzten Rationalität die beteiligten Projektpartner bestrebt sind, ihren individuellen Nutzen zu maximieren, müssen die Leistungsergebnisse der Beteiligten aufgenommen und Maßnahmen ergriffen werden, die einen gerechten Leistungsausgleich zwischen den Teammitgliedern schaffen, denn *ADAMS* zeigt in seiner Gerechtigkeitstheorie, dass das Individuum seine eigene Situation mit der eines anderen vergleicht. Entsteht hierbei ein Gefühl der Ungerechtigkeit (z. B. aufgrund der zu erbringenden Leistungsbeiträge, oder aufgrund unterschiedlicher Anreize), so wird das benachteiligte Teammitglied seinen Leistungsbeitrag reduzieren. Auch aus der Zwei-Faktoren-Theorie nach *HERZBERG* lässt sich schlussfolgern, dass das Teammitglied nur zur Leistung motiviert werden kann, wenn dabei keine Unzufriedenheit aufkommt. Es bleibt jedoch zu klären, ob das Erfassen des individuellen Leistungsbetrags eine positive Wirkung auf die Leistungsbereitschaft ausübt.[253] Das Erfassen des individuellen Leistungsbeitrags wird daher als weitere Inputvariable in das Modell der individuellen Leistungsbereitschaft in unternehmensübergreifenden Projektteams aufgenommen.

In dem vierten Prozessschritt des Leistungsmanagement erfolgt das Feedback zum Leistungsergebnis. Der Feedbackprozess ist bereits Bestandteil zahlreicher Theorien und Ansätze zur Leistungsmotivation. Dabei wird stets die Annahme vertreten, dass die Kenntnis über die Ergebnisse der eigenen Bemühungen einen positiven Einfluss auf die Intensität der Anstrengung des Individuums ausübt. So zeigt die Zieltheorie nach *LOCKE*, dass Ziele nur motivieren, wenn ein Mitarbeiter gleichzeitig ein Feedback über seine Zielerreichung erhält. Auch *PORTER* und *LAWLER* haben in ihrem Motivationsmodell einen Feedbackprozess integriert. Hier gibt die wahrgenommene Zufriedenheit durch die gewährten extrinsischen und intrinsischen Anreize ein Feedback für die geleistete Anstrengung und die Wertigkeit dieser Belohnung. *HERZBERG* zeigt in seiner Zwei-Faktoren-Theorie, dass Anerkennung den zweitwichtigsten Motivator darstellt. Somit wird das Feedback ebenfalls als motivationssteigernd betrachtet.[254] Das Feedback wird daher als weitere Inputvariable in das Modell der individuellen Leistungsbereitschaft in unternehmensübergreifenden Projektteams aufgenommen.

---

253 Vgl. Schneider/Knebel (1995). Zur Beurteilung und Förderung von Leistung siehe Schuler (2004).

254 Zur Gestaltung des Feedbackprozesses siehe Blum/Zaugg (2007), S. 76ff.

Des Weiteren verwendet *GLADSTEIN* in ihrem Modell die Zusammensetzung des Teams (Group Composition) als Inputgröße.[255] Dabei verdeutlicht sie, dass der Prozess der Zusammenarbeit durch die Teamzusammensetzung beeinflusst werden kann. Da die Teamzusammensetzung in unternehmensübergreifenden Projektteams unterschiedliche Formen annehmen und somit die kooperative Zusammenarbeit und die individuelle Leistungsbereitschaft unterschiedlich beeinflussen kann, soll die „Teamkonstellation" in dem Modell zur individuellen Leistungsbereitschaft mit Modifikationen der Gestaltungsvariablen beibehalten werden. Unter dem Aspekt der Teamkonstellation wird zum einen die Homogenität des Projektteams als Inputvariable betrachtet. Zum anderen wird die Einbindung des Teammitglieds in die Projektarbeit als Inputvariable in das vorliegende Modell integriert. Hierbei spielen insbesondere die Entscheidungsstrukturen sowie die Anzahl der Kooperationspartner eine wichtige Rolle.[256] Im Hinblick auf die Teamzusammensetzung wird zudem die zeitliche Einbindung des Teammitglieds in die Projektarbeit berücksichtigt, da diese sowohl die Interaktion zwischen den Teammitgliedern als auch die individuelle Leistungsbereitschaft des Teammitglieds beeinflussen kann.

Neben den Input-, Prozess- und Outputvariablen führt *GLADSTEIN* in ihrem Modell darüber hinaus die Gruppenaufgabe (Group Task) als moderierende Variable ein, die die Beziehung zwischen der Prozessgröße und der Outputgröße beeinflusst. In dem Modell der individuellen Leistungsbereitschaft in unternehmensübergreifenden Projektteams soll zum einen die von *GLADSTEIN* berücksichtigte Komplexität der Projektaufgabe als moderierende Variable betrachtet werden, zum anderen soll als weitere moderierende Variable die Bedeutung der Projektaufgabe ergänzt werden. Hier zeigt die Zwei-Faktorentheorie von *HERZBERG*, dass die Anerkennung der Leistung durch andere einen wichtigen Motivator für das individuelle Leistungsverhalten darstellt. Auch *EVANS* betont in der Weg-Ziel-Theorie die Bedeutung der Projektziels und die damit verbundenen Projektaufgabe.[257]

Für die vorliegende Arbeit lässt sich zusammenfassend ein Bezugsrahmen darstellen, bei dem sowohl die individuelle Leistungsbereitschaft als auch die kooperative Zusammenarbeit des unternehmensübergreifenden Projektteams durch Gestaltungsvariablen der Personalführung und der Teamkonstellation maßgeblich beeinflusst werden. Darüber hinaus sollen die Komplexität und die Bedeutung der Projektaufgabe als Moderatoren berücksichtigt werden (vgl. Abb. 3-1).

---

255 Zur detaillierten Erläuterung des Modells siehe Kapitel 2.3.5.2.

256 Vgl. Staehle (1999), S. 398ff.

257 Vgl. hierzu Kapitel 2.3.1.2, Kapitel 2.3.2.1 sowie Kapitel 2.3.5.2.

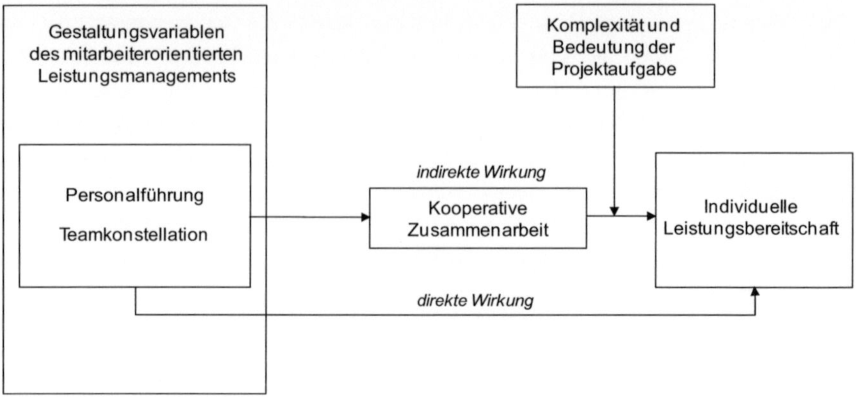

Abb. 3-1: Darstellung des Bezugsrahmens der Untersuchung

Für die Konzeption des Modells zur individuellen Leistungsbereitschaft in unternehmensübergreifenden Projektteams ergeben sich daher folgende Fragen:

- Welchen Beitrag leisten die Gestaltungsvariablen der individuellen Personalführung sowie der Teamkonstellation, um die individuelle Leistungsbereitschaft innerhalb des interorganisationalen Projektteams zu fördern?
- Welchen Beitrag leisten die Gestaltungsvariablen der individuellen Personalführung sowie der Teamkonstellation, um die kooperative Zusammenarbeit innerhalb des interorganisationalen Projektteams zu fördern?
- Wie kann die kooperative Zusammenarbeit dahingehend verbessert werden, dass dadurch die individuelle Leistungsbereitschaft des Teammitglieds gefördert wird?
- Welche Wirkung üben die Moderatoren Komplexität und Bedeutung der Projektaufgabe auf die Beziehung zwischen der kooperativen Zusammenarbeit und der individuellen Leistungsbereitschaft des Teammitglieds aus?

Basierend auf dem Modell der individuellen Leistungsbereitschaft in unternehmensübergreifenden Projektteams werden die Gestaltungsvariablen der individuellen Personalführung und der Teamkonstellation mit Hilfe der literarischen Aufbereitung näher beschrieben. Anschließend werden die dazugehörigen Detailhypothesen abgeleitet, die in Kapitel 4 empirisch überprüft werden.

3.2 Gestaltungsvariablen des mitarbeiterorientierten Leistungsmanagements

3.2.1 Leistungsfähigkeit

Wie in Kapitel 2.2.4 beschrieben, stellt die Leistungsfähigkeit die Möglichkeit des Mitarbeiters dar, seine Leistung im Rahmen der Teamarbeit erbringen zu können. Die Leistungsfähigkeit beinhaltet das Vorhandensein entsprechender Kompetenzen und Qualifikationen. In der Literatur wird zwischen verschiedenen Ausprägungen der Kompetenzen[258] unterschieden. Die gängigste Einteilung stellt die Differenzierung in Fachkompetenz, Methodenkompetenz und Sozialkompetenz dar.[259] Die Fachkompetenz beinhaltet das fachlich fundierte Wissen und die fachlichen Fähigkeiten, über die das Teammitglied verfügen muss, um die Projektarbeit ausüben zu können. Die Methodenkompetenz umfasst das methodische Wissen und damit die Fähigkeit, Arbeitsprozesse zu bewältigen und Wissen zielorientiert und im Zuge der Problembearbeitung einzusetzen. Hierzu zählt auch die Transferfähigkeit der Problemlösung auf andere Gebiete. Die Sozialkompetenz beinhaltet die Fähigkeit des Teammitglieds zum kooperativen und kommunikativen Verhalten mit anderen.[260]

Zur Ausübung der vereinbarten Arbeitsleistung im interorganisationalen Team werden unterschiedliche Anforderungen an die Fähigkeiten des Teammitglieds gestellt, auf die im Folgenden kurz eingegangen werden soll.[261] Dabei beziehen sich die Anforderungen nicht nur auf fachliche Qualifikationen der Teammitglieder, sondern gehen weit über diese hinaus. Die Zusammenarbeit mit unternehmensexternen Partnern erfordert eine Kombination aus den zuvor genannten Kompetenzklassen. Die fachliche Qualifikation kann dabei als grundlegende Voraussetzung für die Teambesetzung angesehen werden. Weisen die Teammitglieder jedoch zu starke Unterschiede in ihrem Wissens- und Fähigkeitsstand auf, so kann dies die kooperative Zusammenarbeit beeinträchtigen.[262] Die unterschiedlichen Kenntnisstände und Kompetenzen können die Interaktion zwischen den Teammitgliedern erschweren, da

---

258 Der Begriff Kompetenz findet in der Literatur unterschiedliche Anwendungen. Die verschiedenen Detaillierungsgrade haben eine Vielzahl an Definitionen hervorgebracht, die nur schwer voneinander abzugrenzen sind. Hinzu kommt dass eine eindeutige Abgrenzung des Begriffs „Kompetenz" zu verwandten Begriffen, wie z. B. Fähigkeit, Fertigkeiten, Qualifikationen, Wissen, Know-how fehlt, die meist als Kennzeichnung von Persönlichkeitsmerkmalen verwendet werden.

259 Siehe hierzu Schanz (1993), S. 375.

260 Zu der klassischen Einteilung existieren in der Literatur weitere Ansätze, die versuchen, die berufliche Handlungskompetenz zu erklären. *ERPENBECK* und *ROSENSTIEL* nehmen beispielsweise eine wesentlich differenziertere Klassifizierung in vier Kompetenzklassen vor. Dabei unterscheiden sie die personale Kompetenz von der Fach- und Methodenkompetenz, der sozialkommunikativen Kompetenz sowie von der Aktivitäts- und Handlungskompetenz. Vgl. hierzu Erpenbeck/Rosenstiel (2003), S. XVIff. sowie Rosenstiel (2006), S. 106f.

261 Vgl. Janssens/Steyaert (2009), S. 145.

262 Vgl. Morgan/Lassiter (1992), S. 82f.

leistungsschwächere Teammitglieder ihre fachliche Akzeptanz im Team verlieren und von fachlichen Überlegungen ausgeschlossen werden. Dies kann neben der Reduktion des Engagements im Team sogar zu Konflikten führen. Ist hingegen weniger das fachliche Wissen für die Erfüllung der Projektaufgabe von Bedeutung, sondern mehr die kreative Zusammenarbeit, so muss das Teammitglied über die notwendigen Fähigkeiten verfügen, sowohl personenbezogene als auch aufgabenbezogene Konflikte lösen zu können. Je ausgewogener und ausgeprägter die Fähigkeiten und Kompetenzen sind, über die das Teammitglied verfügt, desto besser kann es sich an die jeweilige Teamsituation anpassen.

Tab. 3-1 gibt einen Überblick über die Anforderungen an die Kompetenzen und Fähigkeiten, die bei der interorganisationalen Projektarbeit von Bedeutung sind.

KOMPETENZKLASSEN	ANFORDERUNGEN
Fachkompetenz	Fachliche, funktionelle Sachkenntnis Technologiewissen/IT-Kompetenz/ Nutzung neuer Medien Selbstmarketing (als Repräsentant des Unternehmens) Selbstständigkeit, Verantwortungsbewusstsein, Selbstvertrauen
Soziale Kompetenz	Kommunikations- und Dialogfähigkeit Teamfähigkeit, Integrationsfähigkeit, Aufgeschlossenheit Emotionale Intelligenz Flexible und konstruktive Konflikthandhabung (Eigen-)Motivationsfähigkeit/Überzeugungstechniken Kooperationsfähigkeit, Fähigkeit zum Interessenausgleich (Inter-)Kulturelle Kompetenz, Kulturelle Sensibilität Partizipationsfähigkeit, Flexibilität
Methodenkompetenz	Analytische Fähigkeiten Entscheidungsfindungs-/Problemlösungskompetenz Übergreifendes Denken Moderations-/Präsentationstechniken Wissensmanagement

Tab. 3-1: Anforderungen an die Mitglieder unternehmensübergreifender Projektteams[263]

Zur erfolgreichen Umsetzung des interorganisationalen Teamkonzeptes sind insbesondere Kooperations- und Problemlösungsfähigkeit von großer Bedeutung. Da es in unternehmensübergreifenden Projektteams häufiger zu Interessens- und Zielkonflikten kommt, sollten mehrere Teammitglieder zur Lösung auftretender Teamprobleme eine entsprechende Fähigkeit zum Erkennen und Managen von Konflikten, Überzeu-

263 In Anlehnung an Ancona/Caldwell (1992), S. 6ff. Comelli/Rosenstiel (2003), S. 117f. und S. 123f., Goleman (2001), S. 36ff., Hackman (1987), S. 324, Högl (1998), S. 89ff., Kandaouroff (1998), S. 132, Kersten/Schröder (2006), S. 11ff., Stock (2006), S. 148, Ueberschaer (1998), S. 17, Wildemann (1994), S. 43.

gungsfähigkeit, Integrationskraft sowie die Fähigkeit zum Interessensausgleich aufweisen.[264] Sie sollten in der Lage sein, Kompromisse auszuhandeln und einzugehen und sich dabei einerseits rücksichtsvoll, aber dennoch bestimmend und zuverlässig zu verhalten.[265] Planerisches Know-how und Methodendenken gewinnen in diesem Zusammenhang ebenfalls an Bedeutung, wobei die Bedeutung der Methodenkompetenz mit steigender Autonomie des unternehmensübergreifenden Projektteams zustimmt.[266]

Da sich die Teammitglieder bei der unternehmensübergreifenden Zusammenarbeit in der Regel vorher nicht kennen, müssen sie insbesondere in der Anfangsphase ein Höchstmaß an gemeinsamer Verantwortung und Vertrauen entwickeln. Hierzu benötigen sie Teamfähigkeit, Aufgeschlossenheit und Flexibilität sowie die so genannte „Emotionale Intelligenz".[267] Im Verlauf der Zusammenarbeit müssen sie ihre Fähigkeit der Kommunikation und des Zuhörens unter Beweis stellen, um einen reibungslosen Projektablauf zu fördern, denn der Austausch von Wissen, Informationen und Meinungen stellt für die unternehmensübergreifende Teamarbeit eine notwendige Voraussetzung dar. Zudem sollten die Teammitglieder flexibel, aufgeschlossen und teamfähig sein, um die Projektaufgaben erfüllen zu können, da die Reaktionen und Verhaltensweisen der unternehmensexternen Teammitglieder nicht immer vorhersehbar sind.[268] Hierbei werden Sozialkompetenz und ethische Kompetenz im Umgang mit den unternehmensinternen und unternehmensfremden Mitarbeitern verlangt, da bei der interorganisationalen Zusammenarbeit zum einen unterschiedliche Kulturkreise, zum anderen unterschiedliche Unternehmenskulturen aufeinandertreffen können.[269]

Verfügt das Mitglied des unternehmensübergreifenden Projektteams über ausgewogene und ausgeprägte Fähigkeiten, d. h. sowohl über fachliche und methodische als auch über soziale Kompetenz, ist es einerseits in der Lage, den fachlichen Anforde-

---

264 Vgl. Prechtl (1999), Högl (1998), Faix/Laier (1991).

265 Vgl. Ueberschaer (1998), S. 17.

266 Vgl. Wildemann (1994), S. 43, Kandaouroff (1998), S. 132.

267 Der Begriff „Emotionale Intelligenz" (EI) wurde erstmals 1990 von den US-amerikanischen Psychologen John Mayer und Peter Salovey geprägt, aber erst 1995 durch den US-amerikanischen Psychologen Daniel Goleman bekannt, vgl. Feyerherm/Rice (2002), S. 344. Seitdem hat die EI in der personalwirtschaftlichen Praxis zunehmend an Bedeutung gewonnen. Untersuchungen belegen, dass EI eine Grundvoraussetzung für erfolgreiches Führen schafft und nahezu wichtiger als analytische und kognitive Fähigkeiten wird. Es vollzieht sich ein Führungswandel vom positionsorientierten zum beziehungsorientierten Verständnis, bei dem eine hohe Kompetenz auf der Ebene der weichen Faktoren angestrebt wird. Hierbei stellt die EI eine Metafähigkeit dar, von der es abhängt, wie gut man seine sonstigen Fähigkeiten, z. B. den eigenen kognitiven Intellekt, sinnvoll einsetzen kann. Vgl. hierzu Goleman (2001), S. 36ff.

268 Vgl. Ueberschaer (1998), S. 17., Kersten/Schröder (2006), S. 11ff.

269 Vgl. Scholz (2000), S. 314, Comelli/Rosenstiel (2003), S. 117f. und 123f.

rungen zur Bearbeitung der Projektaufgabe gerecht zu werden, andererseits kann es die Interaktion zwischen den Projektpartnern im Sinne des eigenen Unternehmens gezielt beeinflussen und die kooperative Zusammenarbeit fördern. Hieraus resultieren folgende Annahmen:

H (1a): *Je ausgeprägter die Fähigkeiten des Teammitglieds bei der unternehmensübergreifenden Projektarbeit, desto höher ist seine individuelle Leistungsbereitschaft.*

H (1b): *Je ausgeprägter die Fähigkeiten des Teammitglieds bei der unternehmensübergreifenden Projektarbeit, desto kooperativer ist die Zusammenarbeit zwischen den Teammitgliedern.*

3.2.2 Anreizgestaltung

Anreizsysteme bilden ein zentrales Instrument zur Förderung der Mitarbeitermotivation und zur Erreichung zielkonformer Handlungen im Rahmen der interorganisationalen Teamarbeit. Sie bezeichnen die Gesamtheit der dem Mitarbeiter gewährten Anreize und verfolgen das Ziel, einen Beitrag zur Lösung des personalwirtschaftlichen Problems der Wirksamkeit bzw. die Funktionalität des Personals zu leisten.[270] Vorteilhafte Verhaltensweisen sind dabei zu belohnen und damit Anreize für weitere vorteilhafte Handlungen zu schaffen.

Im Hinblick auf die Empfänger lässt sich zunächst eine Differenzierung in materielle und immaterielle Anreize vornehmen. Materielle Leistungsanreize umfassen spezifisch ausgerichtete Anreize (Instrumente), die dem Vorgesetzten innerhalb des Spielraumes externer Forderungen (gesetzlicher und gewerkschaftlicher) zur Verfügung stehen, um die Leistungsbereitschaft des Mitarbeiters zu erhöhen und ihn zu einem verstärkten Leistungsbeitrag zu aktivieren.[271] Durch das Gewähren materieller Leistungsanreize sollen die Mitarbeiter dahingehend motiviert werden, dass sie freiwillig stärkere Anstrengungen übernehmen und dabei die übergeordneten Zielsetzungen intensiver verfolgen. Materielle Leistungsanreize stellen alle vom entsendenden Unternehmen angebotenen und zu zahlenden materiellen Belohnungen dar, die die Mitarbeiter für ihre erbrachte Leistung erhalten. Die materiellen Anreize, die den Mitarbeiter zur Leistungserstellung im interorganisationalen Projektteam veranlassen

[270] Vgl. Wischer (2005), S. 55.

[271] Vgl. hierzu und im Folgenden Schneider (1993), S 17f. sowie zu den Komponenten der Teamvergütung Stock-Homburg (2008), S. 537-543 sowie zur leistungsgerechten Entlohnung Kosiol (1962) sowie Köppen (1997).

sollen, können in Form von Geld, Gütern oder physischen Bedingungen erfolgen.[272] Bezug nehmend auf den Motivationscharakter der gebotenen Anreize, wird in der Literatur häufig angeführt, dass die monetären Anreize, in Form von Geld nicht als Leistungsmotivator dienen, da in der Praxis zwischen Entgelterhöhung und der individuellen Leistung in der Regel kein direkter Zusammenhang besteht.[273] Es wird beanstandet, dass die finanzielle Entlohnung nur eine von vielen möglichen Formen des Anreizes zur Leistungssteigerung darstellt. Weiterhin seien materielle Anreize nur bedingt zur Leistungs- und Motivationsförderung einsetzbar. Darüber hinaus sei zu beachten, dass Leistungsanreize nicht auf alle Mitarbeiter gleich wirken, da die angestrebten Eigenziele, wie z. B. angemessenes Einkommen oder häufigere Erfolgserlebnisse, unterschiedlich vom Individuum bewertet werden. *MASLOW* zeigt, dass Menschen unterschiedliche Bedürfnisse und somit auch unterschiedliche Arbeitseinstellungen haben. Materielle Anreize, die eine Leistungssteigerung des Mitarbeiters anstreben, stoßen daher schnell an gewisse Grenzen.[274] Zum einen ist für die Höhe der notwendigen Belohnung der subjektive Wert der Leistungserbringung bzw. der Leistungssteigerung ausschlaggebend. Dieser ist jedoch von außen kaum zu ermitteln. Zum anderen ist der Aufwand der Leistungssteigerung schlecht antizipativ zu kalkulieren, was es ebenfalls erschwert, die Höhe der Belohnung festzulegen.

Soziale Bedürfnisse sowie Statussysteme, Informationen und Gruppenbeziehungen nehmen bei den Mitarbeitern einen hohen Stellenwert ein. Demzufolge hat sich im Laufe der Zeit die Einstellung der Mitarbeiter zur Arbeit verändert. Immaterielle Werte und Belohnungen, wie z. B. Selbstbestimmung und -verwirklichung oder Entfaltungsmöglichkeiten, beeinflussen das Verhalten der Mitarbeiter dahingehend, dass materielle Anreize zunehmend überlagert werden.[275] Die Vielzahl der immateriellen Motivationsfaktoren stellt demnach ein wesentliches Potenzial zur Leistungsmotivation und zur Bedürfnisbefriedigung dar. Immaterielle Anreize entstehen z. B. durch die Zugehörigkeit und Akzeptanz des Mitarbeiters im Projektteam sowie durch die Förderung des Teams durch die verantwortlichen Führungskräfte. Hinzukommen Aspekte, wie Macht, Ansehen oder Kontrolle durch eine beherrschende Position oder die Arbeitsaufgabe selbst (ihr Inhalt und ihr Strukturierungsgrad).[276] Darüber hinaus werden mit immateriellen Anreizen soziale Anreize, wie z. B. Entwicklungs-, Aufstiegs-,

---

272 Dazu zählen die direkte Entlohnung, variable Entgeltregelung, leistungsorientierte Zusatzvergütung, Prämien- und Tantiemen-System. Des Weiteren ist das betriebliche Vorschlagswesen, soweit Geldprämien ausgesetzt sind, sowie die Erfolgsbeteiligung der Mitarbeiter anzuführen.

273 Vgl. hierzu und im Folgenden Schulz (2000), S. 11f.

274 Vgl. Weinert (2004), S. 226f.

275 Vgl. Breisig (1990), S. 58.

276 Vgl. Schneider (1993), S. 11, Eschenburg (1988), S. 256.

und Partizipationsmöglichkeiten, Sicherheit, Prestige, Karriereaussichten, Lob und Anerkennung oder Kontaktstreben, verbunden.[277]

Des Weiteren lassen sich kollektive von individuellen Anreizen unterscheiden. Mit Hilfe von Kollektivanreizen, z. B. in Form von Teamprämien (Teamboni), wird versucht, das gesamte Projektteam zu motivieren, indem die Leistung des gesamten Teams honoriert wird.[278] Der Einsatz von Teamboni ist jedoch eher bei der intraorganisationalen Projektarbeit üblich, da sich hier der Einflussbereich des Unternehmens sowohl auf die gesamte Projektarbeit als auch auf alle Teammitglieder erstreckt. Der Einsatz von Teamboni gestaltet sich bei der interorganisationalen Projektarbeit jedoch als schwierig, da die Teammitglieder aus unterschiedlichen Unternehmen stammen und somit die Anreize über die Unternehmensgrenzen hinaus zum einen gestaltet und zum anderen eine unternehmensübergreifende Wirkung erzielen müssten.[279] Kollektivanreize sind daher im Folgenden nicht Bestandteil der empirischen Untersuchung.

Unter Individualanreizen sind hingegen Anreize zu verstehen, die einzelne Mitarbeiter, in diesem Fall einzelne Teammitglieder, direkt ansprechen. Individualanreize können eine motivierende Wirkung auf das einzelne Teammitglied haben und dazu führen, dass dieses seine Arbeitsleistung steigert und sich verstärkt für die Ziele des interorganisationalen Projektteams einsetzt (z. B. Übernahme der Projektleitung, Erweiterung der Entscheidungsbefugnis). Starke Individualanreize sind jedoch auch mit einem intensiven internen Wettbewerb (Konkurrenz-Motivation) verbunden und können dazu führen, dass tendenziell nicht-kooperationsfreudige Teammitglieder die Zusammenarbeit im Team behindern. In diesem Fall konzentriert sich das Teammitglied primär auf seine eigenen Aufgaben und Tätigkeitsziele, um die Individualanreize zu erhalten und vernachlässigt dabei die gemeinsamen Teamziele. Zudem stammen die Mitglieder des interorganisationalen Teams aus unterschiedlichen Unternehmen, so dass ohnehin Vertrauensdefizite bestehen, was dazu führen kann, dass die Teammitglieder nicht bereit sind zu kooperieren bzw. sich sogar gegenseitig behindern, um individuell bessere Arbeitsresultate zu erzielen.[280] Hierzu werden folgende Hypothesen aus Sicht des entsendenden Unternehmens formuliert.

---

[277] Vgl. z. B. Weinert (2004), S. 226.

[278] So können verbesserte Ressourcenausstattung, z. B. eine Laborausstattung oder ein erhöhtes Forschungsbudget als kollektiver Anreize bezeichnet werden. Vgl. hierzu Staudt et al. (1994), S. 42.

[279] Zur Definition und zu den Einsatzgebieten von interorganisationalen Teams siehe Kapitel 2.1.3.

[280] Vgl. Costa (2003), S. 609ff., Knebel (2008), S. 60ff. Siehe hierzu auch die Gefahren der Aufstellung von Individualzielen in Kapitel 3.2.2.

H (2a): *Je stärker die vom entsendenden Unternehmen gewährten Anreize bei der unternehmensübergreifenden Projektarbeit auf das einzelne Teammitglied ausgerichtet sind, desto höher ist seine individuelle Leistungsbereitschaft.*

H (2b): *Je stärker die vom entsendenden Unternehmen gewährten Anreize bei der unternehmensübergreifenden Projektarbeit auf das einzelne Teammitglied ausgerichtet sind, desto stärker ist die negative Wirkung auf die kooperative Zusammenarbeit zwischen den Teammitgliedern.*

3.2.3 Zielbildung

Im Leistungsmanagement nehmen Ziele und deren Vereinbarungen eine wichtige Rolle ein. In Abhängigkeit zu den Unternehmenszielen werden für einzelne Bereiche, Abteilungen und Funktionen Ziele und Teilziele festgesetzt, die es innerhalb eines bestimmten Zeitraumes zu erfüllen gilt. In der Unternehmenspraxis wird in kurzfristigen Kooperationen die Formulierung gemeinsamer Ziele als eine große Herausforderung angesehen, da sich häufig Schwierigkeiten bei der Entwicklung eines gemeinsamen Zielverständnisses und bei der konkreten Zieldefinition ergeben.[281] Die Definition der Kooperationsziele erfordert eine intensive Abstimmung zwischen den Zielen der an der Projektarbeit beteiligten Unternehmen bzw. mit der Supraorganisation, einer Organisationseinheit in Form eines unternehmensübergreifenden Projektsteuerkreises.[282] Grundvoraussetzung dafür ist, dass das Unternehmen die eigenen Ziele in gewissen Maßen offenlegt und die seiner Kooperationspartner kennt.[283]

Im Hinblick auf die Art der detaillierten Einzelzielbildung im Team selbst, d. h. für kurzfristige Projektschritte, lassen sich in Abhängigkeit der vorliegenden Machtstrukturen innerhalb des Teams verschiedene Vorgehensweisen unterscheiden.[284] Einerseits können die Ziele einzelner Projektabschnitte im Rahmen der aktiven Partizipation gemeinsam von den Verantwortlichen der beteiligten Unternehmen innerhalb des Teams erarbeitet werden. Hierbei handelt es sich um ein autonomes Team. Dies erfordert einen partizipativen Führungsstil und klare Entscheidungsbefugnisse innerhalb des interorganisationalen Projektteams (vgl. Abb. 3-2).[285] Alternativ können die

281 Vgl. hierzu und im Folgenden Kern (2005), S. 94f.

282 Zur Zielkaskade siehe Kapitel 2.2.3.

283 Für den vorliegenden Untersuchungsgegenstand wird angenommen, dass eine Abstimmung zwischen den Unternehmenszielen und den Kooperationszielen bereits stattgefunden hat. Daher soll nachfolgend auf die Bildung von Teilzielen innerhalb des interorganisationalen Projektteams eingegangen werden.

284 Vgl. hierzu übertragen auf die Intensität der Führung Stock-Homburg (2008), S. 476.

285 Vgl. Kandaouroff (1998), S. 120, Scholz (2000), S. 943f.

Teilziele von einem (Einzelgeführtes Team) oder mehreren Unternehmensvertretern im Team (Gruppengeführtes Team) formuliert werden.[286] Die detaillierten Einzelziele des Projektteams sind mit den übergeordneten Kooperationszielen abzugleichen.

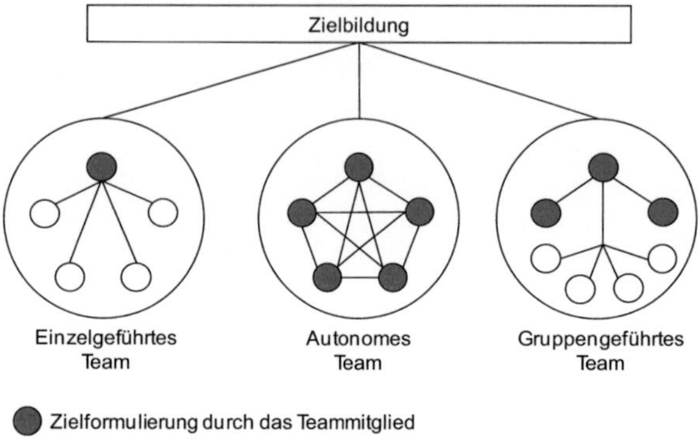

Abb. 3-2: Art der Zielbildung im interorganisationalen Team

Die aktive Einbindung der Teammitglieder in den Zielvereinbarungsprozess und die damit verbundene Festlegung der erwarteten Leistung stellen wirksame Instrumente zur Förderung der Mitarbeitermotivation dar, vorausgesetzt, die Zielvorgaben werden von allen Beteiligten akzeptiert.[287] Dabei gilt die Motivationstechnik der Zielbildung gleichermaßen für die Individualebene als auch für die Teamebene.[288]

Häufig werden die Ziele in der Regel nur in Bezug auf die Teamleistung vereinbart, die Individualleistung wird hingegen vernachlässigt, da – in Abhängigkeit zur jeweiligen Projektaufgabe – kaum Rückschlüsse auf den Leistungsbeitrag des einzelnen Mitarbeiters vorgenommen werden können.[289] Um jedoch einen Überblick über den Leistungsbeitrag des eigenen Teammitglieds zu bekommen und seine Leistung im interorganisationalen Projektteam erfassen zu können, ist eine Zielvereinbarung zwischen dem entsendenden Unternehmen und seinem Teammitglied sinnvoll, anhand deren die Leistung des Mitarbeiters gemessen und bewertet werden kann.

---

286 Vgl. Kersten et al. (2008), S. 220 sowie Groll (2004), S. 32f.

287 Vgl. auch Locke/Latham (1985), S. 206ff. sowie O'Leary-Kelly et al. (1994), S. 1294f. O'Leary-Kelly et al. zeigen in ihrer Studie, dass die Leistung eines unternehmensinternen Teams durch eine gemeinsame Zielbildung verbessert werden kann, siehe hierzu O'Leary-Kelly et al. (1994), S. 1295f.

288 Vgl. Gemünden (1995), S. 255 sowie Weingart (1992), S. 682.

289 Als Beispiel sei an dieser Stelle die Entwicklung eines neuen Produktes angeführt, bei der die Kreativität und die einzelnen Vorschläge zur Produktgestaltung der Teammitglieder eine wichtige Rolle spielen. Zur detaillierten Erläuterung von Team- und Individualzielen siehe Kunz (1994), S. 35.

Die vereinbarten Ziele sollten für das Teammitglied herausfordernd, präzise und eindeutig formuliert sein. Werden hingegen unrealistische Ziele festgelegt, die im Rahmen der Leistungserstellung nicht vom Teammitglied erreicht werden können oder die es über- bzw. unterfordern, so kann sich dieses sehr demotivierend auf das betroffene Teammitglied auswirken.[290] Eine Überforderung kann z. B. daraus erfolgen, dass die individuellen Fähigkeiten und Ressourcen nicht den Zielanforderungen entsprechen oder sich plötzlich verändernde Rahmenbedingungen nur unzureichend berücksichtigt wurden. Darüber hinaus müssen die beteiligten Teammitglieder über ausreichende Einfluss- und Gestaltungsmöglichkeiten verfügen, um die vereinbarten Ziele erreichen zu können. Nur wenn sie die Handlungen und Ereignisse steuern können, werden sie die vereinbarten Ziele auch innerlich akzeptieren und mittragen.[291]

H (3a): *Je intensiver die Einbindung des Teammitglieds in den Zielbildungsprozess bei der unternehmensübergreifenden Projektarbeit, desto höher ist seine individuelle Leistungsbereitschaft.*

H (3b): *Je intensiver die Einbindung des Teammitglieds in den Zielbildungsprozess bei der unternehmensübergreifenden Projektarbeit, desto kooperativer ist die Zusammenarbeit zwischen den Teammitgliedern.*

3.2.4 Erfassen des Leistungsbeitrags

Die Leistungsmessung, das so genannte Performance Measurement, stellt einen weiteren wichtigen Bestandteil des Leistungsmanagements dar.[292] Den Kern der Leistungsmessung bilden quantifizierbare Messgrößen, die das Ergebnis der Teamarbeit widerspiegeln und eine Überprüfung der zuvor vereinbarten Ziele ermöglicht. Die Leistung kann dabei mit Hilfe von Kennzahlensystemen erfasst und interpretiert werden, die ggf. um Indikatoren bezüglich der Zusammenarbeit im Team ergänzt werden müssen.[293]

Bei der Leistung im Rahmen der Teamarbeit handelt es sich um eine mehrdimensionale Größe. Zum Erfassen des Leistungsbeitrags werden daher unterschiedliche Kennzahlen verwendet, die neben den häufig genannten und verwendeten ökonomi-

---

290 Vgl. Staehle (1999), S. 181.

291 Vgl. Kunz (1994), S. 89ff.

292 Vgl. hierzu Klingebiel (1998), S. 1ff., Gleich (2001a), 21ff., Hilgers (2008), S. 36.

293 Häufig wird die Balanced Scorecard (BSC) bzw. die Humankapital-Scorecard verwendet, wobei der Einsatz unter Berücksichtigung der zuvor vereinbarten Ziele erfolgt. Zur ausführlichen Beschreibung verschiedener Kennzahlensysteme siehe Coenenberg et al. (2007) sowie Jetter (2004), Kaplan/Norton (1992) und Fitz-enz (2003).

schen, technischen Kosten- und Termingrößen die Qualität des Projektergebnisses als Messgröße hinzufügen.[294] Zum Erfassen des Leistungsbeitrags werden entsprechende Messskalen festgelegt. Dabei können quantitative Skalen (Kardinalskalen) genutzt werden, um ökonomische Größen zu evaluieren und qualitative Skalen (Ordinalskalen), um die Ausprägungen technischer oder sozialer Größen zu ermitteln.[295]

In der Literatur zur Teamforschung lassen sich unterschiedliche Ansätze finden, mit denen die Leistung des Teams aufgezeigt wird. Häufig basiert die Leistungserfassung jedoch auf den Schätzungen von Teammitgliedern oder Führungskräften. *ANCONA* und *CALDWELL* ziehen beispielsweise in ihren empirischen Arbeiten Rückschlüsse auf die Teamleistung anhand eines Ratings der Teameffektivität, der Qualität der Innovationen, des eingehaltenen Zeitplans, des eingehaltenen Budgets, der Fähigkeit, Konflikte zu lösen und der so genannten „Overall performance".[296] *MCGRATH* verweist auf die Qualität, die Schnelligkeit der Lösungsfindung und auf die Fehlerquote, um die geleistete Teamleistung einschätzen zu können.[297] *COHEN/BAILEY*[298] ziehen hingegen Rückschlüsse auf die Teamleistung anhand der Effektivität, der Produktivität bzw. der Qualität, der Reaktionszeit, der Kundenzufriedenheit sowie anhand der Anzahl der Innovationen. *KUESTER ET AL.* unterscheiden in ihrer Arbeit über die Neuproduktentwicklungsteams zwischen quantitativer und qualitativer Leistung. Erstere umfasst den leicht erfassbaren Output, wie z. B. die Zeit, Kosten, Qualität, Anzahl der Produktumsetzungen oder die erreichte Produktleistung, letztere bezieht sich auf den Output, der nicht direkt zu quantifizieren ist, wie z. B. der Innovationsgrad.[299]

Die Unterschiedlichkeit der verwendeten Messgrößen zeigt, dass diese von der Teamaufgabe und dem damit verbundenen Kooperationsziel abhängen. Im Rahmen der unternehmensübergreifenden Zusammenarbeit erfasst und bewertet das Management in der Regel nur die Gesamtleistung des Teams (Teamoutput), nicht jedoch die Leistung des einzelnen Mitarbeiters, da sich die individuelle Leistungsmessung häufig als schwierig erweist.[300] Quantifizierbar ist in der Regel nur die Gesamtleis-

---

294 Diese Messgrößen lassen sich aus dem Ansatz des „magischen Dreiecks" ableiten. Vgl. hierzu Lechler (1997), S. 66f.

295 Vgl. Lechler (1997), S. 67.

296 Vgl. Ancona/Caldwell (1992b), S. 328.

297 Vgl. Hackman (1987), S. 316.

298 Vgl. Cohen/Bailey (1997), S. 243.

299 Vgl. Kuester et al. (2008), S. 7.

300 Beispielsweise kann die gesamten Arbeitsleistung des Teamleiters nicht eindeutig erfasst werden, da sich seine Arbeitsleistung aus zahlreichen Aufgaben zusammensetzt (z. B. Projektmanagement, der Koordination oder der Personalführung), die einer Vielzahl von externen Einflüssen unterliegen. Die Erreichung dieser definierten Ziele hängt nicht nur von seinem eigenen Einsatz

tung des Teams, die kaum Rückschlüsse auf den Leistungsbeitrag des einzelnen Teammitglieds zulässt. Dennoch bietet es sich zur realitätsnahen Leistungseinschätzung an, neben der gesamten Teamleistung auch die erbrachte Leistung des einzelnen Mitarbeiters zu erfassen. Hierbei kann eine Dokumentation der geleisteten Arbeit (Arbeitszeit, Einsatz von Ressourcen, Output) helfen. Denn nur durch die Zuordnung der Leistungsbeiträge können Leistungsträger von Nicht-Leistungsträgern im unternehmensübergreifenden Projektteam unterschieden werden.[301] An der erreichten Teamleistung kann das Unternehmen nicht erkennen, welchen Beitrag der einzelne Mitarbeiter geleistet hat.

Ist die Leistung des einzelnen Mitglieds nicht zu identifizieren und eine Zuordnung daher nicht (direkt) möglich, so steigt die Wahrscheinlichkeit, dass das nach *ALCHIAN* und *DEMSETZ* bezeichnete Phänomen des „Shirking"[302] (auch als „Social Loafing"[303] oder Trittbrettfahrer-Problem bekannt) eintritt. Demnach verringern Individuen in Teams ihren eigenen Arbeitseinsatz. Als Gründe werden hierbei Motivations- und Koordinationsdefizite angeführt. Darüber hinaus ist „Shirking" vor allem darin begründet, dass der Leistungsbeitrag des einzelnen Mitglieds zur Teamleistung nicht leicht beobachtbar bzw. identifizierbar ist und ein Teammitglied daher weder positive noch negative Konsequenzen der individuell erbrachten Leistung erwarten muss. Hinzukommt, dass das vorhandene Teamgefüge (in Abhängigkeit von der Teamaufgabe und der Teamkultur) die Leistungsschwachen zunächst verdecken kann, so dass der oder die Leistungsträger für das Unternehmen nicht unmittelbar auszumachen sind. Nur über einen langen Zeitraum (ggf. bei wiederholter Projektarbeit), lassen sich leistungsschwache Mitarbeiter erkennen. Aufbauend auf dieser Argumentation werden folgende Hypothesen postuliert:

H (4a): *Je individueller der Leistungsbeitrag bei der unternehmensübergreifenden Projektarbeit zugeordnet werden kann, desto höher ist die individuelle Leistungsbereitschaft des Teammitglieds.*

H (4b): *Je individueller der Leistungsbeitrag im Rahmen der unternehmensübergreifenden Projektarbeit zugeordnet werden kann, desto kooperativer ist die Zusammenarbeit zwischen den Teammitgliedern.*

---

ab, sondern zusätzlich von dem der Teammitglieder. Dieselbe Schwierigkeit ergibt sich auch bei der Leistungsermittlung des Teammitglieds.

301 Beispielsweise arbeiten nur zwei von drei Mitarbeitern innerhalb des Projektteams effizient.

302 Vgl. Alchian/Demsetz (1972), S. 780f.

303 Vgl. Latané et al. (1979), S. 830, Oelsnitz/Busch (2006), S. 65ff., Bettenhausen (1991), S. 360f.

3.2.5 Leistungsbeurteilung und Feedback

Mit dem Erfassen der Leistung geht die Leistungsbeurteilung einher. Unter der Leistungsbeurteilung wird ein institutionalisierter Prozess zur Gewinnung und Auswertung von Informationen über die Leistung verstanden, die innerhalb einer bestimmten Periode erbracht wurde. Diese Beurteilung wird dabei von einem beauftragten Vorgesetzten anhand zuvor vereinbarter Leistungskriterien durchführt. Dabei wird ein Vergleich vorgenommen zwischen dem tatsächlich beobachtbaren und beschreibaren IST-Leistungsergebnis mit einem SOLL-Leistungsergebnis. Der Übereinstimmungsgrad der IST- und SOLL-Ergebnisse wird als Indikator für die geleistete Arbeit gewertet.[304]

Die Leistungsbeurteilung umfasst neben der Auswahl der Funktion(en) und der Bestimmung des Beurteilungsverfahrens die Objektspezifikation (d. h. die Auswahl der zu spezifizierenden Beurteilungsobjekte). In der Literatur wird zwischen Beurteilungen von Personen (Fähigkeit und andere erfolgsrelevante Eigenschaften), von Leistungsprozessen (Verhalten) und von Leistungsprodukten (Ergebnisse) unterschieden. Was die Beurteilung von Personen anbelangt, so wird zwischen der Beurteilung von Teamleistungen und Individualleistungen differenziert.[305]

Eng mit der Beurteilung der Leistung verbunden ist das Feedback zum Leistungsbeitrag. Das Feedback-Konzept wird in unterschiedlichen Theorien zur Erklärung des Motivationsverhaltens verwendet.[306] Die Grundannahme der Konzepte besteht darin, dass das Wissen über die Leistungsergebnisse und das Leistungsverhalten des eigenen Bemühens einen positiven Einfluss auf die individuelle Anstrengungsintensität ausübt.[307]

Um sich und sein Leistungsverhalten realistisch einschätzen zu können, ist das Teammitglied darauf angewiesen, ein kontinuierliches Feedback aus seiner Arbeitsumgebung zu bekommen.[308] Hierzu kann das Mitarbeitergespräch genutzt werden, denn in Verbindung mit der Reflexion kritischer Leistungsbeiträge entfaltet das Feedback eine Wirkung der Leistungs- und Kompetenzentwicklung.[309] Inhalte des Feedbackgesprächs können die Zielvereinbarungen oder Leistungsbeurteilungen des Teams als Ganzes oder der individuelle Leistungsbeitrag sein. Zudem kann es für

---

[304] Vgl. hierzu und im Folgenden Berthel/Becker (2003), S. 155f., sowie Becker (2003), S. 151ff., Grassl (1996), S. 652ff.

[305] Vgl. Schneider/Knebel (1995), S. 93ff.

[306] Vgl. beispielsweise Locke/Latham (1990), S. 4 oder Pritchard (1990), S. 128f.

[307] Vgl. Guzzo et al. (1985), S. 283ff. sowie Schmidt/Kleinbeck (1990), S. 116f.

[308] Vgl. Schuler (2004), S. 61, Hill (1997), S. 29f., Lorenzet et al. (2006), S. 568ff.

[309] Vgl. Locke/Latham (1985) sowie Kernaghan/Cooke (1990).

persönliche Rückmeldungen über die interorganisationale Teamarbeit genutzt werden.

Das Feedback gestaltet sich in der Regel sach- und methodenbezogen. Für eine Einschätzung und ein Feedback des Verhaltens bleibt oft wenig Zeit oder es ergibt sich keine Gelegenheit.[310] Um diesem Mangel Abhilfe zu leisten, kann das 360°-Feedback eingesetzt werden.[311] Mit seiner Hilfe wird durch eine höhere Anzahl von Bewertungen eine qualitativ bessere Leistungsbeurteilung erreicht.[312] Ziel des 360°-Feedbacks ist es, ein möglichst umfassendes Leistungsbild des Mitarbeiters zu erhalten, indem unterschiedliche Bezugsgruppen einbezogen werden.

Die multiperspektivischen Beurteiler können im Rahmen der interorganisationalen Teamarbeit unmittelbare Vorgesetzte des Teammitglieds, weitere Mitarbeiter des eigenen Unternehmens, die ebenfalls Mitglied des unternehmensübergreifenden Projektteams waren sowie Mitarbeiter der Projektpartner sein.[313] Es kann dabei ein Feedback über die Leistung sowie über das Leistungsverhalten des Teammitglieds durch hierarchisch unterschiedliche Beurteiler aus dem unmittelbaren Arbeitsumfeld eingeholt werden.[314] Durch die Integration von Teammitgliedern in den Feedbackprozess müssen sich die Teammitglieder untereinander mit den Leistungsbeiträgen des zu Beurteilenden auseinandersetzen. Dies kann zur Folge haben, dass sich das zu beurteilende Teammitglied stärker bei der Zusammenarbeit engagiert, um ein positives Feedback zu erhalten. Aufbauend auf diesen Erkenntnissen lassen sich folgende Hypothesen für das entsendende Unternehmen aufstellen:

H (5a): *Je umfassender das Feedback für das Teammitglied zur unternehmensübergreifenden Projektarbeit durch das entsendende Unternehmen, desto höher ist seine individuelle Leistungsbereitschaft.*

H (5b): *Je umfassender das Feedback zur unternehmensübergreifenden Projektarbeit durch das entsendende Unternehmen, desto kooperativer ist die Zusammenarbeit zwischen den Teammitgliedern.*

---

310 Vgl. Högl (1998), S. 103. Eine detaillierte Beschreibung des 360°-Feedbacks findet sich in Schuler (2004), S. 61ff. sowie in Spriestersbach et al. (2009), S. 48ff.

311 Zu weiteren Methoden und Arten der Beurteilung siehe Fersch (2002).

312 Jeder Perspektive, die sich i.d.R. aus dem Vorgesetzten, aus Kollegen, Mitarbeitern und der zu beurteilenden Person selbst ergeben, wird dabei ein Anteil von 90° zugewiesen. Vgl. Edwards/Ewen (2000), S. 20.

313 Zu den Anforderungen an die für das Beurteilungsverfahren in Frage kommenden Personen siehe Gerpott (2000), S. 357.

314 Die Quelle der Beurteilung ist somit personengebunden und subjektiver Herkunft und nicht länger objektiver Art.

3.2.6 Entscheidungsstrukturen und Anzahl der Kooperationspartner

Wie in Kapitel 2.1.2 beschrieben, überlagert die interorganisationale Projektorganisation temporär die Unternehmensorganisation. Da das Teammitglied sowohl in das interorganisationale Projektteam als auch in das eigene Unternehmen eingebunden ist, stellt es einen so genannten „Grenzmitarbeiter" („Boundary Spanner") dar (vgl. Abb. 3-3).[315] Während seiner Handlungen kann es nicht autark reagieren, sondern ist an die Entscheidungs- und Handlungsspielräume gebunden, die ihm seitens seiner Organisation eingeräumt werden.[316] Um dabei das Zusammenspiel zwischen dem Projekt und der permanenten Organisation sicherzustellen, müssen Zuständigkeiten, Ansprechpartner, Verantwortungen und Kompetenzen klar festgelegt werden.[317]

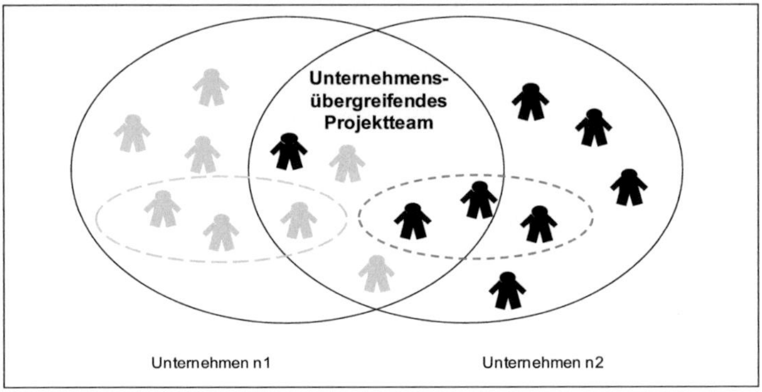

Abb. 3-3: Das Teammitglied als Grenzmitarbeiter[318]

Projektteams mit einer hohen Anzahl an beteiligten Kooperationspartnern weisen häufig Probleme im Entscheidungsfindungsprozess auf. Die Entscheidungsbefugnis nimmt daher bei der unternehmensübergreifenden Zusammenarbeit eine wichtige Rolle ein. Sie ist im Rahmen der Teamarbeit von personalwirtschaftlicher Relevanz, da sie die Leistungsmotivation der Teammitglieder beeinflussen kann.[319]

Im Verlauf der Projektarbeit müssen immer wieder zeitnah Entscheidungen im Team gefällt werden. Die Qualität und Schnelligkeit dieser Entscheidungen hängen von den unternehmensinternen Entscheidungsstrukturen ab. Relevante Unterschiede liegen vor allem in der Länge der Entscheidungswege vor, die wiederum durch die Anzahl

---

[315] Vgl. Stock (2003), S. 219.
[316] Vgl. Kern (2005), S. 138.
[317] Vgl. Patzak/Rattay (1998), S. 247 sowie Litke (2004), S. 63.
[318] In Anlehnung an Stock (2003), S. 219.
[319] Vgl. Krins (2008), S. 29.

der einzubindenden Entscheidungsträger bestimmt wird.[320] Liegt beispielsweise eine eingeschränkte Entscheidungsbefugnis für das Teammitglied vor, so ist dies mit einem hohen internen Kommunikationsaufwand verbunden, da der geringe Entscheidungsspielraum häufige interne Rücksprachen erfordert. Verfügt das Teammitglied hingegen über eine hohe Entscheidungsbefugnis, so werden die Entscheidungen tendenziell an den Ort des Geschehens, der unternehmensübergreifenden Teamarbeit, verlagert.

Die unternehmensabhängigen Entscheidungsstrukturen führen dazu, dass die einzelnen Teammitglieder unterschiedliche Befugnisse und Entscheidungskompetenzen besitzen. So kann beispielsweise ein Unternehmensvertreter eines mittelständischen Unternehmens innerhalb des Teams Entscheidungen treffen, für die hingegen ein Unternehmensvertreter aus einem großen Unternehmen, z. B. einem Konzern, über mehrere Hierarchieebenen hinweg Zustimmung einholen muss.[321] Die Organisation und Entscheidungsstruktur sowie die damit verbundenen Entscheidungsbefugnisse wirken direkt auf die Handlungsspielräume sowie auf die Formen der Zusammenarbeit. Wird das Teammitglied aufgrund mangelnder Entscheidungsbefugnis in seiner Interaktion mit den anderen Teammitgliedern eingeschränkt, so wird dies negative Auswirkungen auf seine Arbeitsmotivation und auf die unternehmensübergreifende Zusammenarbeit haben. Es werden daher folgende Annahmen getroffen:

H (6a): *Je größer die Entscheidungsbefugnis des Teammitglieds bei der unternehmensübergreifenden Projektarbeit, desto höher ist seine individuelle Leistungsbereitschaft.*

H (6b): *Je größer die Entscheidungsbefugnis des Teammitglieds bei der unternehmensübergreifenden Projektarbeit, desto kooperativer ist die Zusammenarbeit zwischen den Teammitgliedern.*

3.2.7 Homogenität der Teammitglieder

Die Teambesetzung stellt eines der elementaren Probleme der interorganisationalen Teamarbeit dar.[322] Bei der Teambesetzung spielen zahlreiche Faktoren eine wichtige Rolle. Je nach Aufgabenstellungen nehmen sie dabei einen unterschiedlichen Stellenwert ein.

Bezüglich der Zusammensetzung lassen sich zum einen homogene und heterogene Teams unterscheiden. Ein homogenes Team besteht ausschließlich aus Mitarbeitern

[320] Vgl. Kern (2005), S. 99.

[321] Vgl. Kern (2005), S. 138.

[322] Vgl. Litke (2004), S. 181f.

des gleichen Aufgabenbereiches, wie z. B. ein Produktentwicklungsteam, das ausschließlich aus Forschern und Entwicklern besteht. Heterogene Teams, so genannte funktionsübergreifende Teams (cross-functional teams), setzen sich hingegen aus Mitarbeitern unterschiedlicher Funktionsbereiche zusammen, wie z. B. aus Mitarbeitern aus Forschung und Entwicklung, Marketing und Produktion. Mitarbeiter mit unterschiedlichen fachlichen Qualifikationen arbeiten zusammen und entwickeln gemeinsame Lösungen. Häufig steht im Mittelpunkt der Untersuchungen, wie sich die Heterogenität der Gruppe auf die Teamleistung auswirkt. Hierbei kommen die Autoren zu unterschiedlichen Ergebnissen.[323] Durch die heterogene Zusammensetzung kann zum einen sichergestellt werden, dass vielfältige, funktionsübergreifende Impulse in die Teamarbeit eingebracht werden. Zum anderen kann ein direkter Zugang zu Expertenwissen sichergestellt werden, da Fähigkeiten und Erfahrungen einen positiven Einfluss auf die Leistung haben.[324] Zudem kann der unternehmens- und bereichsübergreifende Transfer der Ergebnisse durch eine intensive Zusammenarbeit erleichtert werden.[325] Andererseits birgt die Heterogenität ein hohes Potenzial für Konflikte.[326] Aufgrund des „Bereichsegoismus" tendieren die Teammitglieder als Repräsentanten eines Unternehmens dazu, Entscheidungen zum Vorteil ihres eigenen Unternehmens bzw. Bereichs zu fällen. Die Beteiligten gehen von unterschiedlichen Prämissen aus und setzen folglich andere Prioritäten.[327]

Je nach Aufgabenstellung sind die Teammitglieder stark voneinander abhängig und müssen zur Erfüllung ihrer Aufgabe intensiv miteinander kommunizieren. Ihre Arbeitsweise verlangt zu Abstimmungszwecken eine intensive Kommunikation mit Mitgliedern innerhalb des interorganisationalen Teams sowie mit „Nicht-Mitgliedern", d. h. mit Mitarbeitern aus ihrem eigenen Unternehmen, die nicht in das Team eingebunden sind. Häufig wird die Kommunikation dabei durch die unternehmensspezifischen Fachsprachen[328] erschwert. Weiterhin wird in der Literatur angeführt, dass das Aufeinandertreffen von unterschiedlichen „Gedankenwelten" einen effizienten Prozessablauf erschweren kann.[329] Dabei spielen die unternehmensspezifischen Unter-

---

323 Vgl. Litke (2004), S. 182, Beck (1996), S. 148ff.

324 Vgl. Campion et al. (1993), S. 828.

325 Vgl. Gladstein/Caldwell (1992), S. 332. Siehe auch Krins (2008), S. 30.

326 Vgl. Ghattas/McKee (2001), S. 106ff., Smith (2000), S. 18.

327 Vgl. Krins (2008), S. 30.

328 D. h. die Verwendung unterschiedlicher Worte für denselben Betrachtungsgegenstand oder die Verwendung von Akronymen.

329 Gladstein/Caldwell sprechen in diesem Fall von „thought worlds", vgl. hierzu Gladstein/Caldwell (1992), S. 323.

schiede, wie z. B. die Organisation oder technische Rahmenbedingungen eine wichtige Rolle.[330]

Homogenität bzw. Heterogenität bezüglich der Zusammensetzung der Teammitglieder kann auch auf die kulturelle Zusammensetzung bezogen werden.[331] *COX* (1991) differenziert hierbei zwischen monolithischen, pluralen und multikulturellen Teams (Arbeitsgruppen).[332] Das *monolithische* Team ist durch eine hohe Homogenität sowie durch eine geringe Integration der mengenmäßig kleinen Minderheit gekennzeichnet. Es liegt eine Dominanz der Mehrheitskultur vor, bei der die Diversität nur wenig beachtet wird.[333] Das *plurale* Team ist hingegen durch Minderheiten charakterisiert. Die Diversität kann dazu führen, dass eine Integration kaum stattfindet. Demnach entstehen in dem pluralen Team mehr Konflikte als in dem monolithischen. Teammitglieder werden in beiden Arbeitsformen dazu verleitet, die kulturellen Unterschiede als Instrument der Kategorisierung zu verwenden. Das *multikulturelle* Team ist sowohl durch eine positionsübergreifende vollständige soziale als auch kulturelle Integration gekennzeichnet.

Übertragen auf den Untersuchungsgegenstand der interorganisationalen Teamarbeit kann sich die kulturelle Zusammensetzung weiterhin zum einen auf das Ursprungsland der Teammitglieder beziehen, zum anderen kann sie die unterschiedlichen Unternehmenskulturen bzw. Unternehmensphilosophien betreffen (vgl. Abb. 3-4).[334]

Unter dem Begriff der Unternehmenskultur können Muster von gemeinsamen Wert- und Normenvorstellungen verstanden werden, „die über bestimmte Denk- und Verhaltensmuster Entscheidungen, Haltungen und Aktivitäten einer sozialen Gruppe beeinflussen".[335] Als Unternehmensphilosophie versteht *ULLRICH* (1977) ein System von Leitmotiven, deren Ausprägungen dabei von ethischen und moralischen Werthaltungen bestimmt werden.[336] Unterschiede in der Unternehmenskultur lassen sich sowohl im Hinblick auf Werte und Normen (z. B. über die Einstellung zu Wettbewerb, zum Produkt oder zum Gewinn) als auch im Hinblick auf spezifische Praktiken der Organisationsmitglieder (z. B. Sprache, Denkgewohnheiten, Rituale etc.) feststellen.[337] Insbesondere Ordnung und Verpflichtungen werden im Unternehmen weniger

---

330 Vgl. Kern (2005), S. 97.

331 Siehe zum Problemlösungsverhalten multikultureller Teams Jedrzejczyk (2007).

332 Vgl. zur Erläuterung der Einteilungen Cox (1991).

333 Vgl. hierzu und im Folgenden Köppel (2007), S. 36f.

334 Vgl. Kern (2005), S. 22, Neuberger/Kompa (1987).

335 Heinen/Dill (1986), S. 207.

336 Vgl. Ullrich (1977).

337 Deal/Kennedy gehen davon aus, dass sich Unternehmen in unterschiedliche Kategorien der Unternehmenskulturen einordnen lassen. Hierbei unterscheiden sie zwischen den vier Kulturtypen

durch formale Richtlinien und Anweisungen erzeugt, als vielmehr durch gemeinsame Sprache, Ideologie, Glaubensüberzeugung oder Rituale. Durch Lern- und Sozialisationsprozesse wird diese Unternehmenskultur erworben, was dazu führt, dass sich Unternehmen in charakteristischer Weise voneinander unterscheiden. Die in den Leitmaximen manifestierten Grundeinstellungen sowie die gemeinsam geteilten Überzeugungen prägen das Selbstverständnis des Unternehmens und werden insofern gelebt, dass sie die Basis des unternehmerischen Handelns darstellen. Die Unternehmenskultur und -philosophie stellen somit das kognitiv entwickelte Wissen, die Fähigkeiten des Unternehmens sowie die gefühlsmäßig geprägten Einstellungen der Mitarbeiter im Hinblick auf die Aufgaben, Kollegen, Produkte und Führung dar.[338] Die unternehmensspezifischen akzeptierten Spielregeln und Verhaltensnormen bestimmen folglich das Agieren des Unternehmensmitarbeiters innerhalb des interorganisationalen Teams.[339]

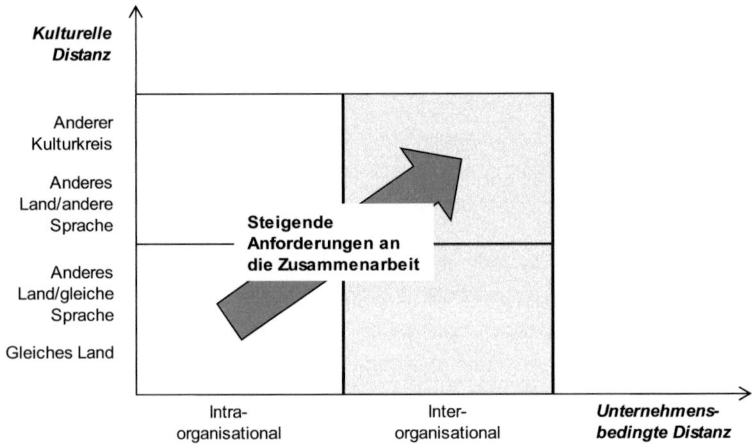

Abb. 3-4: Portfolio zur Charakterisierung der kulturellen Ausprägung[340]

Kulturelle Unterschiede zwischen den kooperierenden Unternehmen können sich als Problem erweisen, wenn die von den Kooperationspartnern erwarteten Gemeinsamkeiten nicht vorliegen.[341] Viele Konflikte in interorganisationalen Teams resultieren nicht aus einem fachlichen Problem, sondern aus den Unterschieden zwischen den

Harte-Arbeit-viel-Spaß-Kultur, Verfahrenskultur, Macho-Kultur und Risiko-Kultur. Siehe hierzu Deal/Kennedy (1987), S. 151ff.

338 Vgl. Neuberger/Kompa (1987), S. 17ff.

339 Vgl. Schierenbeck/Wöhle (2008), S. 75.

340 In Anlehnung an Kern (2005), S. 22.

341 Vgl. Köppel (2007), S. 195.

Mitarbeitern im Hinblick auf ihre Denkweise, Werte und auf ihre gelernten Verhaltensweisen, die dazu führen, dass Situationen unterschiedlich gesehen, beurteilt und bearbeitet werden.[342] Sie haben einen starken Einfluss auf die Arbeitseinstellung und die Arbeitsmethodik der Partner. Dies äußert sich beispielsweise im Kommunikationsverhalten, im Arbeitstempo sowie im Setzen unterschiedlicher Prioritäten.[343] Vor diesem Hintergrund werden folgende Annahmen getroffen:

H (7a): *Je homogener die Zusammensetzung des unternehmensübergreifenden Projektteams, desto höher ist die individuelle Leistungsbereitschaft des Teammitglieds.*

H (7b): *Je homogener die Zusammensetzung des unternehmensübergreifenden Projektteams, desto kooperativer ist die Zusammenarbeit zwischen den Teammitgliedern.*

3.2.8 Mehrfachbelastung des Teammitglieds

Ein weiterer wichtiger Aspekt, der im Hinblick auf die Konstellation der interorganisationalen Teamarbeit betrachtet werden muss, ist die zeitliche Einbindung des Teammitglieds. Generell kann es Vollzeit oder Teilzeit in einem Projekt arbeiten. Verwendet der Mitarbeiter seine gesamte Arbeitszeit für die Erfüllung der Teamaufgabe (Vollzeit), so stellt sich nach Beendigung seiner Teamarbeit die Frage nach seiner Re-Integration in das Unternehmen. Arbeitet der Mitarbeiter hingegen nur zeitweise (z. B. Teilzeit) in dem Projekt, so liegt eine Mehrfachbelastung des Teammitglieds vor. Mitglieder sind meistens gefordert, zusätzlich zu einer vollen Arbeitsbelastung an ihren Teamaufgaben zu arbeiten. Dabei wird ihnen oft mehr Arbeit zugeteilt, als sie zu bewältigen im Stande sind.

Häufig führen Unternehmen auch mehrere Projekte gleichzeitig durch, so dass insbesondere in kleinen und mittelständischen Unternehmen Mitarbeiter aufgrund knapper personeller Ressourcen in verschiedenen Projekten gleichzeitig arbeiten müssen. Die Projekte unterscheiden sich dabei hinsichtlich verschiedener Kriterien, wie

---

342 Vgl. Ridder (1999), S. 538ff., Kern (2005), S. 98.

343 Es sei an dieser Stelle angemerkt, dass die in der Teamarbeit angestrebten persönlichen Ziele des Mitarbeiters einen großen Einfluss auf seine Leistungsbereitschaft während der Teamarbeit haben können. So ist der Beitrag eines Teammitglieds, das die Arbeit im interorganisationalen Team als Karrierechance ansieht, indem es seine Kompetenzen ausbaut, um sich anschließend intern besser vermarkten zu können, in der Regel durch eine opportunistische Verhaltensweise gekennzeichnet, die eher auf ein Suboptimum ausgerichtet ist. Entsendet das Unternehmen hingegen seinen Mitarbeiter als Unternehmensrepräsentanten und sieht die zu besetzende Position als nicht entscheidend an, so kann sich dies negativ auf die Leistungsbereitschaft des Mitarbeiters auswirken. Der Beweggrund für die Teambesetzung ist den Teammitgliedern zwar häufig nicht bekannt, spielt aber für die Arbeitsmotivation eine nicht unbedeutende Rolle.

z. B. Komplexität, Bedeutung, Interdisziplinarität, Risiko sowie Schwierigkeit und Umfang.[344] In der Regel entstehen aufgrund der Unterschiedlichkeit Interdependenzen und Konkurrenzsituationen zwischen den Projekten, wenn diese parallel auf die knappen Ressourcen zugreifen müssen. Die Mehrfachbelastung durch die Bearbeitung projektfremder Verpflichtungen kann unterschiedliche Ausprägungen haben. Zum einen können diese Arbeitssituationen schnell einen inneren Konflikt (Rollenkonflikt) auslösen, da der Mitarbeiter seine Leistungspotenziale einteilen muss.[345] Zum anderen können sie zu einer verminderten Erreichbarkeit der Teammitglieder führen, was sich wiederum in einer Reduktion und Formalisierung der Kommunikation sowie einer Verzögerung der notwendigen Abstimmung niederschlägt.[346] Es wird daher im Folgenden von einer negativen Wirkung der Mehrfachbelastung sowohl auf die individuelle Leistungsbereitschaft als auch auf die Zusammenarbeit ausgegangen. Es werden folgende Hypothesen aufgestellt:

H (8a): *Je stärker die Mehrfachbelastung des Teammitglieds bei der unternehmensübergreifenden Projektarbeit, desto niedriger ist seine individuelle Leistungsbereitschaft.*

H (8b): *Je stärker die Mehrfachbelastung des Teammitglieds bei der unternehmensübergreifenden Projektarbeit, desto stärker ist die negative Wirkung auf die kooperative Zusammenarbeit zwischen den Teammitgliedern.*

3.3 Kooperative Zusammenarbeit

Ziel dieses Kapitels ist es, den Begriff der kooperativen Zusammenarbeit weiter zu konkretisieren. Hierzu werden die drei Komponenten „Kommunikationsstruktur“, „Informationsaustausch und Vertrauen“ und „Engagement“ als Indikatoren für die Ausprägung der kooperativen Zusammenarbeit herangezogen. Nachfolgend werden diese näher erläutert.

Kommunikationsstruktur

Bei der Zusammenarbeit von Unternehmen im interorganisationalen Team entsteht ein beachtlicher Informations- und Kommunikationsbedarf.[347] Die von *BRODBECK* durchgeführten Untersuchungen zur Kommunikation und Leistung in Projektarbeitsgruppen haben gezeigt, dass eine hohe projektinterne Kommunikationsdichte in ei-

---

[344] Vgl. hierzu und im Folgenden Rickert (1995), S. 10f.

[345] Vgl. Högl (1998), S. 94.

[346] Vgl. Pinto et al. (1993), S. 1286.

[347] Vgl. hierzu Campion et al. (1993), S. 830 sowie im Allgemeinen Koller (1994).

nem positiven Zusammenhang mit der Projektleistung steht.[348] Hierzu bedarf es entsprechender Kommunikationsstrukturen und Kommunikationsmedien.

Damit ein Teammitglied seinen Leistungsbeitrag im Rahmen der interorganisationalen Teamarbeit zufriedenstellend erbringen kann, ist es auf eine gut funktionierende und leistungsfähige Kommunikationsstruktur angewiesen. Durch Kommunikation können Informationen und Wissen innerhalb des Teams zur Erfüllung der Aufgabe ausgetauscht werden. Dabei kann sie in unterschiedlicher Art und mit einer unterschiedlichen Intensität stattfinden.[349] Für die Beschreibung der teaminternen Kommunikation lassen sich vier Unterscheidungsmerkmale heranziehen: Kommunikationshäufigkeit, Formalisierungsgrad, Kommunikationsstruktur und Offenheit.[350]

Die Kommunikationshäufigkeit beschreibt die Häufigkeit, mit der die Teammitglieder Informationen und Wissen untereinander austauschen. Der Formalisierungsgrad hingegen beinhaltet die Spontaneität der Kommunikation. Dabei lässt er sich durch verschiedene Ausprägungen beschreiben. Ist die Kommunikation von einer längeren Planung und Vorbereitung begleitet, so wird dies als formale Kommunikation bezeichnet. Als Beispiel lässt sich der Informationsaustausch durch Protokolle oder Projektzwischenberichte anführen. Informelle Kommunikation liegt hingegen vor, wenn diese spontan erfolgt, wie z. B. in einem ungeplanten Gespräch zwischen den Teammitgliedern. Der Formalisierungsgrad ist weitgehend unabhängig vom genutzten Kommunikationsmedium. Spontane informelle Telefonate können ebenso zum Austausch von Informationen und Wissen genutzt werden, wie vorher verabredete Telefonkonferenzen.[351] Das gleiche gilt für die schriftliche Kommunikation, die einerseits über spontane E-Mails und andererseits über regelmäßige Projektzwischenberichte erfolgen kann.

Im Hinblick auf die Kommunikationsstruktur wird zwischen einer direkten und einer indirekten Kommunikation zwischen den einzelnen Teammitgliedern unterschieden. Bei einer direkten Kommunikationsstruktur wird im Gegensatz zur indirekten Kommunikationsstruktur auf eine Mittelsperson, wie z. B. den Teamleiter, verzichtet. Stattdessen findet der Informationsaustausch, in Abhängigkeit von der Aufgabe und dem jeweiligem Leistungsbeitrag, direkt zwischen den Teammitgliedern statt.[352] Durch eine direkte Kommunikation können Fehlerquellen reduziert und die Übermittlung von Informationen beschleunigt werden. Wird bei der indirekten Kommunikation

[348] Im Fokus seiner Untersuchungen standen Softwareentwicklungsprojekte. Vgl. hierzu Brodbeck (1993). Siehe auch Leavitt (1951).

[349] Vgl. Thom (1980), S. 282ff.

[350] Vgl. Högl (1998), S. 78 sowie Schröder (2003), S. 79.

[351] Vgl. zu formellen und informellen Kommunikationsstrukturen Stärkle/Jäger (1972), S. 662f.

[352] Vgl. Leavitt (1951), S. 38, Stärkle/Jäger (1972), S. 661 sowie Högl (1998), S. 79.

ein Vermittler eingeschaltet, so lässt dieser je nach Aufgabenbereich dem entsprechenden Teammitglied gezielt die Informationen zukommen.

Zusammenfassend kann daher hinsichtlich der Teamkommunikation festgehalten werden, dass sich eine kooperative Zusammenarbeit innerhalb des unternehmensübergreifenden Projektteams durch häufige, informelle und offene Kommunikation auszeichnet, in der Ideen und Anregungen spontan mit anderen Teammitgliedern angedacht, diskutiert und ggf. wieder verworfen werden können.[353]

Informationsaustausch und Vertrauen

Der Austausch von Daten, Informationen und Wissen stellt eine entscheidende Voraussetzung für die kooperative Zusammenarbeit in interorganisationalen Projektteams dar.[354] Die Qualität der Informationsflüsse beeinflusst dabei in hohem Maße die Qualität der gesamten Teamleistung. Während der unternehmensübergreifenden Zusammenarbeit erzeugen die verschiedenen Partner unabhängig voneinander Daten und Informationen, die für die anderen Partner und für das Fortschreiten der Projektarbeit von Relevanz sind.[355] Hierbei handelt es sich neben Daten, die unmittelbar mit der Aufgabe zu tun haben, auch um Daten und Informationen über den Bearbeitungsstatus. Die Bedeutung und der Wert des Informationsbedarfs lassen sich nur durch den Empfänger der Informationen bestimmen.

Der Informationsaustausch in interorganisationalen Teams verläuft aber nicht immer problemlos, da die Intensität und die Qualität des Informationsaustausches durch das herrschende Vertrauen und die Offenheit zwischen den Teammitgliedern bestimmt werden.[356] Hierbei wird Vertrauen als die Bereitschaft eines Akteurs verstanden, Beziehungen mit einem anderen Akteur einzugehen, da er davon ausgeht, dass diese Beziehungen mit Vorteilen verbunden sind – ohne jedoch eine Garantie dafür zu haben.[357] Das Vertrauen der Akteure wird durch unterschiedliche Situationen geprägt und basiert auf persönlichen Erfahrungen.[358] Wird dabei ökonomische Rationalität unterstellt, so wird Vertrauen nur dann gewährt, wenn der Erwartungswert der Gewinnchancen den Erwartungswert der Verlustrisiken bei Vertrauensmissbrauch über-

---

353 Vgl. Pinto/Pinto (1990).

354 Vgl. Picot et al. (1998), S. 295ff., Polis (2003), S. 55ff.

355 Vgl. Kern (2005), S. 129.

356 Vgl. Gladstein (1984), S. 502, Pinto/Pinto (1990), S. 212.

357 Vgl. Child et al. (2005), S. 50, Dammer (2005), S. 38.

358 In der Literatur wird zwischen ontologischem, institutionellem und persönlichem Vertrauen unterschieden. Während sich das ontologische Vertrauen auf das individuelle Weltbild bezieht, das durch Erfahrungen und Kommunikation geprägt ist, definiert sich das institutionelle Vertrauen über die Funktionsfähigkeit der Organisation. Vgl. hierzu Kahle (1999), S. 10, Kowol (1998), S. 318, Schonert (2008), S. 142.

steigt.[359] Die Bereitschaft, Vertrauen aufzubringen, und die Erlaubnis, unternehmerisches Wissen zu teilen, wird von Unternehmensseite zudem von der herrschenden Wettbewerbsintensität zwischen den Kooperationspartnern bestimmt. Hierbei lassen sich die beiden Extreme „Teams mit geringem Wettbewerb“ von „Teams mit hohem Wettbewerb“ zwischen den Partnerunternehmen unterscheiden. Die Wettbewerbswirkung im Rahmen der unternehmensübergreifenden Zusammenarbeit kann demnach in förderlich, neutral und beschränkend differenziert werden.[360]

Eine kooperative und vertrauensvolle Teamarbeit setzt klare Spielregeln voraus, die von allen beteiligten Akteuren eingehalten werden müssen und bei Nicht-Einhaltung mit Sanktionen behaftet werden. Je stärker die interorganisationale Zusammenarbeit mit Komplexität behaftet ist, desto mehr Vertrauen muss von den Teilnehmern aufgebracht werden. Denn nur durch eine ausgeprägte Vertrauensbasis entsteht ein Spielraum für die Beteiligten, die Abläufe und Strukturen unter den gegebenen Rahmenbedingungen offener zu gestalten. Vertrauen und der Umgang mit Wissen und vertraulichen Daten stellen jedoch bei der unternehmensübergreifenden Zusammenarbeit ein großes Problem dar. In Abhängigkeit zur Projektaufgabe versuchen die Unternehmen, nur die für die Zusammenarbeit erforderlichen Informationen preiszugeben (so wenig wie möglich – so viel wie nötig). Damit die Mitarbeiter keine wichtigen Unternehmensdaten und -interna weitergeben, wird die Kommunikationsfreiheit der Teammitglieder durch starke Formalisierungen, z. B. durch vertragliche Regelungen (Verschwiegenheitserklärung) und Vorschriften eingeschränkt.

Eine kooperative Zusammenarbeit ist demnach durch Vertrauen gekennzeichnet und lässt sich durch einen regelmäßig stattfindenden Informations- und Wissensaustausch charakterisieren.

Engagement

Im Rahmen der Teamarbeit wird von den Mitgliedern eine bestimmte Verhaltensweise erwartet. Hierzu werden Normen definiert, die die Zielvorstellungen bzw. die geteilten Erwartungen der Teammitglieder bei der Zusammenarbeit widerspiegeln.[361] Die Norm stellt dabei eine Verhaltensanforderung an das Teammitglied dar. Weicht das Verhalten einzelner Teammitglieder von der Norm ab, so werden vom restlichen Team Sanktionen vorgenommen. Eine besondere Bedeutung kommt hierbei dem Arbeitseinsatz und dem Engagement der Teammitglieder zu. Dabei gilt es, das bereits in Kapitel 3.2.4 beschriebene Phänomen des „Shirking“, bei dem die Teammit-

359 Vgl. Möllering/Sydow (2006), S. 65.

360 Vgl. Müller-Stewens/Gocke (1995), S. 34f.

361 Vgl. Goodman et al. (1987), S. 152, Staehle (1999), S. 227.

glieder ihren eigenen Arbeitseinsatz verringern, zu vermeiden.[362] *ADAMS* weist in seiner auf der Zielsetzungstheorie basierenden Gerechtigkeitstheorie darauf hin, dass das Teammitglied bei dem Gefühl der Ungerechtigkeit sein Engagement zurückschraubt.[363]

Auch die Arbeitsteilung (Workload Sharing) nimmt bei der unternehmensübergreifenden Zusammenarbeit einen hohen Stellenwert ein. *BARNARD* zeigt in seinen Untersuchungen, dass das Teammitglied nur seinen Leistungsbeitrag erfüllt, wenn es einen positiven Anreiz-Beitrags-Saldo erreicht.[364] Nach *TJOSVOLD* (1995) ist eine kooperative Zusammenarbeit zwischen den Unternehmen zudem durch gegenseitiges Unterstützen gekennzeichnet. Dabei weist er darauf hin, dass es keinen Wettbewerb zwischen den Teammitgliedern geben darf, der eine offene Kommunikation und Zusammenarbeit behindern könnte. Stattdessen sollten Vorschläge und Beiträge der anderen Mitglieder respektiert und berücksichtigt werden.[365]

Zusammenfassend lässt sich festhalten, dass ein kooperativer Umgang zwischen den Teammitgliedern durch eine häufige, informelle und offene Kommunikation sowie durch einen regelmäßig stattfindenden Informations- und Wissensaustausch gekennzeichnet ist. Darüber hinaus pflegen die Teammitglieder bei der kooperativen Zusammenarbeit einen sich gegenseitig unterstützenden Umgang und weisen ein hohes Engagement auf. Dieser Zustand der Zusammenarbeit animiert das einzelne Teammitglied dazu, seinen Leistungsbeitrag zu erfüllen. Es lässt sich abschließend folgende Hypothese formulieren:

H (9): *Je kooperativer die Zusammenarbeit der Teammitglieder bei der unternehmensübergreifenden Projektarbeit, desto höher ist die individuelle Leistungsbereitschaft des Teammitglieds.*

3.4 Moderierende Variablen

Neben der zuvor beschriebenen Wirkungsbeziehung kann in komplexeren Kausalstrukturen die Stärke dieses Zusammenhangs durch eine oder mehrere moderierende Variablen beeinflusst werden. Diese Variable kann dabei die Stärke und/oder die Richtung der Beziehung zwischen zwei Variablen beeinträchtigen.[366] Auch die unternehmensübergreifende Projektarbeit wird durch eine Vielzahl von Faktoren beein-

---

362 Vgl. hierzu und im Folgenden Alchian/Demsetz (1972), S. 780f. und Latané et al. (1979), S. 830, Oelsnitz/Busch (2006), S. 65ff. und Bettenhausen (1991), S. 360f.

363 Vgl. Adams (1963), S. 422ff. sowie zur Erläuterung der Gerechtigkeitstheorie Kapitel 2.3.2.5.

364 Vgl. hierzu Barnard (1938, 1970).

365 Vgl. Tjosvold (1995), S. 90.

366 Vgl. Eggert et al. (2005), S. 102 sowie Hartmann/Moers (1999), S. 293f.

flusst. Im Folgenden werden basierend auf den in Kapitel 3.1 beschriebenen theoretischen Ansätzen die ausgewählten moderierenden Variablen Komplexität und Bedeutung der Projektaufgabe diskutiert.

3.4.1 Komplexität der Projektaufgabe

Projekte und die damit verbundenen Projektaufgaben weisen eine sehr heterogene Erscheinungsform auf, da sie sehr unterschiedlich ausgestaltet sein können. Ein besonders entscheidendes Merkmal stellt dabei die inhaltliche Ausrichtung des Projektes, d. h. die Projektaufgabe dar. Hierbei liegt meist eine funktionale Ausrichtung vor. So weisen Projektaufgaben z. B. in Innovations- und Forschungsprojekten oder Konstruktions- und Entwicklungsprojekten, einen stärkeren kreativen Bezug auf, als hingegen Projektaufgaben in IT-, Produktions- oder Logistikprojekten, die sich in der Regel mit Maßnahmen zur Kosten- oder Zeitersparnis oder zur Qualitätssicherung befassen.

Neben der funktionalen Ausrichtung der Projektaufgabe können verschiedene Aufgabencharakteristika einen potentiellen Einfluss auf die Teamleistung und auf die damit verbundene individuelle Leistungsbereitschaft ausüben. Die Komplexität der Aufgabe erweist sich dabei als wesentliche Eigenschaft mit deren Hilfe unterschiedliche Autoren eine Projektaufgabe häufig unterscheiden.[367] Zudem zeigt *GLADSTEIN* in ihrer Arbeit, dass die Komplexität der Gruppenaufgabe einen starken Einfluss auf die Gruppeneffektivität haben kann.[368] Daher soll im Folgenden die Komplexität der Projektaufgabe näher betrachtet werden.

Dem Begriff Komplexität liegt in seiner Verwendung kein einheitliches Verständnis zugrunde. Die Interpretationen weichen je nach Forschungsziel und -methodik stark voneinander ab.[369] Komplexität soll im Folgenden als eine Eigenschaft verstanden werden, die durch die Anzahl und Vielfalt der Elemente, ihrer Beziehungen untereinander bestimmt wird.[370] Eine zunehmend komplexe Aufgabe lässt sich durch intensive Kommunikation und Abstimmung zwischen den beteiligten Teammitgliedern identifizieren. Es ist eine stärkere Interdisziplinarität gefordert, welche mit einem erhöhten Abstimmungsaufwand zwischen den Teammitgliedern verbunden ist, um die Projektaufgabe bearbeiten zu können.[371]

---

367 Vgl. Adams (2006), S. 39f.

368 Vgl. Gladstein (1984).

369 Vgl. zum Komplexitätsbegriff Kersten/Meyer (2005).

370 Vgl. Meyer (2007), S. 24.

371 Vgl. Gladstein (1984), S. 501.

Erfordert die Bearbeitung der Projektaufgabe zudem eine internationale Zusammenarbeit, so ist dies ebenfalls mit einer steigenden Komplexität verbunden. Weiterhin kennzeichnet der Innovations- bzw. Neuigkeitsgrad des zu bearbeitenden Projektes die Komplexität der Aufgabe für das entsprechende Unternehmen. Handelt es sich um eine wiederholte oder standardisierte Projektaufgabe, so kann z. B. auf bestehendes Erfahrungswissen über Prozesse und Produkte oder über die Arbeitsweise der Projektpartner zurückgegriffen werden. Ist der Gegenstand des Projektes hingegen etwas Neues für das Unternehmen, so erfordert die Projektarbeit zunächst eine lange Einarbeitungs- und Eingewöhnungsphase des einzelnen Teammitglieds, bis sich projektspezifische Abläufe etabliert haben.

Weiterhin wird die Komplexität der Projektaufgabe durch die Zuständigkeiten bei vorliegender Aufgabenteilung charakterisiert. Allgemein kann bei der Aufgabenteilung zwischen einer Funktionsgemeinschaft und einer Funktionsteilung (Funktionsspezialisierung) differenziert werden.[372] Nach *BOEHME* handelt es sich um eine Funktions- oder Projektgemeinschaft, wenn die (Teil-)Funktionen des Teammitglieds gebündelt und im Rahmen der unternehmensübergreifenden Zusammenarbeit zusammengefasst sowie die benötigten Ressourcen gepoolt oder geteilt in die Teamarbeit einfließen.[373] So können die Teammitglieder beispielsweise im Rahmen eines unternehmensübergreifenden Forschungs- und Entwicklungsprojektes die Entwicklung des Produktes bei ergänzender Kenntnis im Pool gemeinsam durchführen.[374] Eine Funktionsteilung liegt hingegen vor, wenn einzelne Abschnitte oder einzelne Stufen einer Funktionskette von einem Teammitglied für alle anderen bearbeitet werden. Im Sinne der Funktionsspezialisierung wird die gesamte Teamaufgabe für die einzelnen Teammitglieder aufgeteilt. Der Umfang der Spezialisierung wird durch die Anzahl der unterschiedlichen Teilaufgaben bestimmt, die aus der Arbeitsleistung resultieren.[375] Sind bei der Projektaufgabe die zu bearbeitenden Teilaufgaben und Zuständigkeiten der einzelnen Teammitglieder nicht klar geregelt, so kann dies eine negative Auswirkung auf die Zusammenarbeit zwischen den Teammitgliedern sowie auf die Leistungsbereitschaft des einzelnen Teammitglieds haben. Aufgrund der unklaren Zuständigkeit müssen einzelne Prozessschritte öfter abgestimmt werden, was die Komplexität weiter erhöht. Bearbeitet hingegen jedes Teammitglied ihm klar zugewiesene Projektaufgaben oder -abschnitte, so reduziert sich der Abstimmungs- und damit verbundene zeitliche Aufwand.

---

372 Vgl. hierzu Figge (1999), S. 39ff., der vor dem Hintergrund horizontaler Entwicklungskooperationen zwischen Funktions- und Projektgemeinschaften, Funktionsteilung und Funktionsspezialisierung differenziert.

373 Vgl. Boehme (1986), S. 34f.

374 Vgl. Figge (1999), S. 39f.

375 Vgl. Bullinger/Warschat (1997), S. 47f.

Abschließend ist somit festzuhalten, dass mit zunehmender Komplexität der Projektaufgabe höhere Anforderungen an die Zusammenarbeit zwischen den beteiligten Projektpartnern gestellt werden. Aufgrund der höheren Anforderungen fällt die positive Wirkung auf die individuelle Leistungsbereitschaft zwangsläufig geringer aus. Zusammenfassend lässt sich daher folgende Hypothese postulieren:

H (10): *Die positive Wirkung der kooperativen Zusammenarbeit der Teammitglieder auf die individuelle Leistungsbereitschaft des Teammitglieds fällt in einem unternehmensübergreifenden Projekt mit einer hohen Komplexität der Projektaufgabe geringer aus als in einem Projekt, bei dem die Projektaufgabe eine niedrige Komplexität aufweist.*

3.4.2 Bedeutung der Projektaufgabe

Neben der Ausprägung der Projektaufgabe spielt auch die Bedeutung der Projektaufgabe eine wichtige Rolle.[376] Wie die Zwei-Faktorentheorie von *HERZBERG* zeigt, stellt die Anerkennung der Leistung durch andere einen wichtigen Motivator (Satisfaktor) für das individuelle Leistungsverhalten dar.[377] Auch *EVANS* betont in seiner Weg-Ziel-Theorie die Bedeutung des Projektziels und folglich der Projektaufgabe für die Zufriedenheit des Mitarbeiters.[378]

In Bezug auf die Bedeutung der Projektaufgabe ist hierbei zwischen den beiden Zielgruppen der Weisungsbefugten, wie z. B. der Geschäftsführung oder dem Vorstand und dem weisungsgebundenen Mitarbeiter, dem Teammitglied selbst, zu differenzieren. Entscheidet der Erfolg der unternehmensübergreifenden Projektarbeit beispielsweise über die zukünftige Wettbewerbsfähigkeit des Unternehmens, so ist der Verlauf der Zusammenarbeit für Geschäftsführung und Vorstand bzw. für Bereichs- oder Abteilungsleiter von großer Bedeutung. Wird im Rahmen der unternehmensübergreifenden Projektarbeit beispielsweise in einem F&E-Team ein neues Produkt entwickelt, so sind mit der Neueinführung des Produktes ein steigender Absatz sowie höhere Unternehmensumsätze verbunden. Der Fortschritt sowie die Resultate der Zusammenarbeit werden deshalb regelmäßig von der Geschäftsführung angefordert und überprüft.[379]

---

376 Vgl. Campion et al. (1996), Lechler (1997), S. 230, Cremer (2002), S. 571 und S. 575. Zur Bedeutung der Aufgabe siehe auch Campion et al. (1993), S. 848, Gladstein/Caldwell (1990), S. 126 sowie Köppel (2007), S. 355.

377 Zur detaillierten Erläuterung der Zwei-Faktorentheorie von Herzberg siehe Kapitel 2.3.1.2 sowie Herzberg et al. (1959).

378 Siehe hierzu Evans (1970) sowie die Ausführungen zur Weg-Ziel-Theorie in Kapitel 2.3.2.1.

379 Zum Berichtswesen siehe Hopfenbeck (2002), S. 803ff.

Als weiteres Beispiel seien Organisationsentwicklungs- oder Strategieteams angeführt, deren Aufgabe es ist, die zukünftige Ausrichtung des Unternehmens zu analysieren.[380] Auch in diesem Fall erlangt die Projektaufgabe eine hohe Bedeutung, welches dem Teammitglied aufgrund des kontinuierlichen Interesses der Geschäftsleitung an dem Projektverlauf einen Anreiz bietet, sich stärker bei der Zusammenarbeit zu engagieren. Die hohe Bedeutung der Projektaufgabe motiviert das Teammitglied, die Zusammenarbeit zwischen den Teammitgliedern zu intensivieren. Ist die Projektaufgabe hingegen von geringer Bedeutung für das Unternehmen und weckt daher nicht das Interesse der oberen Unternehmenshierarchien, kann dieses den Anreiz des Teammitglieds, sich bei der Zusammenarbeit zu engagieren, mindern.[381]

Weiterhin spielt die Dauer und Intensität der Kooperation bei der Bedeutung der Projektaufgabe eine wichtige Rolle. Hinsichtlich der Laufzeit lassen sich allgemein befristete Kooperationen von unbefristeten unterscheiden. Erstere lassen sich weiter in kurz-, mittel- und langfristige Kooperationen differenzieren, letztere, unbefristete Kooperationen, sind hingegen auf Dauer angelegt.[382] Besteht eine kooperative Verflechtung zwischen den Unternehmen bereits über einen längeren Zeitraum, so gewinnt sie immer mehr an Bedeutung, da durch die jahrelange Zusammenarbeit Ressourcen langfristig gebunden und gleichzeitig ein Mehrwert geschaffen wird.

Die Projektaufgabe kann darüber hinaus auch für das individuelle Teammitglied von persönlicher Bedeutung sein. Durch die Bearbeitung der Projektaufgabe erlangt das Teammitglied die Möglichkeit, sich weiterzubilden, seinen Expertenstatus auszubauen sowie seine Vorgesetzten von seinem Leistungsbeitrag zu überzeugen. Neben neuen geschäftlichen Kontakten, verbessert das Teammitglied zudem bei erfolgreicher Bearbeitung seine Position im eigenen Unternehmen (Karriere) und erweitert seinen Spielraum für zukünftige Gehaltsverhandlungen oder Stellenbesetzungen. Ist die Projektaufgabe für das Teammitglied von hoher Bedeutung, wird sein kooperatives Verhalten durch eine hohe Eigenmotivation gefördert. Zusammenfassend lässt sich folgende Hypothese aufstellen:

H (11): *Die positive Wirkung der kooperativen Zusammenarbeit der Teammitglieder auf die individuelle Leistungsbereitschaft des Teammitglieds fällt in einem unternehmensübergreifenden Projekt, bei dem die Projektaufgabe von hoher Bedeutung ist, höher aus als bei einem Projekt, bei dem die Projektaufgabe von geringer Bedeutung ist.*

---

380 Zur Erläuterung von Strategieteams siehe Kapitel 2.1.3. sowie Sundstrom et al. (1990) oder Mankin et al. (1996).

381 Vgl. zu Anreizen Kapitel 3.2.2 sowie Wischer (2005), S. 55, Schneider (1993), S. 17f.

382 Vgl. Friese (1998), Becker et al. (2007), Luczak et al. (1995), Sydow/Windeler (2000).

3.5 Individuelle Leistungsbereitschaft

Als Indikatoren für die Beurteilung der individuellen Leistungsbereitschaft werden im Folgenden die Motivation, die Arbeitszufriedenheit und die Wiederholung der unternehmensübergreifenden Teamarbeit verwendet.

Motivation

Die Motivation wird definiert als „die Gesamtheit ein oder mehrerer Motive, die in einer spezifischen Situation zu einer Handlung führen".[383] Dabei ist zwischen der extrinsischen und intrinsischen Motivation zu differenzieren.[384] Die Unterscheidung der beiden Motivationsarten bezieht sich darauf, dass die intrinsische Motivation als Mittel zum Zweck der Bedürfnisbefriedigung betrachtet wird, wohingegen die extrinsische Motivation auf unmittelbare Weise dazu beiträgt.[385]

Die extrinsische Motivation wird durch äußeren Antrieb, d. h. nicht aus eigenem innerem Anlass verursacht. Sie wird durch Faktoren erzeugt, die außerhalb des eigentlichen Arbeitsinhaltes liegen und ist umweltabhängig. Die Motive beziehen sich dabei auf die Belohnung, die erteilt wird, wenn ein zuvor vereinbartes Ziel erreicht wurde (Belohnungsmotivation).[386] Erhält der Mitarbeiter eine Befriedigung seiner Bedürfnisse aus den Folgen oder den Begleitumständen seiner Arbeitstätigkeit, wie z. B. der Vergütung oder durch Status und Anerkennung, so ist er extrinsisch motiviert.[387] Die Motivation hängt daher stark von dem betrieblichen Anreizsystem ab, denn der Mitarbeiter strebt äußere Belohnungen an und richtet sein Leistungsverhalten dementsprechend aus.[388] Im Gegensatz zur intrinsischen Motivation werden bei der extrinsischen Motivation materielle und immaterielle Anreize von außen gesetzt.[389] Ein Handeln lässt sich hingegen auf intrinsische Motivation zurückführen, wenn die Handlung (Mittel) und das Handlungsziel (Zweck) thematisch übereinstimmen.

Die intrinsische Motivation erfolgt durch die Arbeitstätigkeit bzw. die Arbeitsinhalte selbst, d. h. die Tätigkeit wird um ihrer selbst Willen ausgeführt (Sachmotivation). Ein Mitarbeiter, der in der Bewältigung seiner anspruchsvollen Aufgabe selbst Befriedigung findet, ist beispielsweise intrinsisch motiviert. Aus seinem Verhalten heraus und

---

383 Raulin (1996), S. 20.

384 Rosenstiel und Comelli betonen, dass zur Motivation neben einer motivierten Person auch eine motivierende Situation geschaffen werden muss. Vgl. hierzu Rosenstiel/Comelli (2003), S. 8f. sowie Schnell (1999), S. 76.

385 Vgl. Schanz (1991), S. 15, Kleinbeck/Quast (1992), Sp. 1420ff.

386 Vgl. Becker (1990), S. 9 sowie Cremer (2002), S. 82.

387 Zur Leistungsvergütung siehe Bernard (2006) sowie Bohnet/Oberholzer-Gee (2000).

388 Vgl. Becker (1994), S. 933 sowie Osterloh et al. (1999), S. 1252.

389 Vgl. zu materiellen und immateriellen Anreizen Kapitel 3.2.2 und Kapitel 3.4.

aus eigenem Antrieb entwickelt er intrinsische Motive.[390] Die intrinsische Motivation ergibt sich aus persönlichen Erfolgen und Misserfolgen, die der Mitarbeiter erlebt hat. Erfolgreiche Leistung führt demnach zu Zufriedenheit und hat eine erhöhte Motivation zur Folge. Der Mitarbeiter ist mit seiner Arbeit persönlich zufrieden und kann als intrinsisch motiviert bezeichnet werden. Es lässt sich somit festhalten, dass die individuelle Leistungsbereitschaft des Teammitglieds demnach durch eine hohe intrinsische Motivation gekennzeichnet ist.

Arbeitszufriedenheit und Wiederholung der Teamarbeit

Die Arbeitszufriedenheit stellt einen emotionalen Zustand dar, der eintritt, wenn „die Konsequenzen […] eines bestimmten, motivierenden Verhaltens den gehegten Erwartungen entsprechen oder sie übertreffen".[391] Werden diese Erwartungen hingegen nicht erreicht, so entsteht Unzufriedenheit. Ähnlich wie der Gleichgewichtszustand nach *ADAMS* resultiert auch die (Un-)Zufriedenheit aus einer Soll-Ist-Differenz, d. h. zwischen dem eigenen Anspruchsniveau (Erwartungen) und der erlebten Bedürfnisbefriedigung bzw. Erwartungserfüllung.[392] In Abhängigkeit zum vorgelagerten Vergleichs- und Zurechnungsprozess tritt die Arbeitszufriedenheit in differenzierten Erscheinungsformen auf.

Liegt aufgrund schlechter Erfahrung in der Teamarbeit wiederholte Unzufriedenheit beim Teammitglied vor, so kann die Motivation, im Rahmen der unternehmensübergreifenden Projektarbeit einen Leistungsbeitrag zu erbringen, negativ beeinflusst werden. Um die Arbeitszufriedenheit des Teammitglieds langfristig aufrechtzuerhalten, ist es daher notwendig, dass das Teammitglied überwiegend positive Erfahrungen mit der Zusammenarbeit in interorganisationalen Teams verbindet. Weist das Teammitglied eine Präferenz für die Teamarbeit auf, ist es eher zufrieden und arbeitet effizienter im Team.[393]

Die individuelle Leistungsbereitschaft zeichnet sich demnach zum einen durch eine hohe Motivation und Arbeitszufriedenheit und zum anderen dadurch aus, dass das Individuum aufgrund seiner bisherigen gemachten positiven Erfahrungen dazu bereit ist, die Zusammenarbeit im interorganisationalen Projektteam zu wiederholen.

---

390 Vgl. Gebert/Rosenstiel (1996), S. 55.

391 Berthel/Becker (2003), S. 53.

392 Vgl. Staehle (1999), S. 255, Högl (1998), S. 76f.

393 Vgl. hierzu Cummings (1981), Hackman/Oldham (1980) sowie Campion/Medsker/Higgs (1993), S. 828.

3.6 Hypothesensystem und Modellstruktur im Überblick

Nachdem die Herleitung der Hypothesen im vorangegangenen Abschnitt beschrieben wurde, sollen die nachfolgenden Abbildungen die Hypothesen noch einmal zusammenfassend darstellen. Da sowohl die direkte Wirkung der Gestaltungsvariablen der Personalführung und der Teamkonstellation als auch ihre indirekte Wirkung über die kooperative Zusammenarbeit der Teammitglieder untersucht werden, erfolgt zur besseren Übersicht eine Aufteilung auf die beiden folgenden Darstellungen.

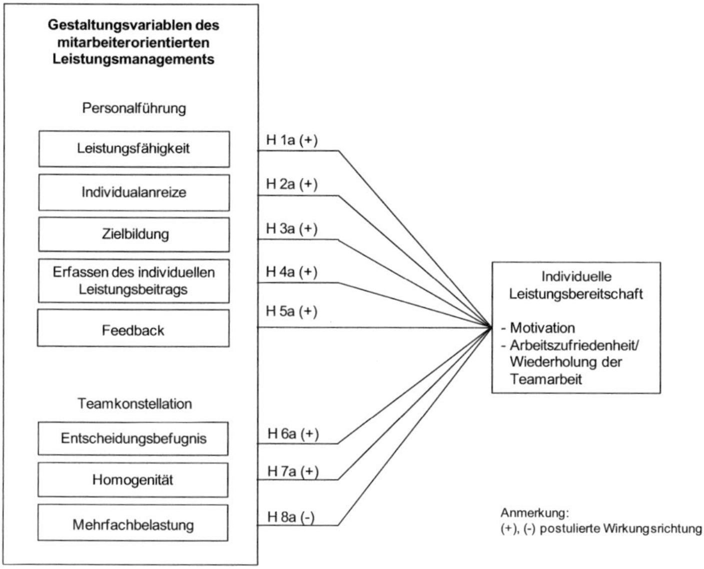

Abb. 3-5: Direkter Einfluss der Gestaltungsvariablen auf die individuelle Leistungsbereitschaft

H (1a): *Je ausgeprägter die Fähigkeiten des Teammitglieds bei der unternehmensübergreifenden Projektarbeit, desto höher ist seine individuelle Leistungsbereitschaft.*

H (2a): *Je stärker die vom entsendenden Unternehmen gewährten Anreize bei der unternehmensübergreifenden Projektarbeit auf das einzelne Teammitglied ausgerichtet sind, desto höher ist seine individuelle Leistungsbereitschaft.*

H (3a): *Je intensiver die Einbindung des Teammitglieds in den Zielbildungsprozess bei der unternehmensübergreifenden Projektarbeit, desto höher ist seine individuelle Leistungsbereitschaft.*

H (4a): *Je individueller der Leistungsbeitrag bei der unternehmensübergreifenden Projektarbeit zugeordnet werden kann, desto höher ist die individuelle Leistungsbereitschaft des Teammitglieds.*

H (5a): *Je umfassender das Feedback für das Teammitglied zur unternehmensübergreifenden Projektarbeit durch das entsendende Unternehmen, desto höher ist seine individuelle Leistungsbereitschaft.*

H (6a): *Je größer die Entscheidungsbefugnis des Teammitglieds bei der unternehmensübergreifenden Projektarbeit, desto höher ist seine individuelle Leistungsbereitschaft.*

H (7a): *Je homogener die Zusammensetzung des unternehmensübergreifenden Projektteams, desto höher ist die individuelle Leistungsbereitschaft des Teammitglieds.*

H (8a): *Je stärker die Mehrfachbelastung des Teammitglieds bei der unternehmensübergreifenden Projektarbeit, desto niedriger ist seine individuelle Leistungsbereitschaft.*

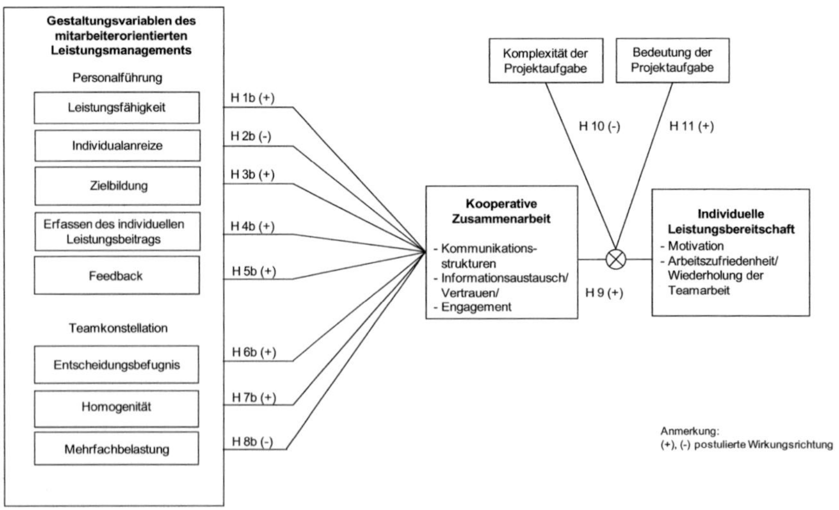

Abb. 3-6: Indirekter Einfluss der Bezugselemente auf die individuelle Leistungsbereitschaft

H (1b): *Je ausgeprägter die Fähigkeiten des Teammitglieds bei der unternehmensübergreifenden Projektarbeit, desto kooperativer ist die Zusammenarbeit zwischen den Teammitgliedern.*

H (2b): *Je stärker die vom entsendenden Unternehmen gewährten Anreize bei der unternehmensübergreifenden Projektarbeit auf das einzelne Teammitglied ausgerichtet sind, desto stärker ist die negative Wirkung auf die kooperative Zusammenarbeit zwischen den Teammitgliedern.*

H (3b): *Je intensiver die Einbindung des Teammitglieds in den Zielbildungsprozess bei der unternehmensübergreifenden Projektarbeit, desto kooperativer ist die Zusammenarbeit zwischen den Teammitgliedern.*

H (4b): *Je individueller der Leistungsbeitrag im Rahmen der unternehmensübergreifenden Projektarbeit zugeordnet werden kann, desto kooperativer ist die Zusammenarbeit zwischen den Teammitgliedern.*

H (5b): *Je umfassender das Feedback zur unternehmensübergreifenden Projektarbeit durch das entsendende Unternehmen, desto kooperativer ist die Zusammenarbeit zwischen den Teammitgliedern.*

H (6b): *Je größer die Entscheidungsbefugnis des Teammitglieds bei der unternehmensübergreifenden Projektarbeit, desto kooperativer ist die Zusammenarbeit zwischen den Teammitgliedern.*

H (7b): *Je homogener die Zusammensetzung des unternehmensübergreifenden Projektteams, desto kooperativer ist die Zusammenarbeit zwischen den Teammitgliedern.*

H (8b): *Je stärker die Mehrfachbelastung des Teammitglieds bei der unternehmensübergreifenden Projektarbeit, desto stärker ist die negative Wirkung auf die kooperative Zusammenarbeit zwischen den Teammitgliedern.*

H (9): *Je kooperativer die Zusammenarbeit der Teammitglieder bei der unternehmensübergreifenden Projektarbeit, desto höher ist die individuelle Leistungsbereitschaft des Teammitglieds.*

H (10): *Die positive Wirkung der kooperativen Zusammenarbeit der Teammitglieder auf die individuelle Leistungsbereitschaft des Teammitglieds fällt in einem unternehmensübergreifenden Projekt mit einer hohen Komplexität der Projektaufgabe geringer aus als in einem Projekt, bei dem die Projektaufgabe eine niedrige Komplexität aufweist.*

H (11): *Die positive Wirkung der kooperativen Zusammenarbeit der Teammitglieder auf die individuelle Leistungsbereitschaft des Teammitglieds fällt in einem unternehmensübergreifenden Projekt, bei dem die Projektaufgabe von hoher Bedeutung ist, höher aus als bei einem Projekt, bei dem die Projektaufgabe von geringer Bedeutung ist.*

4 Empirische Analyse

An die theoretische Konzeption des Erklärungsmodells zur individuellen Leistungsbereitschaft in der unternehmensübergreifenden Projektarbeit schließt sich die empirische Überprüfung der aufgestellten theoretischen Zusammenhänge an. Als Grundlage der empirischen Analyse dient die Operationalisierung der im Modell verwendeten einzelnen Variablen (vgl. Kapitel 4.1). Anschließend erfolgt eine Beschreibung des Erhebungsdesigns und der Stichprobenstruktur, bevor in Kapitel 4.2 die Methodik und Vorgehensweise der Datenauswertung erläutert und in Kapitel 4.3 mit der empirischen Überprüfung des Untersuchungsmodells begonnen werden kann.

4.1 Grundlagen der empirischen Untersuchung

4.1.1 Operationalisierung der Modellvariablen

Ziel der vorliegenden Arbeit ist es, die Wirkung der verschiedenen Gestaltungsvariablen der individuellen Personalführung und der Teamkonstellation auf die individuelle Leistungsbereitschaft bei der unternehmemsübergreifenden Projektarbeit zu untersuchen. Da vor diesem Hintergrund komplexe Wirkungszusammenhänge zwischen den einzelnen Variablen überprüft werden, stellt dieser Ansatz hohe Anforderungen an die einzusetzenden statistischen Verfahren. Die bei der Untersuchung näher betrachteten Variablen entziehen sich einer direkten Messung. Sie werden in der Literatur auch mit den Begriffen latente oder nicht direkt beobachtbare Variablen, Konstrukte, Faktoren oder True Scores beschrieben.[394] Um diese Variablen untersuchen zu können, müssen sie zunächst empirisch messbar gemacht (operationalisiert) werden.[395] Es wird versucht, diese latenten Variablen durch Indikatoren (beobachtbare Variablen), möglichst gut abzubilden, d. h. der erhobene Wert muss möglichst nah an den tatsächlichen Wert der latenten Variable angeglichen werden.[396] „Indikatoren sind unmittelbar messbare Sachverhalte, welche das Vorliegen der gemeinten, aber nicht direkt erfassbaren Phänomene [...] anzeigen."[397] Durch den gleichzeitigen Einsatz mehrerer beobachtbarer Indikatoren, wird versucht, den möglichen verzerrenden Effekten einzelner Indikatoren entgegenzuwirken. Demnach werden auch in der vorliegenden Arbeit die Konstrukte durch mehrere Indikatoren gemessen.

---

394 Vgl. Backhaus et al. (2003), S. 334.

395 Vgl. Homburg/Giering (1998) sowie Stockstrom (2009), S. 124.

396 Da sich die wahren Werte aufgrund empirischer Zufallsfehler immer von den beobachteten Werten unterscheiden, wird unter der gleichzeitigen Verwendung mehrerer Indikatoren versucht, eine aussagekräftige Messung zu erreichen. Siehe hier Jacoby (1978), S. 93 und Blalock (1970), S. 111.

397 Kroeber-Riel/Weinberg (2003), S. 31.

Hinsichtlich der Konzeptualisierung von Konstrukten ist grundsätzlich zwischen ein- und mehrfaktoriellen Konstrukten zu differenzieren.[398] Das einfaktorielle Konstrukt stellt dabei die einfachste Form einer latenten Variablen dar. Hierbei entspricht das Konstrukt genau einem Faktor, so dass sich die beobachtbaren Variablen direkt auf der Konstruktebene verdichten lassen (vgl. Abb. 4-1). Ein mehrfaktorielles Konstrukt wird hingegen durch zwei oder mehrere Faktoren erfasst. Hierbei ist weiter zu differenzieren: Gehören alle Faktoren derselben Dimension des Konstrukts an, so handelt es sich um ein eindimensionales Konstrukt. Sind hingegen die einzelnen Dimensionen des Konstrukts nicht direkt über die Indikatoren erfassbar, sondern bestehen wiederum aus mehreren Faktoren, so spricht man von einem mehrdimensionalen Konstrukt (vgl. Abb. 4-1).[399]

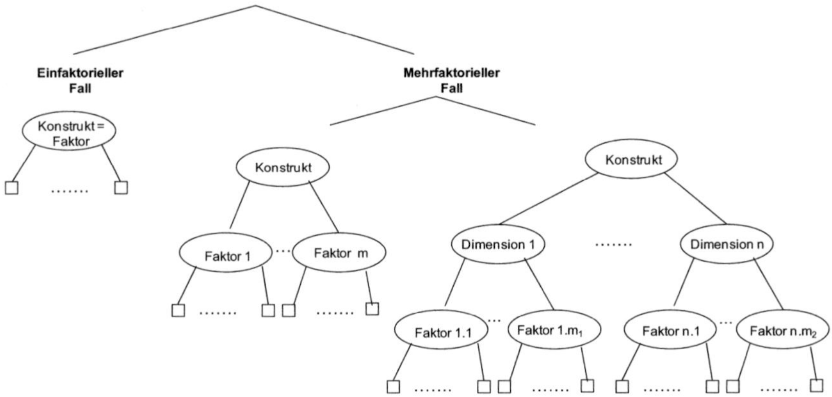

Abb. 4-1: Möglichkeiten der Konzeptualisierung von Konstrukten[400]

Die hier geschilderte moderne Messtheorie basiert aus wissenschaftstheoretischer Sicht auf der Zweisprachentheorie, die zwischen einer theoretischen Sprache und einer Beobachtungssprache unterscheidet.[401] Die theoretische Sprache umfasst die hypothetischen Konstrukte und wird folglich aus Begriffen gebildet, die sich der unmittelbaren Messung entziehen.[402] Sie bezieht sich auf das Strukturmodell und folglich auf die nicht messbaren Variablen. Die Beobachtungssprache hingegen umfasst die Begriffe, die auf die direkt messbaren Sachverhalte fokussieren. Sie bezieht sich auf das Messmodell und seine Indikatorvariablen. Mit Hilfe so genannter Korrespon-

398 Vgl. hierzu Homburg/Giering (1996), S. 6f.

399 Es sei an dieser Stelle darauf hingewiesen, dass ein mehrdimensionales Konstrukt die höchsten Anforderungen an ein Messverfahren stellt. Vgl. hierzu Homburg/Giering (1996), S. 6f.

400 Homburg/Giering (1996), S. 6.

401 Vgl. hierzu Homburg/Giering (1998), S. 115 oder Homburg/Giering (1996), S. 6.

402 Vgl. Backhaus et al. (2003), S. 336.

denz- bzw. Messhypothesen wird eine Verbindung zwischen dem Mess- und dem Strukturmodell hergestellt, so dass eine Zuordnung der Indikatoren zu den latenten Variablen vorgenommen wird. Die theoretischen Konstrukte werden so mit Begriffen der Beobachtungssprache verbunden. Abb. 4-2 verdeutlicht den Zusammenhang graphisch.

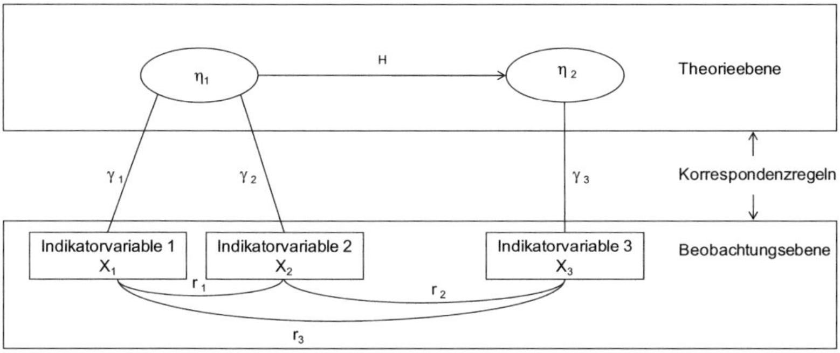

Abb. 4-2: Umsetzung der Zwei-Sprachentheorie in der empirischen Forschung[403]

Zwischen den Begriffen η_1 und η_2 wird auf theoretischer Ebene mit Hilfe einer Hypothese H ein Zusammenhang hergestellt. Auf der Beobachtungsebene werden die beiden Begriffe η_1 und η_2 jeweils durch beobachtbare Variablen X abgebildet (η_1 durch X_1 und X_2, η_2 durch X_3). Die Variablen auf den unterschiedlichen Ebenen werden dabei durch die Korrespondenzregeln γ_1, γ_2 und γ_3 miteinander verbunden. r_1 stellt die empirische Kovarianz zwischen den Indikatoren X_1 und X_2 dar. Ein zunehmend stärkerer, theoretisch begründeter Zusammenhang zwischen den beiden Begriffen η_1 und η_2 führt gleichzeitig zu einer stärkeren (positiven) Ausprägung der empirisch beobachtbaren Kovarianzen r_2 und r_3, was selbstverständlich die Eignung der Korrespondenzregeln γ_1, γ_2 und γ_3 voraussetzt.

In Bezug auf die Korrespondenzregeln spielt die Richtung der Beziehungen zwischen dem Faktor und seinen Indikatorvariablen (Indikatoren) eine wichtige Rolle. Hierbei muss zwischen einem reflektiven und einem formativen Messmodell unterschieden werden (vgl. Abb. 4-3).[404]

- *Bei dem reflektiven Messmodell* verursacht der theoretische Begriff (Faktor) die ihm zugeordneten beobachtbaren Indikatorvariablen. Die Ausprägung der

403 Vgl. Fassott/ Eggert (2005), S. 35, Bagozzi (1998), S. 50.

404 Zur Unterscheidung reflektiver und formativer Messmodelle siehe Fassott/Eggert (2005), S. 35f., Bagozzi (1998), S. 52f., Christophersen/Grape (2007), S. 104ff. oder Jarvis et al. (2003), S. 203ff.

beobachtbaren Indikatorvariablen wird somit kausal durch den latenten Faktor verursacht.

- *Bei dem formativen Messmodell* stellt der theoretische Begriff das Resultat der ihm zugeordneten beobachtbaren Indikatorvariablen dar, d. h. die Korrespondenzregel wirkt von der Beobachtungsebene hin zur theoretischen Ebene. Hier verursachen die beobachtbaren Indikatorvariablen den latenten Faktor.

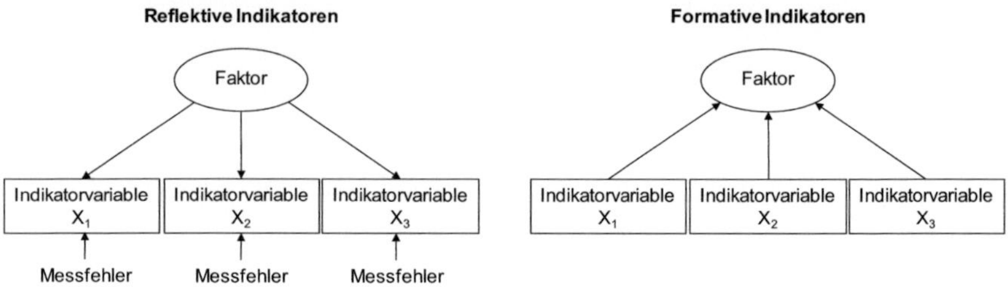

Abb. 4-3: Reflektive und formative Indikatoren

Bei reflektiven Messmodellen führen Veränderungen des unbeobachtbaren Faktors zu Veränderungen aller beobachtbaren Indikatorvariablen gleichermaßen, da die Indikatorvariablen alle der gleichen konzeptionellen Grundgesamtheit entsprechen. Die den Faktor erfassenden Indikatorvariablen sind dabei intern konsistent und korrelieren untereinander deutlich höher als mit den Indikatorvariablen anderer Faktoren.[405]

Bei formativen Messmodellen hingegen führen Veränderungen der einzelnen Indikatorvariablen zu einer Veränderung des latenten Faktors. Dies bedeutet aber nicht, dass eine Veränderung einer Indikatorvariable notwendigerweise mit der Veränderung einer anderen Indikatorvariable des Faktors einher gehen muss. Die den Faktor erfassenden Indikatorvariablen müssen daher nicht notwendigerweise intern konsistent sein oder untereinander korrelieren. Im Gegensatz zu reflektiven Messmodellen können die Indikatorvariablen in einem formativen Messmodell nicht ohne weiteres weggelassen oder ersetzt werden, ohne dass der Faktor dabei inhaltlich verändert wird.[406]

Die Beurteilung der Modellgüte reflektiver Modelle steht im Widerspruch zu den Prämissen formativer Messmodelle, somit muss zu Beginn der empirischen Analyse die Entscheidung getroffen werden, ob ein latentes Konstrukt reflektiv oder formativ ge-

---

405 Vgl. zur detaillierten Erläuterung Bollen/Lennox (1991).

406 Vgl. Eberl (2004), S. 1f., Christophersen/Grape (2007), S. 104, Diamantopoulos/Winklhofer (2001), S. 272f.

messen werden soll. Da diese Entscheidung vor allem auf der Grundlage inhaltlicher Überlegungen zu treffen ist, wurde in der Literatur ein Kriterienkatalog, entwickelt, der diese Überlegungen leiten soll (vgl. Tab. 4-1):

	Formatives Modell	**Reflektives Modell**
Sind die Indikatoren definierende Merkmale oder Erscheinungsformen des Faktors?	Indikatoren sind definierende Merkmale des Faktors	Indikatoren sind Erscheinungsformen des Faktors
Führen Veränderungen der Indikatorausprägungen zu Veränderungen des Faktors?	Veränderungen der Indikatorausprägung führen zu Veränderungen des Faktors	Veränderungen der Indikatorausprägung führen nicht zu Veränderungen des Faktors
Führen Veränderungen des Faktors zu Veränderungen der Indikatorausprägungen?	Veränderungen des Faktors führen nicht zu Veränderungen der Indikatorausprägungen	Veränderungen des Faktors führen zu Veränderungen der Indikatorausprägungen
Sollten die Indikatoren denselben oder einen ähnlichen Inhalt haben?	Indikatoren sollten nicht denselben Inhalt haben	Indikatoren sollten denselben Inhalt haben
Haben die Indikatorvariablen ein gemeinsames Thema?	Indikatorvariablen haben kein gemeinsames Thema	Indikatorvariablen haben ein gemeinsames Thema
Verändert der Ausschluss eines Indikators den konzeptionellen Rahmen des Faktors?	Der Ausschluss eines Indikators verändert den konzeptionellen Rahmen des Faktors	Der Ausschluss eines Indikators verändert nicht den konzeptionellen Rahmen des Faktors
Sollte eine Änderung einer Indikatorvariablen zur Änderung anderer Indikatorvariablen führen?	Nicht erforderlich	Erforderlich

Tab. 4-1: Unterschiede zwischen formativen und reflektiven Messmodellen[407]

Aufbauend auf diese Überlegungen wird in den folgenden Abschnitten die Operationalisierung der Modellvariablen erläutert. Hierbei wurde, soweit möglich, auf existierende, validierte Messmodelle aus der Literatur zurückgegriffen.

4.1.1.1 Gestaltungsvariablen des mitarbeiterorientierten Leistungsmanagements

Wie in Kapitel 3.2 beschrieben, umfassen die Gestaltungsvariablen des mitarbeiterorientierten Leistungsmanagements die Personalführung sowie die Teamkonstellation der unternehmensübergreifenden Projektarbeit. In der vorliegenden Untersuchung stehen die in Kapitel 3.2 näher erläuterten Konstrukte Leistungsfähigkeit, Individualanreize, Zielbildung, Erfassen des Leistungsbeitrags, Feedback sowie Entscheidungsbefugnis, Homogenität und Mehrfachbelastung im Mittelpunkt. Der Arbeit liegen für die einzelnen Konstrukte größtenteils validierte Messinstrumente verschiedener Autoren zugrunde, wenngleich im Hinblick auf den Untersuchungsgegenstand Modifikationen vorgenommen werden müssen, da nur wenige Autoren die Besonderheiten der unternehmensübergreifenden Projektarbeit berücksichtigen. Es werden daher eine Reihe neuer Indikatorvariablen unter Verwendung theoretischer Literatur entwickelt und dem Messinstrument hinzugefügt. Aufbauend auf den Ausführungen in Kapitel 4.1.1 wird bei der Operationalisierung der Modellvariablen in der vorliegenden Arbeit eine reflektive Messung der latenten Konstrukte angestrebt.

407 In Anlehnung an Jarvis et al. (2003), S. 203.

Bezeichnung der Indikatoren	Codierung
Leistungsfähigkeit	
Mir war zu jedem Zeitpunkt der Teamarbeit klar, welche Methoden anzuwenden sind.	LF1
Mir war zu jedem Zeitpunkt klar, wie ich mich im Team verhalten soll.	LF2
Für die Bearbeitung meiner Projektaufgabe war ich fachlich gut vorbereitet.	LF3
Individualanreize	
Durch diese Teamarbeit konnte ich meine Aufstiegsmöglichkeiten/Karriere im Allgemeinen verbessern.	ANR1
Bei dieser Teamarbeit habe ich zusätzliche Freiräume zur Selbstverwirklichung erhalten.	ANR2
Ich habe einen monetären Anreiz (z. B. Prämie, höhere Eingruppierung) erhalten, um die vereinbarten Projektziele zu erreichen.	ANR3
Das Unternehmen hat mir Weiterbildungsmöglichkeiten eingeräumt, um mich auf diese Projektarbeit vorzubereiten.	ANR4
Zielbildung	
Die wesentlichen Ziele der Teamarbeit wurden gemeinsam und gleichberechtigt von allen Teammitgliedern festgelegt.	ZIEL1
Die wesentlichen Ziele für diese Teamarbeit konnte ich mitbestimmen.	ZIEL2
Ich wurde von Anfang an in die Zielbildung bei der Teamarbeit involviert.	ZIEL3
Mein Unternehmen hatte vorab mit mir Ziele, bezogen auf meinen individuellen Leistungsbeitrag, vereinbart.	ZIEL4
Mein Unternehmen hatte vorab mit mir Ziele, bezogen auf die gesamte Teamleistung, vereinbart.	ZIEL5
Erfassen des Leistungsbeitrags	
Für meinen Vorgesetzten ist die gesamte Teamleistung von Interesse.	LM1
Für meinen Vorgesetzten ist meine Individualleistung von Interesse.	LM2
Meine Individualleistung (Output) wurde mit Hilfe von Kennzahlen gemessen (Kosten, Zeit, Ressourcennutzung etc.).	LM3
Der von mir geleistete Anteil der Projektarbeit wurde schriftlich dokumentiert (z. B. in Form von Berichten, Aktionslisten mit Zuständigkeiten etc.).	LM4
Feedback	
Ich habe ein umfassendes Feedback zu der gesamten Teamleistung erhalten.	FEED1
Ich habe ein umfassendes Feedback zu meinem individuellen Leistungsbeitrag erhalten.	FEED2
Ich habe ein umfassendes Feedback von meinem Vorgesetzten erhalten.	FEED3
Neben meinem Vorgesetzten waren weitere Mitarbeiter meines Unternehmens in das Feedback eingebunden.	FEED4
Neben meinem Vorgesetzten waren (unternehmensinterne) Teamkollegen in das Feedback eingebunden.	FEED5

Tab. 4-2: Indikatoren zur Operationalisierung der leistungsorientierten Personalführung

Tab. 4-2 enthält die verwendeten Indikatoren, die zur Messung der einzelnen Konstrukte im Rahmen dieser Untersuchung dienten. Im Hinblick auf die Fähigkeiten fokussieren bisherige Studien in der Regel auf die Fach-, Sozial- oder Methodenkompetenz. Um den ganzheitlichen Ansatz beizubehalten, verwendet die vorliegende Studie eine Modifikation des Messmodells von *STOCK-HOMBURG (2007)*. Neben der Methodenkompetenz erfolgt eine Ergänzung der Sozialkompetenz sowie der fachlichen Vorbereitung auf die Projektarbeit.[408] In Bezug auf die Individualanreize wird auf Studien zurückgegriffen, die sich mit dem Einsatz von verschiedenen Anreizen befassen.[409] Dabei bleibt die Unterscheidung in monetäre und nicht-monetäre Anreize in der vorliegenden Studie bestehen, um ein breites Spektrum an Individualanreizen zu erfassen. Zur Messung der Einbindung in den Zielbildungsprozess werden die Indikatoren basierend auf der Arbeit von *KRINS* (2008) modifiziert, bei der das Ausmaß der Integration des Individuums in den Zielbildungsprozess im Vordergrund steht.[410] Die Auswahl der Indikatoren zur Erfassung des individuellen Leistungsbeitrags gestaltet sich insofern als schwierig, als dass sich kaum Studien empirisch mit der Leistungsmessung im Rahmen der Teamarbeit auseinandersetzen.[411] Die Studien fokussieren auf die Messung der gesamten Teamleistung, so dass die Indikatoren in der vorliegenden Arbeit gemäß dem Untersuchungsgegenstand an das Erfassen der individuellen Leistung im Rahmen der unternehmensübergreifenden Projektarbeit angepasst werden muss. Mit dem Feedbackprozess beschäftigen sich hingegen mehrere Studien. Jedoch ziehen diese vorzugsweise Indikatoren heran, die auf die Häufigkeit des Feedbackprozesses abzielen.[412] Bezüglich der Indikatoren zum Feedback wird deshalb eine Modifikation der Operationalisierung nach *HÖGL (1998)* vorgenommen.[413] Die vorliegende Arbeit betrachtet verstärkt den Umfang und den Integrationsaspekt bei dem Feedback.

Weiterhin stehen im Rahmen des mitarbeiterorientierten Leistungsmanagements die in Kapitel 3.2 näher erläuterten Konstrukte Entscheidungsbefugnis, Homogenität und Mehrfachbelastung im Fokus der Untersuchung. In der Literatur finden sich mehrere Konstrukte zur Messung der Entscheidungsbefugnis. Diese zielen meist auf die Integration des Mitarbeiters in den Entscheidungsprozess ab.[414] Die in Tab. 4-3 dargestellte Operationalisierung erfolgt in Anlehnung an die von *CREMER* (2002) und

408 Vgl. Stock-Homburg (2007), S. 120.

409 Vgl. Schröder (2003), S. 257, Cremer (2002), S. 575. Siehe zu Belohnung im Rahmen der Teamleistung auch Campion et al. (1993), S. 849.

410 Vgl. Krins (2008), S. 199. Siehe zur Zielbildung auch Campion et al. (1993), S. 849.

411 Vgl. Denison et al. (1996), S. 1013, Cremer (2002), S. 583.

412 Vgl. z. B. Bernard (2006), S. 344, Schröder (2003), S. 116 und Högl (1998), S. 247.

413 Vgl. Högl (1998), S. 247.

414 Zur „Project Leader Power“ siehe auch Eisenhardt/Tabrizi (1995), S. 101 oder Denison et al. (1996), S. 1013.

SCHRÖDER (2003) verwendeten Messmodelle, wobei neben der unternehmensinternen Entscheidungssituation das Zusammenspiel zwischen den einzelnen Teammitgliedern berücksichtigt wird.[415]

Im Vergleich zu den bisher beschriebenen Konstrukten ist die Operationalisierung der Heterogenität der Teammitglieder am weitesten entwickelt. Die bisher verwendeten Operationalisierungen des Konstrukts umfassen meist die hierarchischen, fachlichen und kulturellen Unterschiede zwischen den Teammitgliedern, welche auf die interorganisationale Zusammenarbeit übertragen werden.[416] In der vorliegenden Untersuchung werden in Anlehnung an *CAMPION ET AL. (1993)* und *DRACH-ZAHAVY/SOMECH (2002)* noch zwei weitere Indikatoren hinzugefügt, mit deren Hilfe Unterschiede zwischen den Unternehmenskulturen und den verwendeten Fachsprachen erfasst werden.

Bezeichnung der Indikatoren	**Codierung**
Entscheidungsbefugnis	
Entscheidungen bei der Teamarbeit wurden gemeinsam und gleichberechtigt mit den anderen Teammitgliedern getroffen.	ENTS1
Ich war in alle wesentlichen Entscheidungsprozesse bei der Teamarbeit involviert.	ENTS2
Ich durfte wichtige Entscheidungen für mein Unternehmen bei der Teamarbeit fällen.	ENTS3
Ich durfte wichtige Entscheidungen größtenteils ohne Rücksprache mit meinem Vorgesetzten fällen.	ENTS4
Homogenität	
Die Teammitglieder verwendeten eine ähnliche Fachsprache (z. B. Fachbegriffe/Abkürzungen etc.).	HOM1
Die Teammitglieder stammten überwiegend aus dem gleichen Kulturkreis.	HOM2
Die Teammitglieder kamen überwiegend aus Unternehmen mit ähnlicher Unternehmenskultur.	HOM3
Die Teammitglieder entstammten mehrheitlich derselben Hierarchieebene.	HOM4
Die Teammitglieder kamen überwiegend aus ähnlichen Funktionsbereichen.	HOM5
Mehrfachbelastung	
Der Schwerpunkt meiner Tätigkeit war zu diesem Zeitpunkt die Arbeit in diesem Projekt.	EINB1
Ich habe zum gleichen Zeitpunkt meine Linienaufgaben wahrgenommen.	EINB2
Meine projektfremden Verpflichtungen haben meine Mitarbeit im Projekt behindert.	EINB3
Neben dieser Teamarbeit habe ich mit anderen Kollegen aus meinem Unternehmen zusammengearbeitet.	EINB4

Tab. 4-3: Indikatoren zur Operationalisierung der Teamkonstellation

[415] Vgl. Cremer (2002), S. 572 und Schröder (2003), S. 258.

[416] Vgl. beispielsweise Campion et al. (1993), S. 849 sowie Drach-Zahavy/Somech (2002), S. 51.

Die Indikatoren zur Messung der zeitlichen Einbindung des Teammitglieds versuchen, das Ausmaß der Mehrfachbelastung des Teammitglieds zu identifizieren, um später Rückschlüsse auf ihre Auswirkung für die individuelle Leistungsbereitschaft ziehen zu können. Inhaltlich umfassen die Indikatoren, in Anlehnung an das Messmodell nach *HÖGL* (1998), Angaben zur projektabhängigen und projektfremden Arbeitsbelastung sowie zum Ausmaß der Zusammenarbeit mit anderen Mitarbeitern.[417]

Mit Hilfe der verwendeten Indikatoren wird der Versuch unternommen, die Gestaltungsvariablen des mitarbeiterorientierten Leistungsmanagements zu erfassen, um im Rahmen der empirischen Analyse Rückschlüsse auf die individuelle Leistungsbereitschaft bei der unternehmensübergreifenden Projektarbeit zu erhalten. Hierzu wurden die Befragten gebeten, ihre Antworten auf einer Skala von 1 „trifft nicht zu" bis 7 „trifft voll zu" einzustufen. Dieselbe Methode wurde für die Konstrukte kooperative Zusammenarbeit (Kapitel 4.1.1.2) und individuelle Leistungsbereitschaft (Kapitel 4.1.1.3) angewandt.

4.1.1.2 Kooperative Zusammenarbeit

Kaum eine Operationalisierung ist in der Literatur so intensiv und vielseitig diskutiert worden, wie die Operationalisierung der Zusammenarbeit. Neben dem Umgang der Teammitglieder untereinander wird häufig der Schwerpunkt auf die Kommunikation und die Verhaltensweisen zwischen den Teammitgliedern gesetzt.[418]

Bezeichnung der Indikatoren	Codierung
Die Teammitglieder waren bereit, Informationen und Wissen miteinander zu teilen.	KOOP1
Die teaminterne Kommunikation erfolgte überwiegend informell.	KOOP2
Es bestand ein starkes Zusammengehörigkeitsgefühl zwischen den Mitgliedern.	KOOP3
Die Zusammenarbeit war durch gegenseitige Hilfsbereitschaft geprägt.	KOOP4
Mit der Leistung der anderen Teammitglieder war ich sehr zufrieden.	KOOP5

Tab. 4-4: Indikatoren zur Operationalisierung der kooperativen Zusammenarbeit

In der vorliegenden Untersuchung werden daher die Art der Zusammenarbeit und die Kooperationsbereitschaft zwischen den Teammitgliedern mit Hilfe von fünf Indikatoren erfasst. Tab. 4-4 verwendet die Messmodelle nach *CAMPION ET AL.* (1993) und *SCHRÖDER (2003),* um auf Basis der teaminternen Kommunikationsausprägung und der Bereitschaft, Informationen und Wissen mit anderen Teammitgliedern zu tei-

417 Vgl. hierzu die Operationalisierung nach Högl (1998), S. 216

418 Vgl. hierzu Gladstein (1984), Campion et al. (1093), Campion et al. (1996), Högl (1998), Stock (2003), Schröder (2003) oder Kuester et al. (2008).

len, das Ausmaß der kooperativen Zusammenarbeit zu erfassen.[419] Weiterhin wird anhand des Umgangs miteinander sowie anhand der Frage, ob der Befragte mit der Leistung der anderen Teammitglieder zufrieden ist, das Klima im Projektteam ermittelt.[420]

4.1.1.3 Individuelle Leistungsbereitschaft

Für die Indikatoren zur Messung der individuellen Leistungsbereitschaft wird auf das Messmodell von *CREMER (2002)* zurückgegriffen und eine Modifikation der dort verwendeten Variablen vorgenommen.[421] Durch das Erfassen der Motivation und der Arbeitszufriedenheit sollen Rückschlüsse auf die individuelle Leistungsbereitschaft gezogen werden.

Bezeichnung der Indikatoren	**Codierung**
Generell bin ich daran interessiert, in einem unternehmensübergreifenden Team zu arbeiten.	LB1
Es war mein Wunsch in diesem Team zu arbeiten.	LB2
Es hat mir Spaß gemacht in diesem Team zu arbeiten.	LB3
Ich möchte gerne wieder in einem unternehmensübergreifenden Team arbeiten.	LB4
Ich hatte positive Erfahrungen mit vorheriger unternehmensübergreifender Teamarbeit gemacht.	LB5

Tab. 4-5: Indikatoren zur Operationalisierung der individuellen Leistungsbereitschaft

Um die Auswirkung auf künftige Kooperationen zu erfassen, wird in Anlehnung an *CAMPION ET AL. (1993)* gefragt, ob das Teammitglied die unternehmensübergreifende Teamarbeit gerne wiederholen würde.[422] Neben der Bereitschaft, einen Leistungsbeitrag zu erbringen, werden gleichzeitig die Erfahrungen mit vorheriger Teamarbeit sowie der Antrieb zur Teilnahme an der Teamarbeit erfasst (vgl. Tab. 4-5).

4.1.1.4 Moderierende Variablen

In Bezug auf die Komplexität der Projektaufgabe werden Indikatoren in Anlehnung an *GLADSTEIN (1984)* und *PELLED ET AL. (1999)* verwendet und entsprechend dem Untersuchungsgegenstand angepasst (vgl. Tab. 4-6). Zum einen wird neben der Komplexität der Aufgabe abgefragt, ob der Gegenstand des Projektes inhaltlich etwas Neues für das Unternehmen war, um daraus auf den damit verbundenen Einarbeitungsaufwand des Unternehmens schließen zu können.[423] Zum anderen werden

[419] Vgl. Campion et al. (1993), S. 849 sowie Schröder (2003), S. 256.

[420] Zur vertiefenden Analyse zum „Workload sharing" siehe Campion et al. (1993), S. 850.

[421] Vgl. Cremer (2002), S. 584 und Högl (1998), S. 211f.

[422] Vgl. Campion et al. (1993), S. 849.

[423] Vgl. Högl (1998), S. 208 sowie Pelled et al. (1999), S. 12.

Indikatoren verwendet wie die Erfordernis der internationalen Zusammenarbeit sowie der benötigte Abstimmungsaufwand, mit deren Hilfe das Ausmaß der Komplexität der Projektaufgabe erfasst werden können.[424] Zuletzt wurde ermittelt, ob jedes Teammitglied ihm klar zugewiesene Aufgaben bearbeiten musste, um daraus Rückschlüsse auf den Abstimmungsaufwand ziehen zu können.[425]

Bezeichnung der Indikatoren	Codierung
Komplexität der Projektaufgabe	
Es handelte sich um eine komplexe Projektaufgabe.	KOMP1
Die Bearbeitung der Projektaufgabe erforderte eine internationale Zusammenarbeit.	KOMP2
Der Gegenstand dieses Projektes war für mein Unternehmen etwas Neues.	KOMP3
Die Bearbeitung der Projektaufgabe erforderte eine hohe Abstimmung zwischen den Teammitgliedern.	KOMP4
Jedes Teammitglied bearbeitete ihm klar zugewiesene Aufgaben.	KOMP5
Bedeutung der Projektaufgabe	
Die Projektergebnisse waren für mein Unternehmen von Bedeutung.	BED1
Die Projektergebnisse waren für mich persönlich von Bedeutung.	BED2
Meine Geschäftsführung hat sich für den Verlauf der Projektarbeit interessiert.	BED3
Mein im Projekt erzielter Output kann von meinem Unternehmen an anderer Stelle wiederverwendet werden.	BED4

Tab. 4-6: Indikatoren zur Operationalisierung der moderierenden Faktoren

Zur Operationalisierung der Bedeutung der Projektaufgabe werden die Indikatoren der Messmodelle von *MÜLLER (2003)* und *CAMPION ET AL. (1993)* modifiziert. Hierbei wird durch die Einschätzung, wie bedeutsam der Erfolg der Projektarbeit für das Unternehmen bzw. für den Befragten selbst ist und wie stark sich die Geschäftsführung für die Teamarbeit interessiert, die Wichtigkeit des Projektes erfasst.[426] Auch die Dauer der unternehmensübergreifenden Teamarbeit und die Dauer des bestehenden Kooperationsverhältnisses sowie die Machtsituation zwischen den beteiligten Unternehmen lassen Rückschlüsse auf die Bedeutung der Projektaufgabe zu.[427]

Nachdem die Modellvariablen operationalisiert wurden erfolgt im Anschluss die Durchführung der empirischen Befragung, dessen Erhebungsdesign und Stichprobenstruktur nachfolgend beschrieben werden.

---

[424] Siehe zum erhöhten Abstimmungsaufwand Gladstein (1984), S. 508f.

[425] Vgl. Cremer (2003), S. 577.

[426] Vgl. Müller (2003), S. 206 und Campion et al. (1993), S. 848 oder auch Cremer (2002), S. 571 und S. 575f. sowie Högl (1998), S. 208.

[427] Vgl. Cremer (2002), S. 576.

4.1.2 Erhebungsdesign und Stichprobenstruktur

4.1.2.1 Vorgehensweise der Datenerhebung

Bei der Durchführung der Befragung liegt ein Schwerpunkt auf der Auswahl geeigneter Unternehmen. Diese müssen zum Zweck einer möglichen Generalisierung der Aussagen einigen Anforderungen genügen, um die notwendige Repräsentativität der Analyse gewährleisten zu können. Für die vorliegende empirische Erhebung stellt die unternehmensübergreifende Zusammenarbeit in einem Projektteam eine Grundvoraussetzung für die ausgewählten Unternehmen dar. Zielgruppe der Befragung waren Mitglieder aus unternehmensübergreifenden Projektteams in Unternehmen der produzierenden Industrie, insbesondere aus der Automobilindustrie, sowie der Dienstleistungs- und Handelsbranche in Deutschland.

Im Rahmen der empirischen Untersuchungen stellen die eingesetzten Methoden zur Datenerhebung ein entscheidendes Element dar. Für die vorliegende Untersuchung wurde die schriftliche Befragung als eine geeignete Erhebungsmethode gewählt, da sich aus den Ergebnissen einer Breitenbefragung generelle Aussagen ableiten lassen.[428] Im Unterschied zu den häufig angewandten qualitativen Verfahren, die das Ziel verfolgen, die Handlungen einzelner Akteure zu verstehen und die dahinter stehenden Motive nachvollziehen zu können, ermöglichen die quantitativen Erhebungsverfahren hingegen, die Folgen bestimmter Ursachen großzahlig zu überprüfen.[429]

Für das vorliegende quantitative Erhebungsverfahren, das der empirischen Forschung zugerechnet wird, wurde ein standardisierter Fragebogen entwickelt, um die aus der Theorie resultierenden Zusammenhänge zwischen den verschiedenen Einflussfaktoren auf die individuelle Leistungsbereitschaft bei der unternehmensübergreifenden Teamarbeit empirisch überprüfen zu können. Dieser Fragebogen war sowohl als Papierversion als auch online verfügbar.[430]

Der Aufbau des Fragebogens gestaltet sich dabei wie folgt (vgl. Abb. 4-4): Zunächst wurde die Definition eines unternehmensübergreifenden Projektteams vorangestellt, um eine eindeutige Abgrenzung des Untersuchungsgegenstandes zu garantieren.[431] Die Fragen beziehen sich dabei nur auf ein abgeschlossenes bzw. fast abgeschlossenes Projekt, bei dem mindestens zwei rechtlich selbständige Unternehmen zusammenarbeiten.

---

428 Vgl. Atteslander (2000), S. 114ff.

429 Vgl. Langmann (2009), S. 135.

430 Vgl. Atteslander (2000), S. 147f. und Bortz (1984), S. 163ff. zu den spezifischen Vor- und Nachteilen von schriftlichen Befragungen. Prinzipiell sollten so viele Personen wie möglich befragt werden, um möglichst repräsentative Aussagen zu erhalten. Vgl. hierzu Bortz (1999), S. 11.

431 Zur Definition des unternehmensübergreifenden Teams siehe Kapitel 2.1.3.

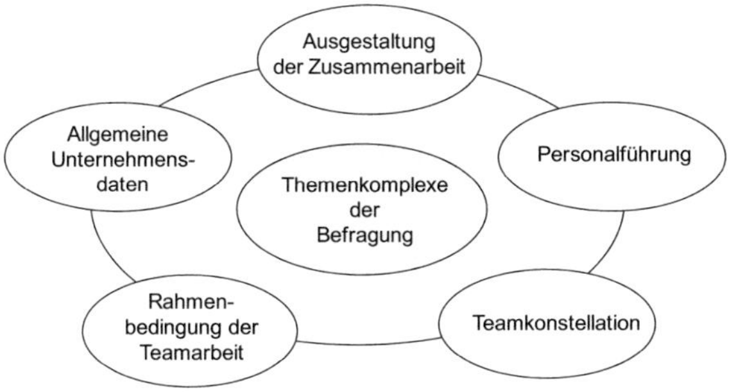

Abb. 4-4: Themenkomplexe der durchgeführten Befragung

Der *erste* Teil des Fragebogens dient der Gewinnung von Informationen über die Ausgestaltung der unternehmensübergreifenden Zusammenarbeit, um daraus bei der Auswertung Rückschlüsse auf die Leistungsbereitschaft des Individuums bei der Teamarbeit ziehen zu können. Der *zweite* Teil des Fragebogens analysiert die Vorbereitung und die Durchführung der interorganisationalen Projektarbeit. Dabei werden die in Kapitel 3 beschriebenen Variablen des Modells zur individuellen Leistungsbereitschaft abgefragt. Diese umfassen neben der individuellen Personalführung die Teamkonstellation bei der unternehmensübergreifenden Zusammenarbeit. Der *dritte* Teil des Fragebogens beinhaltet allgemeine Angaben zur Teamarbeit, die bei der späteren Auswertung eine Klassifikation des Projektteams ermöglichen sollen. Die Befragung schließt mit allgemeinen Angaben zum Unternehmen.

Der standardisierte Fragebogen umfasst in der Papierversion sechs Seiten und in der Onlineversion 8 Seiten. Um die Komplexität des Fragebogens gering zu halten und eine möglichst hohe Rücklaufquote zu erreichen, wurden bis auf wenige Ausnahmen geschlossene Fragen gestellt. Neben direkt abfragbaren Parametern, wie Angaben zum Unternehmen, wurden auch Fragen gestellt, die einer persönlichen Einschätzung durch die Befragten bedurften. Hierzu wurde auf eine siebenstufige Likert-Skala zurückgegriffen, die es den Befragten ermöglicht, ihre Aussagen auf einer Skala mit den Endpunkten 1 „trifft nicht zu“ bis 7 „trifft voll zu“ einzuordnen.

Nach Abschluss der Konzeption des Fragebogens wurde schriftlich ein Pretest mit neun Praktikern durchgeführt.[432] Ziel dieses Pretests war es, die Verständlichkeit der einzelnen Fragen zu prüfen und die theoretische Brauchbarkeit des Instruments

[432] Zur Fragebogenkonstruktion vgl. Bortz (1984), S. 181ff. sowie Schnell et al. (1999), S. 319ff. Zur Durchführung von Pretests vgl. Prüfer/Rexroth (1996), S. 97ff. Im Rahmen des Pretests zeigte sich, dass die Befragten in der Lage waren, auf einer siebenstufigen Skala sinnvoll zu differenzieren.

„Fragebogen" hinsichtlich der Dauer der Beantwortung zu testen. In Bezug auf die Länge des Fragebogens zeigte sich eine Beantwortungszeit zwischen fünfzehn und zwanzig Minuten. Die im Rahmen dieses Pretests auftretenden Verständnisprobleme wurden durch Umformulierung einzelner Fragen beseitigt.

Nach sorgfältiger Vorbereitung wurde der Fragebogen im Zeitraum Oktober-November 2009 an insgesamt 1202 Adressaten (519 postalisch, 683 per E-Mail) verschickt, wobei insgesamt 78 Fragebogen nicht zugestellt werden konnten (vgl. Tab. 4-7).

	Anzahl
Verschickte Fragebögen	519 (postalisch) 683 (Link per E-Mail)
Erreichte Adressaten	479 (postalisch) 645 (Link per E-Mail)
Zurückgesandte Fragebögen	47 (postalisch) 153 (online) 22 (per Fax)
Insgesamt verwertbare Fragebögen	218

Tab. 4-7: Rückläufer bei der empirischen Untersuchung

Im postalischen Anschreiben wurde zusätzlich darauf aufmerksam gemacht, dass der Fragebogen auch online über eine eigens eingerichtete Internetseite ausgefüllt werden kann.

Die angeschriebenen Geschäftsführer, Abteilungsleiter und Projektmanager wurden gebeten, den Fragebogen an einen Teamleiter oder an ein Teammitglied weiterzuleiten bzw. ihn selbst auszufüllen. Schließlich wurden 222 Fragebögen ausgefüllt, von denen 153 online bearbeitet wurden. Um eine Verzerrung der Ergebnisse zu vermeiden, wurden die Rückläufer auf konsistentes Antwortverhalten und auf fehlende Werte bei der abhängigen Variable kontrolliert. Aufgrund fehlender Angaben bei der abhängigen Variable mussten vier online bearbeitete Fragebögen aussortiert werden, so dass insgesamt 218 Datensätze für die nachfolgende Analyse zur Verfügung standen. Es ergab sich somit eine Nettostichprobe von 218 Fragebögen. Dabei wurde eine bereinigte Rücklaufquote von insgesamt 19% erreicht.

Bevor mit der Auswertung des Datensatzes begonnen werden kann, ist zunächst eine Aufbereitung der Daten erforderlich, die im nachfolgenden Kapitel kurz erläutert werden soll.

4.1.2.2 Testen des Datensatzes und Behandlung fehlender Werte

Trotz der erreichten sehr hohen Rücklaufquote ist eine Überprüfung der statistischen Repräsentativität erforderlich, da bei Befragungen grundsätzlich das Problem eines so genannten Non-Response-Bias besteht.[433] In diesem Fall unterscheiden sich die antwortenden Befragten systematisch von den nicht-antwortenden Befragten. Dies wiederum kann zu einer Verzerrung der Ergebnisse führen. Um einen Non-Response-Bias im vorliegenden Fall auszuschließen, wurden daher zunächst die Merkmale nicht antwortender Befragter mit denen der antwortenden verglichen. Dabei wird angenommen, dass spät antwortende Befragte eher den nicht-antwortenden ähneln. Zu diesem Zweck wurde die Stichprobe anhand des Medians des Rücksendedatums in zwei Gruppen unterteilt und ein Mittelwertvergleich (t-Test) durchgeführt. Der statistische Vergleich hat gezeigt, dass die zu prüfende Nullhypothese auf dem Signifikanzniveau von 5 Prozent nicht verworfen werden kann. Die Nullhypothese *„Es besteht kein Unterschied zwischen den Früh- und Spätantwortenden"* wird daher beibehalten. Auch der Levene-Test der Varianzgleichheit zeigt, dass auf einem Signifikanzniveau von 5 Prozent keine signifikanten Unterschiede in der Varianz der untersuchten Variablen bestehen. Basierend auf den Ergebnissen können daher Verzerrungen durch das Non-Response-Problem als nicht wahrscheinlich angesehen werden.

Weiterhin wurde überprüft, ob sich das Antwortverhalten in den per Post bzw. per Fax zurückgeschickten Fragebögen von denen in elektronischer Form vorliegenden Antworten unterscheidet. Der statistische Mittelwertvergleich (t-test) ergab bei einem Signifikanzniveau von 5 Prozent bei keiner der untersuchten Variablen signifikante Unterschiede, so dass es keinen Hinweis gegen die Verwendung der online ausgefüllten Datensätze gibt.

Da empirische Untersuchungen in den seltensten Fällen auf vollständige Datensätze zurückgreifen, erfolgte vor der weiteren Auswertung eine Analyse der fehlenden Werte (missing values). Das Vorliegen fehlender Werte ist in der Regel unausweichlich. Dabei können die Nicht-Antworten verschiedene Ursachen haben. Grundsätzlich ist hierbei zwischen Unit-Non-Response und Item-Non-Response zu differenzieren.[434] Bei der Unit-Non-Response entstehen die fehlenden Daten, da der Befragte gar nicht reagiert bzw. die Teilnahme an der Befragung verweigert. Werden hingegen einzelne

[433] Vgl. Zum Non-Response-Bias Armstrong/Overton (1977), S. 396ff. und Zerr/Müllerschneider (2002), S. 56 oder Lüthje (2000), S. 55.

[434] Göthlich (2007) differenziert an dieser Stelle weiterhin zwischen der so genannte Wave-Non-Response, Drops-Out, Observation-Non-Response und das Missing by Design, auf die jedoch im Folgenden nicht näher eingegangen werden soll. Zur Vertiefung siehe hierzu Göthlich (2007), S. 119ff.

oder mehrere Fragen (Items) gar nicht oder nicht vollständig beantwortet, so handelt es sich um Item-Non-Response. Die Ursachen für die beiden Formen der fehlenden Daten können zum einen auf einen mangelnden Anreiz zurückgeführt werden, wenn der mit der Beantwortung der Fragen verbundene Aufwand in keinem akzeptablen Verhältnis zum wahrgenommenen Nutzen steht.[435] Zum anderen können die Ursachen in dem Fragebogen oder dem Interviewer selbst begründet sein. Ist der Datensatz unvollständig, so kann dies bei der Datenauswertung zu Problemen führen, da zahlreiche Analyseverfahren nicht mehr angewandt werden können.[436] Demnach müssen im Folgenden die fehlenden Daten näher überprüft werden.[437] Hierzu wurde auf die so genannten Fehlendmechanismen zurückgegriffen, die beschreiben, ob und in welchem Zusammenhang das Fehlen bestimmter Daten mit dem Untersuchungsinhalt steht. In der Literatur werden drei Fehlendmechanismen unterschieden:[438]

- Missing Completely at Random (MCAR): Das Fehlen der Daten hängt ausschließlich vom Zufall ab. Die beobachteten Werte beinhalten keine Information bezüglich eines Fehlendmechanismus.

- Missing At Random (MAR; ignorierbare Nicht-Antwort): Der Datenausfall ist bedingt zufällig. Die beobachteten Werte beinhalten die Information über einen Fehlendmechanismus.

- Missing Not At Random (MNAR; nicht ignorierbare Nicht-Antwort): Der Datenausfall ist nicht zufällig und demnach verzerrend. Die Antwortwahrscheinlichkeit hängt von den fehlenden Werten ab.

Zur Behandlung fehlender Daten wurden zahlreiche Strategien entwickelt, die nachfolgend kurz erläutert werden sollen. Es lassen sich die Verfahren der Fallreduktion, der Sample-Selection-Modelle, der Gewichtungs- und Imputationsverfahren unterscheiden.[439]

Bei den Verfahren der *Fallreduktion,* die einen MCAR-Ausfall voraussetzen, ist zwischen der Complete Case Analysis (CC) und der Available Case Analysis (AC) zu

---

435 Vgl. zur ausführlichen Erläuterung der Ursachen De Leeuw (2001).

436 Vgl. Huismann (1999), S. 24ff.

437 Vgl. hierzu Schnell (1986), S. 248ff., Huisman (1999), S. 9ff. sowie Hair et al. (2006), S. 56ff.

438 Rubin (1976) unterscheidet zusätzlich zwischen dem Observed At Random (OAR)-Fehlendmechanismus, auf den an dieser Stelle nicht weiter eingegangen werden soll. Vgl. hierzu Rubin (1976), S. 584.

439 Eine graphische Übersicht über die Verfahren findet sich in Göthlich (2007), S. 123. Zur Gegenüberstellung einzelner Verfahren bzgl. ihrer Vor- und Nachteile sowie Anwendungsempfehlungen siehe Hair et al. (2006), S. 63.

differenzieren. Im Rahmen der Complete Case Analysis, auch als Listwise Deletion (listenweise Ausschluss) bezeichnet, werden sämtliche Datensätze gelöscht, die einen fehlenden Wert aufweisen. Es werden demnach nur vollständige Datensätze zur Auswertung herangezogen. Bei der Available Case Analysis (AC), auch als Pairwise Deletion (paarweise Ausschluss) bezeichnet, werden nur die betroffenen Variablen des Datensatzes von der weiteren Analyse ausgeschlossen. Beide Verfahren der Fallreduktion sind mit einem erheblichen Informationsverlust verbunden und können zu einer geringeren Aussagekraft der statistischen Tests führen.[440]

Die *Sample-Selection-Modelle* versuchen einem MNAR-Ausfall wirksam zu begegnen, vorausgesetzt der Ausfallmechanismus kann exakt beschrieben und modelliert werden. Da dies in der Regel jedoch nicht möglich ist, wird die Anwendbarkeit des Verfahrens als kritisch betrachtet.[441]

Bei den *Gewichtungsverfahren* werden Datensätze mit fehlenden Werten entfernt und stattdessen die vollständigen Datensätze mit einem stärkeren Gewicht in der Analyse berücksichtigt. Sie eigenen sich jedoch nicht bei multivariablen Analysen, da hierbei einer Variablen mehrere Gewichte zugewiesen werden müssten. Demnach sind die Gewichtungsverfahren nur für Schätzung univariater Statistiken von Bedeutung.[442]

Die Grundidee der *Imputationsverfahren* besteht darin, eine Reduktion des Stichprobenumfangs zu vermeiden, indem sie die fehlenden Werte in der Datenmatrix auffüllen. Durch unterschiedliche Verfahren, wie z. B. bei konventionellen Verfahren durch Expertenschätzungen, Mittelwertergänzung oder bei modellbasierten Verfahren durch Maximum-Likelihood-Schätzungen oder Bayes-Schätzungen, wird ein Ersatzwert ermittelt und in die Datenmatrix eingetragen, der dem fehlenden Wert möglichst nahe kommt.[443]

Im Rahmen der vorliegenden Arbeit wurde der Datensatz zunächst auf seinen Fehlendmechanismus hin überprüft. Hierzu wurde das Missing Value Analysis Model der Statistiksoftware SPSS 17 verwendet. Das von *LITTLE (1988)* vorgeschlagene Verfahren ist ein X^2-Test zur Überprüfung der MCAR-Annahme.[444] Liegt hier ein nicht-signifikantes Testergebnis vor, kann angenommen werden, dass die Daten die MCAR-Annahme erfüllen. Die Überprüfung des Datensatzes ergab einen X^2- Wert

[440] Vgl. Hair et al. (2006), S. 59 und 61, Stockstrom (2009), S. 175.

[441] Vgl. Göthlich (2007), S. 124, Schnell (1997), S. 248f. sowie Allison (2002), S. 5 und 77ff.

[442] Vgl. Stockstrom (2009), S. 175, Göthlich (2007), S. 124.

[443] Vgl. Hair et al. (2006), S. 58, Göthlich (2007), S. 124ff.

[444] Zur ausführlichen Darstellung des X^2-Tests zur Überprüfung der MCAR-Annahme siehe Little (1988).

von 1339,519, der bei 1317 Freiheitsgraden ein Signifikanzniveau von 0,327 aufweist. Folglich kann die Annahme, dass die Daten der MCAR-Annahme genügen, nicht zurückgewiesen werden.

Anschließend wurde für die weiterführende Analyse auf ein modellbasiertes Imputationsverfahren zurückgegriffen, welches auch als Expectation-Maximization (EM) Algorithmus bezeichnet wird.[445] Mit Hilfe des eingesetzten Verfahrens konnten Maximum Likelihood (ML)- basierte Schätzungen der fehlenden Datenquellen vorgenommen werden.[446] Von dem Einsatz der häufig angewandten Complete Case Analysis wurde abgesehen, da der damit verbundene listenweise Ausschluss von Fällen mit fehlenden Werten zu einer Reduktion des Datensatzes von 218 auf 174 Fälle geführt hätte.[447] Der Informationsverlust von 44 Datensätzen wäre nicht vertretbar gewesen. Da auch die Available Case Analysis zu Problemen bei nachgelagerten Analysen, wie z. B. bei Strukturgleichungsmodellen, führen kann, wurde auch von diesem Verfahren Abstand genommen.[448]

4.2 Methodik und Vorgehensweise der Datenauswertung

4.2.1 Analyse von Strukturgleichungsmodellen

Das Strukturgleichungsmodell (Structural equation modeling (SEM), causal modeling) zielt darauf ab, kausale Abhängigkeiten zwischen bestimmten Merkmalen (Variablen) zu untersuchen. Daher wird auch im Allgemeinen von einer Kausalanalyse gesprochen.[449] Die theoretisch fundierten Hypothesen, die vor der Untersuchung aufgestellt wurden, werden mit Hilfe einer Kausalanalyse im Rahmen der empirischen Auswertung überprüft, um festzustellen, ob die aufgestellten Beziehungen mit dem empirischen gewonnenen Datenmaterial übereinstimmen. Die Kausalanalyse gehört zu den hypothesen-prüfenden statistischen Verfahren und besitzt somit konfirmatorischen Charakter. Ihre Besonderheit ist darin zu sehen, dass mit Hilfe der Kausalanalyse auch Beziehungen zwischen Variablen überprüft werden können, die nicht direkt beobachtbar (latent) sind.

Die Analyse eines Strukturgleichungsmodells lässt sich dabei in vier einzelne Ablaufschritte unterteilen (vgl. Abb. 4-5).

---

445 Vgl. zur tiefgründigen Beschreibung des EM-Algorithmus Dempster et al. (1977).

446 ML basierte Verfahren legen eine multivariate Normalverteilung zugrunde, jedoch zeigt sich das Verfahren gegen Verstöße dieser Annahme stabil. Beale/Little (1975) sowie Allision (2001) zeigen in ihren Arbeiten, dass keine wesentlichen Verzerrungen bei Verstößen gegen die multivariate Normalverteilung zu befürchten sind.

447 Eine umfassende Ausführung der Strategien zur Behandlung fehlender Werte findet sich in Göthlich (2007), S. 123ff., Hair et al. (2006), S. 54ff. sowie in Stockstrom (2009), S. 176ff.

448 Vgl. hierzu Kline (2005).

449 Vgl. hierzu und im Folgenden Backhaus et al. (2003), S. 334.

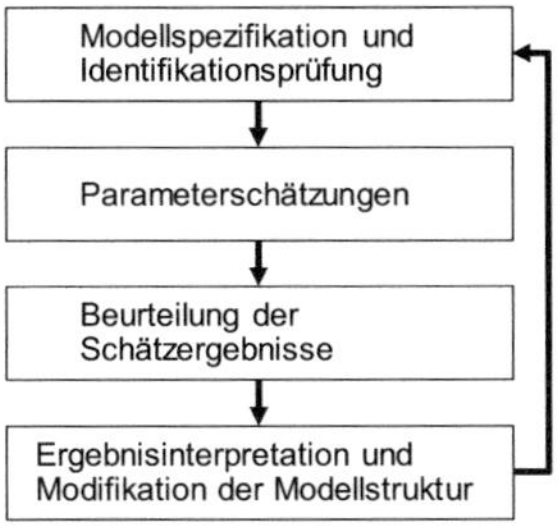

Abb. 4-5: Methodisches Vorgehen zur Analyse von Strukturgleichungsmodellen[450]

Zunächst sind fachliche Überlegungen erforderlich, um neben der Identifikation der im Strukturgleichungsmodell zu berücksichtigenden Variablen auch die Beziehungen zwischen diesen Variablen aus theoretischer und sachlogischer Sicht zu identifizieren (vgl. Kapitel 3).[451] Anschließend müssen ein Struktur- und Messmodell erstellt und in ein Gesamtmodell integriert werden (vgl. Kapitel 3.6). Hierzu wird zunächst ein Modell aus latenten und beobachtbaren Variablen entwickelt. In einem so genannten Strukturmodell (Pfadmodell) werden hypothetische Konstrukte abgebildet, die auf theoretischen und sachlogischen Überlegungen basieren *(Modellspezifikation)*. Die abhängigen latenten Variablen werden dabei als endogene Größen und die unabhängigen Variablen als exogene Größen bezeichnet. Abb. 4-6 zeigt ein einfaches Strukturmodell, in dem die kooperative Zusammenarbeit ξ_1 die exogene Variable und die individuelle Leistungsbereitschaft η_1 die endogene Variable darstellen. Anschließend werden ein Messmodell für die latenten endogenen Variablen und ein Messmodell für die latenten exogenen Variablen formuliert (vgl. Kapitel 4.1.1).[452]

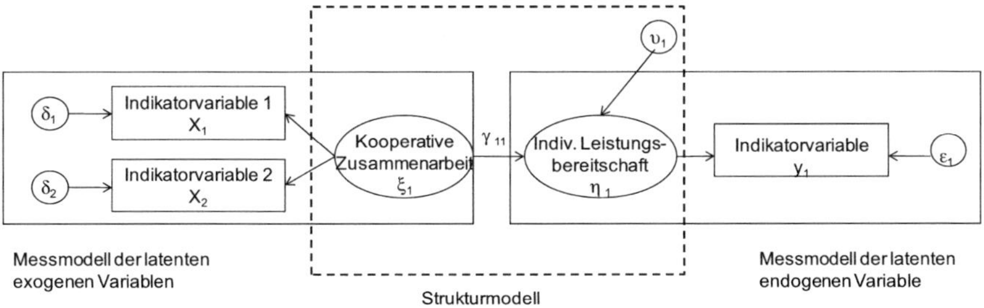

Abb. 4-6: Zusammenhang zwischen Mess- und Strukturmodell[453]

---

450 In Anlehnung an Backhaus et al. (2003), S. 351f.

451 Dieser Schritt der Hypothesenbildung erfolgte bereits in Kapitel 3.

452 Vgl. Backhaus et al. (2003), S. 337.

453 In Anlehnung an Backhaus et al. (2003), S. 337.

Die endogene Variable „individuelle Leistungsbereitschaft“ (η_1) kann somit durch einen direkt messbaren Indikator Y_1 erfasst werden. Die latent exogene Variable „kooperative Zusammenarbeit“ (ξ_1) kann hingegen durch die direkt messbaren Indikatoren X_1 und X_2 erfasst werden. Nachdem die Modellspezifikation durchgeführt wurde, folgt die *Identifikation der Modellstruktur*. Hierbei muss das Modell dahingehend überprüft werden, ob überhaupt eine Schätzung der Parameter mathematisch möglich ist.[454]

Anschließend erfolgen im nächsten Analyseschritt des Strukturgleichungsmodells die *Parameterschätzungen*. Zunächst ist die Konsistenz der Schätzung sicherzustellen, indem die Plausibilität der Parameterschätzungen überprüft wird. Hierbei sind Schätzungen abzulehnen, die einen standardisierten Strukturkoeffizienten größer als 1 oder negativ enthalten.[455] Liegt ein vollständig spezifiziertes und identifiziertes Kausalmodell vor, können mit Hilfe des Statistikprogramms AMOS (Analysis Of Moment Structures) die Parameter geschätzt werden. Hierzu wird der Abstand zwischen der vom Modell erzeugten Varianz-Kovarianzmatrix und der Messwerte-Varianz-Kovarianzmatrix minimiert.[456]

Für die Bestimmung der Parameter lassen sich verschiedene Schätzverfahren heranziehen, die sich neben ihrer Genauigkeit und Effizienz durch ihre Anwendbarkeit unter bestimmten Stichproben- und Verteilungsrestriktionen unterscheiden. So verlangt das am weitesten verbreitete Maximum-Likelihood-Schätzverfahren beispielsweise einen großen Stichprobenumfang sowie multivariat normal verteilte Indikatoren.[457] Das iterative Schätzverfahren der Unweighted-Least-Squares (ULS-Methode) liefert hingegen auch bei Nicht-Vorliegen der multivariaten Normalverteilung und kleinen Datenmengen konsistente Schätzungen.[458]

Nachdem die Parameter geschätzt wurden, kann in einem nächsten Schritt die Beurteilung der Güte der Schätzung erfolgen (*Beurteilung der Schätzergebnisse*, Fit des Modells). Hierbei wird mit Hilfe vielfältiger Gütekriterien geprüft, wie gut sich die Modellstruktur an die empirischen Daten anpasst (vgl. Kapitel 4.3.4). Bei der Gütebeurteilung wird zwischen der Anpassung des gesamten Modells (global) und der Anpassung einzelner Modellparameter (lokal) differenziert. In der Literatur existiert eine

---

454 Vgl. Hoyle (1995), S. 4.

455 Vgl. Anderson/Gerbing (1988), S. 415f. sowie Homburg/Baumgartner (1995), S. 171.

456 Eine Übersicht verbreiteter Schätzverfahren sowie ihre Eigenschaften findet sich in Chou/Bentler (1995), S. 54. Siehe auch Verworn (2005), S. 108.

457 Vgl. Balderjahn (1988), S. 61ff., Homburg/Baumgartner (1995), S. 1101 oder Verworn (2005), S. 108.

458 Die ULS-Methode ist nach Homburg/Baumgartner (1995) das am häufigsten in der deutschen Marketingforschung eingesetzte Schätzverfahren. Siehe hierzu Backhaus/Büschken (1998), S. 166.

kaum überschaubare Vielzahl an Gütekriterien und unterschiedlich festgelegten Schwellenwerten.[459] In der vorliegenden Arbeit erfolgt die Auswahl geeigneter Gütekriterien und die Festlegung entsprechender Schwellenwerte größtenteils in Anlehnung an die Zusammenstellung und Empfehlungen von *HOMBURG/ BAUMGARTNER* (1995).[460] Da jedoch bei dem Schätzverfahren der Unweighted-Least-Squares im Vergleich zum Maximum-Likelihood-Schätzverfahren nicht alle empfohlenen Anpassungsmaße zur Verfügung stehen, werden einige zusätzliche Anpassungsmaße in der vorliegenden Arbeit angeführt, auf die in Kapitel 4.2.3. detailliert eingegangen wird. Tab. 4-8 liefert einen Überblick über die im Rahmen der Arbeit verwendeten Anpassungsmaße mit den geforderten Schwellenwerten.

Gütekriterien	Schwellenwerte
Gesamtmodell (Globalmaße)	
GFI (Goodness of fit index)	$\geq$ 0,9
AGFI (Adjusted GFI)	$\geq$ 0,9
NFI (Normed fit index)	$\geq$ 0,9
RFI (Parsimonious normed fit index)	$\geq$ 0,9
PNFI (Parsimonious normed fit index)	$\geq$ 0,7
Messmodell	
Indikatorreliabilität	$\geq$ 0,4
Konstruktreliabilität	$\geq$ 0,6
Durchschnittlich erfasste Varianz	$\geq$ 0,5
Strukturgleichungsmodell	
Quadrierte multiple Korrelation für Erfolgsgrößen	$\geq$ 0,2

Tab. 4-8: Verwendete Anpassungsmaße und Schwellenwerte[461]

Nachdem die Modellbeurteilung erfolgt ist, endet die Analyse des Strukturgleichungsmodells abschließend mit der *Interpretation der Ergebnisse*. Die Ergebnisse werden vor dem theoretischen Hintergrund analysiert. Dabei wird auch versucht, aus dem verwendeten Datenmaterial Anregungen zur Modifikation der Modellstruktur zu erhalten.[462]

---

[459] Vgl. zur übersichtlichen Darstellung anwendbarer Gütekriterien Homburg/Baumgartner (1995), S. 130 sowie Backhaus et al. (2003), S. 376, Schwaiger (2009), S. 525, Stock-Homburg (2007), S. 142 oder Stockstrom (2009), S. 166.

[460] Vgl. Homburg/Baumgartner (1995), S. 168 sowie S. 172ff. oder auch Homburg/Pflesser (2000), S. 651.

[461] In Anlehnung an Homburg/Baumgartner (1995), S. 168 sowie 172ff.

[462] Vgl. Backhaus et al. (2003), S. 378f.

4.2.2 Analyse moderierender Variablen

Wie in Kapitel 3.4 beschrieben, soll im Rahmen der vorliegenden Arbeit der Einfluss der moderierenden Variablen auf die Stärke der Beziehung zwischen der kooperativen Zusammenarbeit und der individuellen Leistungsbereitschaft analysiert werden.

Die moderierte Regression kann für metrisch skalierte Variablen eingesetzt werden. Um hierbei zu überprüfen, ob die Beziehung zwischen der unabhängigen Variable (x) und der abhängigen Variable (y) von einer weiteren Variable (z) beeinflusst wird, muss ein so genannter Interaktionsterm gebildet und in die Regressionsgleichung integriert werden. Dieser setzt sich aus dem Produkt der unabhängigen Variable x und der weiteren Variable z zusammen. Neben der Berechnung des Interaktionsterms wird eine hierarchische (mehrstufige) Vorgehensweise bei der Regressionsanalyse empfohlen. Hierbei wird zunächst der direkte Effekt überprüft. Anschließend werden schrittweise die Interaktionsterme hinzugefügt, so dass folgende Regressionsgleichungen berechnet und anschließend analysiert werden:[463]

$$y = a + bx \qquad (4.1.)$$

$$y = a + b_1x + b_2z \qquad (4.2.)$$

$$y = a + b_1x + b_2z + b_3xz \qquad (4.3.)$$

Mit Hilfe der Gleichungen 4.1. und 4.2. werden die direkten Effekte von x und z ermittelt. Die dritte Gleichung 4.3. enthält hingegen den Moderationseffekt.

Um den moderierenden Einfluss zu analysieren, werden in der vorliegenden Arbeit die Regressionsmodelle auf signifikante Änderungen der erklärten Varianz (R^2) hin untersucht. Daher sollen die Regressionsmodelle anhand folgender Formel auf signifikante Unterschiede hinsichtlich der von ihnen erklärten Varianz überprüft werden:[464]

$$F_{\Delta R^2} = \frac{R^2{}_F - R^2{}_R \,/\, df_F - df_R}{(1 - R^2{}_F)/(N - k - 1)} \qquad (4.4)$$

wobei $F_{\Delta R^2}$ = F-Wert für die Differenz der R^2-Werte
R^2_F = umfassendes Modell
R^2_R = reduziertes Modell
df_F = Anzahl der Freiheitsgrade des umfassenden Modells
df_R = Anzahl der Freiheitsgrade des reduzierten Modells
N = Anzahl der Respondenten
k = Anzahl der unabhängigen Variablen im umfassenden Modell

---

463 Vgl. Irwin/McCelland (2001), S. 100ff., Sharma et al. (1981), S. 297f. sowie Anderson (1986), S. 191f sowie Stockstrom (2009), S. 160ff.

464 Vgl. hierzu Carte/Russell (2003), S. 482f. sowie Bedeian/Mossholder (1994), S. 160ff.

Um einen Moderationseffekt nachzuweisen, muss bei einem Vergleich der Regressionen 4.3 und 4.2 $F_{\Delta R^2}$ signifikant sein. Im Anschluss kann durch einen Vergleich der Regressionen 4.2. und 4.1. ermittelt werden, welchen Anteil der Varianz von y durch z direkt erklärt wird. Liegt hierbei für $F_{\Delta R^2}$ ein nicht signifikanter Wert vor, hat z lediglich einen signifikanten moderierenden Einfluss (echter Moderator). Liegt hingegen für $F_{\Delta R^2}$ ein signifikanter Wert vor, so übt z sowohl einen signifikanten moderierenden Einfluss als auch einen signifikanten direkten Einfluss auf y aus (Quasi-Moderator).[465]

4.2.3 Vorgehensweise zur Gütebeurteilung reflektiver Konstrukte

Bevor mit der Prüfung der Hypothesen begonnen werden kann, muss zunächst im Rahmen der Gütebeurteilung reflektiver Konstrukte eine Überprüfung auf Unidimensionalität stattfinden. Unidimensionalität bedeutet, dass ein Konstrukt von mehreren Indikatoren gemessen wird und dass jeder Indikator des Messmodells dabei nur ein gemeinsames Konstrukt misst.[466] Unidimensionalität ist eine notwendige Bedingung für die Reliabilitätsanalyse und Konstruktvalidierung. Um die Unidimensionalität des Messmodells in der vorliegenden Arbeit zu prüfen, kann der Einsatz der explorativen und konfirmatorischen Faktorenanalyse gewählt werden.

Mit Hilfe der *explorativen Faktorenanalyse* (principal component factor analysis, PCFA) werden in einem ersten Schritt die vorliegenden Indikatoren im Hinblick auf ihre zugrundeliegende Faktorenstruktur untersucht. *AHIRE/DEVARAJ* (2001) schlagen hierzu eine Hauptkomponentenanalyse mit der Varimax-Rotation vor, die mit SPSS durchgeführt werden kann.[467] Die Anzahl der extrahierten Faktoren wird mit Hilfe des Kaiser-Meyer-Olkin-Kriteriums bestimmt. Anhand des Kaiser-Meyer-Olkin-Kriteriums kann beurteilt werden, ob eine Faktorenanalyse sinnvoll durchzuführen ist.[468] Dieses Kriterium besagt, dass, solange der zugehörige Eigenwert größer als Eins ist, zusätzliche Faktoren extrahiert werden. Der Eigenwert eines Faktors zeigt den Erklärungsbeitrag dieses Faktors zu der Varianz der ihm zugeordneten Indikatoren auf.[469] Indikatoren, die keinem Faktor zugeordnet werden können, eine nicht hinreichend hohe Faktorladung oder eine deutliche Querladung aufweisen, werden eliminiert. Wird bei dieser Vorgehensweise auf Basis des Kaiser-Kriteriums nur ein Fak-

465 Vgl. Sharma et al. (1981), S. 293, Stockstrom (2009), S. 160ff.

466 Vgl. Gerbing/Anderson (1988), S. 186.

467 Vgl. Ahire/Devaraj (2001), S. 321ff. Zur Erläuterung der Hauptkomponentenanalyse siehe auch Backhaus et al. (2003), S. 291f.

468 Hair schlägt hier einen Mindestwert von 0,8 vor. Vgl. hierzu Hair et al. (2006), S. 117f.

469 Vgl. Brosius (1989), S. 147.

tor extrahiert, so kann dies als Nachweis für die Unidimensionalität angesehen werden.[470]

Mit Hilfe der *konfirmatorischen Faktorenanalyse* (confirmatory factor analysis, CFA) kann in einem zweiten Schritt die Unidimensionalität des Messmodells anhand der Anpassungsgüte an die Daten überprüft werden.[471] Zeigen die Ergebnisse gute Anpassungswerte, so können sie als Indiz für die Unidimensionalität angesehen werden. Liegen hingegen schlechte Anpassungsmaße vor, können anhand der Residual-Kovarianzmatrix diejenigen Indikatoren identifiziert und eliminiert werden, die im Modell nur unzureichende Berücksichtigung finden.[472] Bei der konfirmatorischen Faktorenanalyse werden alle Indikatoren betrachtet, die einem Konstrukt zugeordnet und in dem vorhergehenden Analyseschritt noch nicht eliminiert wurden. Als Gütekriterien werden hierbei die Indikatorreliabilität und die Konstruktvalidität sowie die durchschnittlich erfasste Varianz verwendet, auf die im Folgenden näher eingegangen wird. Werden die erforderlichen Schwellenwerte der Gütekriterien nicht erreicht, so müssen weitere Items aus der Analyse ausgeschlossen werden.

Die Zuverlässigkeit der Messung der latenten Variablen in dem Modell lässt sich durch die so genannte Reliabilität (Zuverlässigkeit) ausdrücken. Diese spiegelt den Grad wider, mit dem eine Messung frei von Messfehlern ist. Die Reliabilität ist umso höher, je genauer die Merkmalsausprägungen durch ein Messinstrument erfasst werden. Zur Überprüfung der Reliabilität werden in der Literatur verschiedene Methoden angeführt, wie z. B. das Test-Retest-Verfahren, das Paralleltest-Verfahren sowie die Überprüfung der internen Konsistenz, wobei sich letztere in der Praxis als gängiges Prüfverfahren durchgesetzt hat.[473] Das Cronbachs Alpha stellt dabei ein Maß für die interne Konsistenz der Indikatoren eines Faktors dar. Es errechnet sich wie folgt:

$$\alpha = \left(\frac{k}{k-1}\right)\left(1 - \frac{\sum_{i=1}^{k} \sigma_i^{\,2}}{\sigma_s^{\,2}}\right) \tag{4.5}$$

k bezeichnet hierbei die Anzahl der Indikatoren des Faktors, σ_i^2 die Varianz des Indikators i und σ_s^2 ist die Varianz der Summe aller Indikatoren des Faktors. Der auf Basis dieser Formel ermittelte Wert des Cronbachs Alphas kann zwischen Null und Eins liegen. Je näher der Wert bei Eins liegt, desto höher ist die Reliabilität. In der Literatur wird ein Schwellenwert von 0,7 vorgeschlagen, damit der ermittelte Wert als ak-

470 Vgl. Stockstrom (2009), S. 179, Homburg/Giering (1998), S. 119.

471 Vgl. Ahire/Devaraj (2001), S. 321f.

472 Vgl. Schumacker/Lomax (2004) sowie Stockstrom (2009), S. 179.

473 Die Verfahren zur Beurteilung der Reliabilität und der Validität werden mitunter auch als Verfahren der ersten und zweiten Generation unterschieden. Vgl. hierzu Homburg/Giering (1996), S. 3ff.

zeptabel angesehen werden kann.[474] Die Höhe des Cronbachs Alphas wird auch durch die durchschnittliche Korrelation der Indikatoren beeinflusst. Eine Verbesserung des Alpha-Wertes kann daher durch die Elimination von Indikatoren mit niedrigen Item-to-Total Korrelationen erzielt werden.[475] Die Item-to-Total Korrelation wird für jeden Indikator berechnet. Sie wird definiert als die Korrelation des einzelnen Indikators (Item) mit der Summe der Indikatoren (Total), die demselben Faktor zugeordnet sind. Hinsichtlich des Schwellenwertes wird in der Literatur kein einheitlicher Grenzwert vorgegeben. Indikatoren, die keine hinreichend hohe Item-to-Total Korrelation erreichen, werden von der weiteren Analyse ausgeschlossen.

In einem nächsten Schritt der Gütebeurteilung wird die Validität der Ergebnisse der empirischen Untersuchung überprüft.[476] In der Literatur wird eine Vielzahl an unterschiedlichen Validitätsformen diskutiert. Am häufigsten wird hierbei eine Unterteilung in zwei Kategorien der Validität vorgenommen: die Inhaltsvalidität und die Konstruktvalidität.[477]

Die Inhaltsvalidität beschreibt das Ausmaß, in dem das Konstrukt inhaltlich-semantisch mit seinem Messinstrument übereinstimmt. Eine hohe Inhaltsvalidität liegt vor, wenn die wesentlichen Bedeutungsinhalte und Facetten des Konstrukts durch die verwendeten Indikatoren abgedeckt werden.[478] In der vorliegenden Arbeit wird die Inhaltsvalidität des Konstrukts lediglich qualitativ durch eine inhaltliche Abgrenzung dieser Konstrukte gegenüber anderen Konstrukten angestrebt. Weitere Hinweise auf Inhaltsvalidität können auch durch eine quantitative Analyse gewonnen werden, auf die im Rahmen dieser Arbeit jedoch nicht weiter eingegangen wird.[479]

In Bezug auf die Konstruktvalidität lassen sich die Konvergenzvalidität, die Diskriminanzvalidität und die Nomologische Validität unterscheiden.

Die *Konvergenzvalidität* bezeichnet den Grad, zu dem zwei oder mehrere unterschiedliche Messungen des gleichen Konstrukts zu den gleichen Ergebnissen führen.[480] Sie steht daher für die Forderung, dass verschiedene Indikatoren das gleiche Konstrukt messen und prinzipiell austauschbar sein sollten.[481] Zur Erfüllung dieser Forderung wird daher ein Schwellenwert von 0,5 für die durchschnittlich erfasste Va-

---

474 Vgl. Nunnally (1978), S. 245f.

475 Vgl. Churchill (1979), S. 68.

476 Die Reliabilität ist eine notwendige, aber nicht hinreichende Bedingung für die Validität. Vgl. hierzu Carmines/Zeller (1979), S. 13 sowie Homburg/Giering (1996), S. 6.

477 Vgl. z. B. Bohrnstedt (1970), S. 91 oder Hildebrandt (1984), S. 42.

478 Vgl. Churchill (1991), S. 490.

479 Zur quantitativen Analyse siehe Homburg (2000) oder Homburg/Giering (1996).

480 Vgl. Ahire/Davaraj (2001), S. 322.

481 Vgl. Verworn (2005), S. 112.

rianz (DEV) angesetzt.[482] Die durchschnittlich erfasste Varianz beschreibt den Varianzanteil des Faktors, der im Durchschnitt durch die Indikatoren erfasst wird, und berechnet sich wie folgt:[483]

$$DEV(\xi_j) = \frac{\sum_{i=1}^{k} \lambda_{ij}^2 \phi_{jj}}{\sum_{i=1}^{k} \lambda_{ij}^2 \phi_{jj} + \sum_{i=1}^{k} \theta_{ii}} \tag{4.6}$$

Wobei λ_{iJ} für die geschätzte Faktorladung steht, ϕ_{jj} für die geschätzte Varianz von ξ_j, dem Vektor der latenten Variable, und θ_{ii} für die geschätzte Varianz des Messfehlers δ_i.

Die *Diskriminanzvalidität* ist das Ausmaß, zu dem sich zwei Konstrukte voneinander unterscheiden. Sie kann als erfüllt angesehen werden, wenn der durch die Indikatoren erklärte Varianzanteil eines Konstrukts größer ist als die gemeinsame Varianz mit anderen Konstrukten. Dies wird mit Hilfe des so genannten Fornell/Larcker-Kriteriums geprüft. Das von *FORNELL* und *LARCKER* formulierte Kriterium beinhaltet, dass die DEV eines Faktors größer sein soll, als jede quadratische Interkorrelation mit einem anderen Faktor.[484]

Die *Nomologische Validität* ist vorzufinden, wenn zwischen der Messung eines Konstrukts und den Messungen anderer Konstrukte Abhängigkeiten bestehen. Die Beurteilung der nomologischen Validität erfordert demnach eine Einbindung der betrachteten Konstrukte in einen übergeordneten theoretischen Rahmen.[485] Demnach stellt die Überprüfung der nomologischen Validität eine Überprüfung des Wahrheitsgehalts der Theorie und der daraus hergeleiteten Hypothesen dar.

4.3 Ergebnisse der empirischen Untersuchung

4.3.1 Beschreibung der Stichprobe

Nachfolgend soll anhand der wichtigsten allgemeinen Unternehmensdaten und deren Ausprägungen in der Erhebung eine kurze Beschreibung der Stichprobe erfolgen.

Zunächst wurde die Branchenzugehörigkeit der Unternehmen als offene Frage erhoben und anschließend ausgewertet. Abb. 4-7 zeigt die Verteilung der Branchenzugehörigkeit der betrachteten Stichprobe. Für die Klassifikation der Branchen wurde in der vorliegenden Arbeit auf die Branchen des Composite-DAX der Deutschen Börse

---

482 Vgl. Homburg/Baumgartner (1995), S. 170

483 Vgl. Homburg/Giering (1996), S. 11.

484 Zur ausführlichen Erläuterung des Fornell/Larcker-Kriteriums siehe Fornell/Larcker (1981), S. 41ff.

485 Vgl. Homburg (2000), S. 70 sowie Homburg/Giering (1996), S. 7.

AG zurückgegriffen.[486] Hierbei wird deutlich, dass einzelne Branchen über- bzw. unterrepräsentiert sind. Die Mehrheit der Befragten stammt aus den Branchen Industrial (24%) und Transportation & Logistics (21%). Die Branchen Software, Media, Automobile, Retail und Financial Service sind mit (7-8%) annähernd gleichgewichtet. Die Branchen Basic Resources, Consumer, Utilities sowie Technology und Pharma/Healthcare sind hingegen weniger vertreten. Unter „Other" wurden die Branchen Insurance, Construction, Food/Beverages sowie Chemicals und Telecommunication zusammengefasst, da diese nur zu einem Prozent vertreten waren.

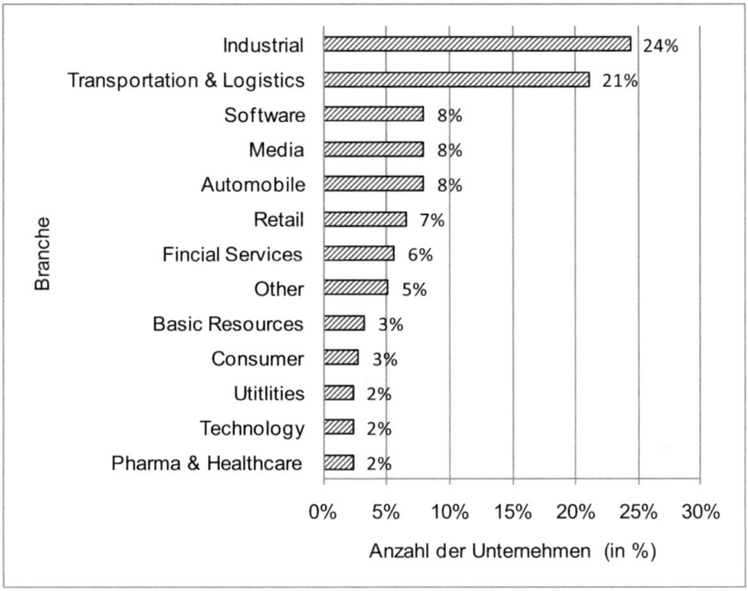

Abb. 4-7: Verteilung der Branchen in der Stichprobe (n=213)

Neben der Branchenzugehörigkeit wurde auch die Unternehmensgröße als offene Frage erhoben. Zur Klassifizierung der Unternehmensgröße kann sowohl die Mitarbeiteranzahl als auch der Unternehmensumsatz herangezogen werden. Im Folgenden wurde die Klassifizierung anhand der Mitarbeiteranzahl gewählt, da diese von den Befragten häufiger angegeben wurde, als der Unternehmensumsatz. Zur einfacheren Darstellung werden die Unternehmen in Abb. 4-8 in fünf Größenklassen zusammenfassend dargestellt. Hierbei wird deutlich, dass die Verteilung der Mitarbeiteranzahl über die Kategorien <100, 101-1.000, 1.001-10.000 sowie 10.001-100.000 etwa gleichmäßig verteilt sind. Dabei reicht der Anteil von 21,6% mit Unternehmen

486 Siehe hierzu Deutsche Börse (2009), S. 47ff.

von 1.001 bis 10.000 Mitarbeitern bis 24,3% mit Unternehmen von 101 bis 1.000 Mitarbeitern. Bemerkenswert erscheint, dass immerhin 22% der einbezogenen Unternehmen zwischen 10.001 und 100.000 Mitarbeitern beschäftigen und sogar 3,7% der Unternehmen mit einer Mitarbeiteranzahl von mehr als 100.000 in der vorliegenden Stichprobe vertreten sind.

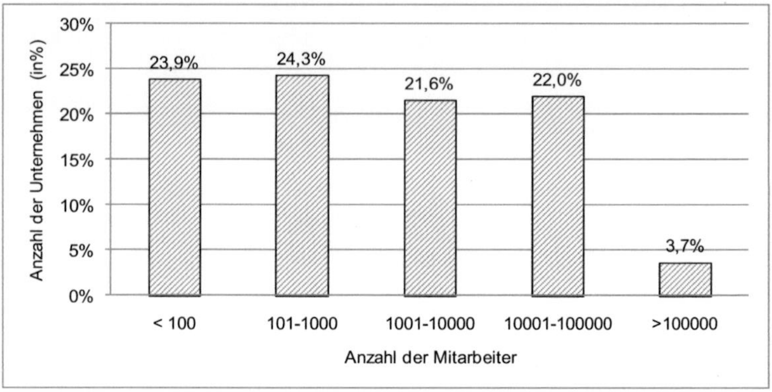

Abb. 4-8: Verteilung der Unternehmen nach Größenklassen (n=208)

Weiterhin wurde auch die Funktion des Befragten im eigenen Unternehmen abgefragt. Abb. 4-9 zeigt die Übersicht über die Hierarchieebenen der Befragten. Hier wird deutlich, dass sich die Stichprobe zu annähernd gleichen Teilen auf die Hierarchieebenen Abteilungsleiter (24%), Mitarbeiter (22%) und Projektleiter (20%) verteilt.

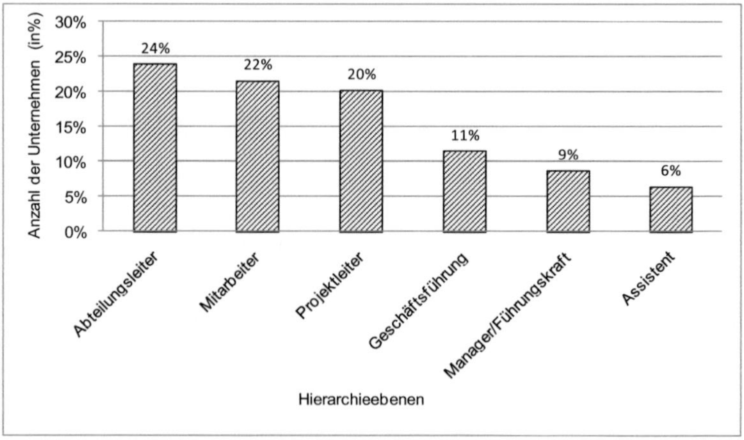

Abb. 4-9: Verteilung der Hierarchieebenen in der Stichprobe (n=201)

Geschäftsführer, Manager/Führungskräfte und Assistenten sind mit 11%, 9% bzw. 6% hingegen seltener vertreten.

Neben allgemeinen Angaben zum Unternehmen wurden die Befragten gebeten, die unternehmensübergreifende Projektarbeit zu charakterisieren sowie Angaben zu ihren persönlichen Erfahrungen mit bisheriger Projektarbeit zu machen. Tab. 4-9 zeigt, dass bei der Mehrheit der charakterisierten Projekte zwischen einem und fünf weiteren Unternehmen an der unternehmensübergreifenden Projektarbeit beteiligt waren. In 43% der beschriebenen Projekte waren 1-2 weitere Unternehmen in die Teamarbeit involviert, in 40% wurden sogar drei bis fünf weitere Unternehmen integriert. In 11% der befragten Projektteams wurde mit 6 bis 10 Unternehmen zusammengearbeitet und in 6% sogar mehr als 11 weitere Unternehmen integriert.

Charakteristika	Ausprägung in der vorliegenden Untersuchung			
Anzahl weiterer beteiligter Unternehmen[487] (n=215)	1 bis 2 43%	3 bis 5 40%	6 bis 10 11%	≥ 11 6%
Dauer der unternehmensübergreifenden Projektarbeit (in Monaten) (n=218)	1 < 6 M. 20%	6 < 12 M. 41%	12 < 24 M. 24%	>24 M. 14%
Durchschnittliche Dauer des allgemeinen Kooperationsverhältnisses (in Jahren) (n=176)	< 1 J. 17%	2 bis 3 J. 21%	4 bis 5 J. 23%	> 5 J. 26%
Teamgröße (Personen) (n=216)	3 bis 5 13%	6 bis 10 34%	11 bis 20 27%	> 20 26%
Funktion im Team (n=217)	Teammitglied 37%		Teamleiter (des gesamten Projektteams) 30%	Teamleiter (des eigenen Unternehmensteams) 33%

Tab. 4-9: Charakteristika der Stichprobe

Die unternehmensübergreifende Projektarbeit dauerte dabei bei 20 Prozent der Befragten zwischen einem und sechs Monaten, bei 41% zwischen 6 und 12 Monaten sowie bei 24% zwischen 12 und 24 Monaten. Bei nur 14% dauerte die Zusammenarbeit länger als 24 Monate.

Die Kooperationsverhältnisse im Allgemeinen bestehen jedoch mit den meisten Projektpartnern in der Regel bereits über einen längeren Zeitraum (vgl. Tab. 4-9). So beträgt die durchschnittliche Dauer des Kooperationsverhältnisses mit den meisten

487 In Kapitel 2.1.2 wurde darauf hingewiesen, dass sich interorganisationalen Projektteams aus Mitgliedern von mindestens zwei juristisch selbständigen Unternehmen zusammensetzen.

Kooperationspartnern bei 17% der Befragten bis zu einem Jahr, bei 21% zwischen 2 und 3 Jahren, bei 23% zwischen 4 und 5 Jahren und bei 26% der Befragten hingegen über 5 Jahren.

Weiterhin ist anzuführen, dass die am Projekt beteiligten Unternehmen überwiegend nicht im wettbewerblichen Verhältnis zueinander standen. Nur bei etwa 10% der Befragten war die Zusammenarbeit durch ein erhöhtes bis sehr hohes Wettbewerbsverhältnis zwischen den Projektpartnern gekennzeichnet (vgl. Abb. 4-10). Zudem herrschten bei 43% der Projektteams ausgeglichene Machtverhältnisse zwischen den beteiligten Projektpartnern. Bei 21% hingegen gab das antwortende Unternehmen an, weisungsgebunden bzw. weisungsbefugt (36%) gewesen zu sein.

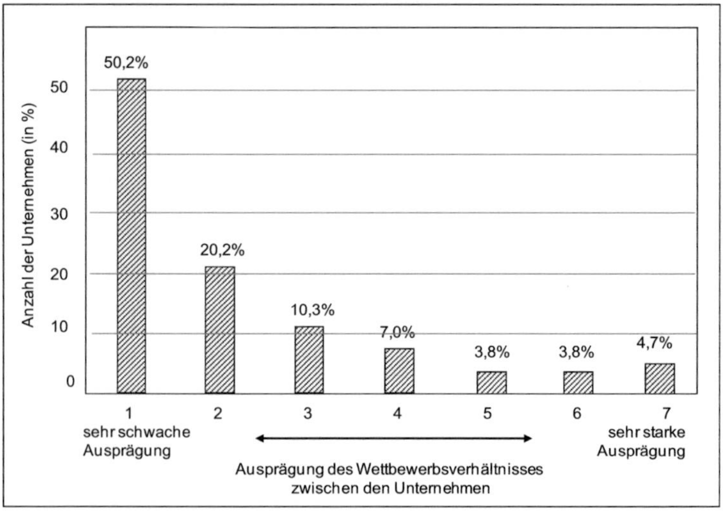

Abb. 4-10: Wettbewerbsverhältnis zwischen den beteiligten Unternehmen (n=213)

Im Hinblick auf die Zusammensetzung der betrachteten Projektteams ist festzustellen, dass sich diese in der vorliegenden Stichprobe überwiegend aus einer kleineren Anzahl an Teammitgliedern, d. h. 6 bis 10 (34%)[488] bzw. aus einer mittleren Anzahl an Teammitgliedern, d. h. 11 bis 20 (27%) zusammensetzen (vgl. Tab. 4-9). Dabei nehmen 37% der Befragten als Teammitglied, 33% als Teamleiter des eigenen Unternehmensteams, welches für die Projektarbeit entsendet wurde, – dies setzt voraus, dass das Unternehmen mehr als einen Mitarbeiter für die unternehmensüber-

---

[488] Diese Zahlen spiegeln die Auffassungen in der Literatur wider, die die optimale Größe eines klassischen Teams mit einer Mitgliederzahl zwischen drei und neun Personen empfehlen. Vgl. hierzu beispielsweise Högl (1998), S. 10f.

greifende Projektarbeit abstellt – , sowie 30% als Teamleiter des gesamten Projektteams an der unternehmensübergreifenden Zusammenarbeit teil. Die meisten von ihnen verfügen über erste Erfahrungen bei der Zusammenarbeit (vgl. Abb. 4-11.)

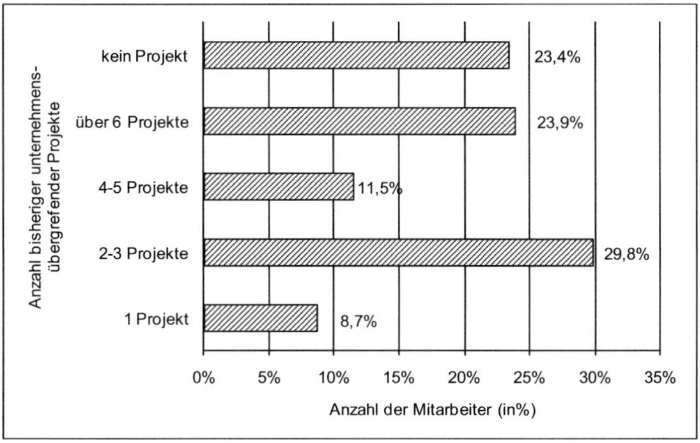

Abb. 4-11: Anzahl der zuvor durchgeführten unternehmensübergreifenden Projekte (n=212)

Die Aufgabenschwerpunkte der unternehmensübergreifenden Projektteams unterscheiden sich wie folgt: Die größte Gruppe (29%) der befragten Teilnehmer arbeitete in Produktions- und Logistikprojekten, 23% hingegen in Organisationsentwicklungs-/ Strategieprojekten, 16% in IT-Projekten sowie 15% in Konstruktion-/ Entwicklungsprojekten und 10% in Innovations-/Forschungsprojekten. Insgesamt 7% haben sich mit Projekten beschäftigt, die in die Kategorie „Sonstige“ subsumiert wurden. Hierunter fallen z. B. ein CRM- oder Marketing-Projekt oder ein Projekt zur Eventplanung.

Im Rahmen der verschiedenen Projekte arbeiteten die befragten Unternehmen in 41% der Fälle mit ihren Dienstleistern, in 33% mit ihren Abnehmern/Kunden, in 27% mit ihren Zulieferern, in 15 % mit Unternehmen einer anderen Branche sowie in 14% mit ihren Wettbewerbern zusammen. Dabei kam es häufiger vor, dass gleichzeitig Zulieferer und Kunden in die Projektarbeit involviert wurden.

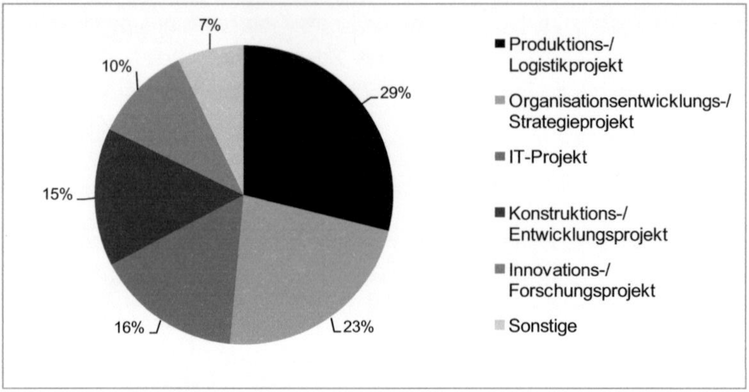

Abb. 4-12: Aufgabenschwerpunkte der unternehmensübergreifenden Projekte (n= 217)

4.3.2 Deskriptive Befunde zur unternehmensübergreifenden Projektarbeit

Bevor die Ergebnisse der Befragung einer Güteprüfung unterzogen werden, erfolgt zunächst eine kurze deskriptive Auswertung in Form einer Darstellung der Mittelwerte und Standardabweichungen der einzelnen Indikatoren. Hierbei werden die Ergebnisse nach den Funktionen der Befragten im unternehmensübergreifenden Projektteam differenziert betrachtet. Es wird die Funktion des Teammitglieds von der Funktion des Teamleiters des gesamten Projektteams bzw. des Teamleiters des eigenen Unternehmensteams, welches für die Projektarbeit entsendet wurde.

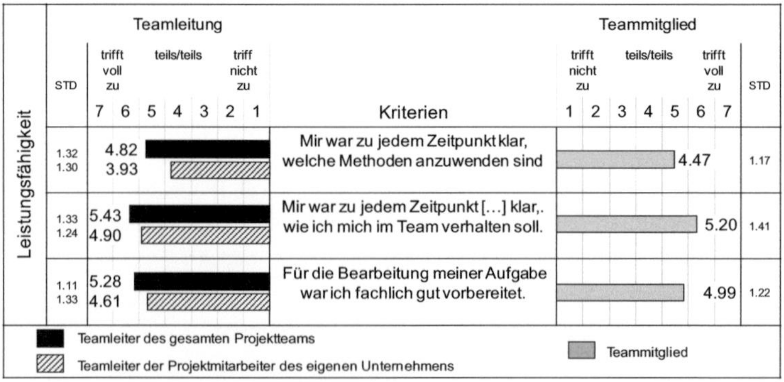

Abb. 4-13: Deskriptive Statistik zu der Leistungsfähigkeit

Abb. 4-13 zeigt zunächst die deskriptiven Ergebnisse zum Faktor Leistungsfähigkeit. Die Mittelwerte der Indikatoren, die für den Faktor Leistungsfähigkeit angeführt werden, verdeutlichen, dass sich die Angaben der Teammitglieder wenig von denen der beiden Teamleiterarten unterscheiden. Die stärkste Ausprägung zeigt in allen drei Funktionsgruppen die Sozialkompetenz. Die Befragten waren über die zu befolgenden Verhaltensregeln bei der unternehmensübergreifenden Projektarbeit gut informiert, da sie größtenteils wussten, wie sie sich im Team zu verhalten haben. Insbesondere die Teamleiter des gesamten Projektes verfügten über eine stark ausgeprägte Sozialkompetenz. Dies kann darin begründet werden, dass die Teamleiter des gesamten Projektes in der Regel dafür verantwortlich sind, auf die einzelnen Teammitglieder einzuwirken, um Konflikten zwischen den Teammitgliedern entgegenzuwirken. Hierzu sollten sie zu jedem Zeitpunkt wissen, welches Verhalten bei der Projektarbeit angebracht ist. In Bezug auf die Methodenkompetenz war sowohl den Teammitgliedern als auch den Teamleitern größtenteils zu jedem Zeitpunkt klar, welche Methoden anzuwenden sind. Auch die fachliche Vorbereitung zur Bearbeitung der Aufgabe war bei allen sichergestellt, wobei die Teamleiter des gesamten Projektes aufgrund ihrer wichtigen Position eine stärker ausgeprägte Fachkompetenz aufweisen als die Teamleiter des Unternehmens bzw. als die Teammitglieder.

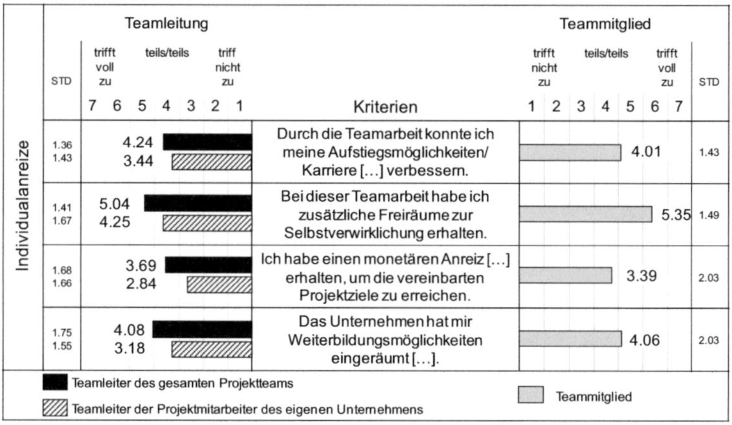

Abb. 4-14: Deskriptive Statistik zu den Individualanreizen

Bei der Häufigkeit der von dem entsendenden Unternehmen eingesetzten Individualanreize ist deutlich zu erkennen, dass den Befragten für den Leistungsbeitrag in der unternehmensübergreifenden Teamarbeit stärker immaterielle Anreize in Aussicht gestellt wurden (vgl. Abb. 4-14). Hierbei dominiert in allen drei Gruppen das Gewähren von persönlichen Freiräumen die Möglichkeit innerhalb der ausübenden Tätigkeit beruflich aufzusteigen. Auch der Anreiz, geeignete Weiterbildungsmaßnahmen zur Vorbereitung auf die unternehmensübergreifende Projektarbeit in Anspruch nehmen zu können, wurde seltener gewährt. Die Existenz materieller Anreize, z. B. in Form von Prämien oder einer höheren Eingruppierung bestätigten die Befragten nur selten, wobei die Teamleiter des gesamten Projektteams noch die stärkste Ausprägung von den drei Teamfunktionen aufweisen.

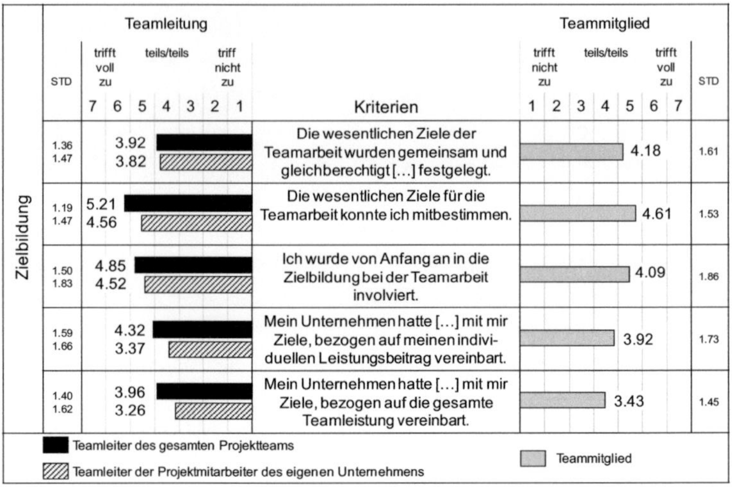

Abb. 4-15: Deskriptive Statistik zur Zielbildung

Was die Zielbildung anbelangt ist festzuhalten, dass die Befragten in vielen Fällen die wesentlichen Ziele für die Teamarbeit mitbestimmen durften und von Anfang an in die Zielbildung involviert wurden (vgl. Abb. 4-15). Hierbei zeigt sich eine stärkere Ausprägung bei den Teamleitern als bei den Teammitgliedern. Als Teamleiter müssen die Befragten sicherstellen, dass die Projekt- bzw. Unternehmensziele bei der Teamarbeit ausreichend vertreten werden. Wird der Teamleiter aktiv in den Zielvereinbarungsprozess und die damit verbundene Festlegung der erwarteten Leistung eingebunden, wird er die Zielvorgaben eher akzeptieren. Erstaunlicherweise zeigen die Ergebnisse weiterhin, dass sich die mit den Befragten vereinbarten Ziele sowohl bei den Teammitgliedern als auch bei den Teamleitern stärker auf den individuellen Leistungsbeitrag richteten als auf die gesamte Teamleistung. Nur in seltenen Fällen wurden die Ziele der Teamarbeit gemeinsam und gleichberechtigt von allen Teammitgliedern festgelegt.

Im Hinblick auf den erbrachten Leistungsbeitrag zeigen die Ergebnisse, dass sowohl beide Arten von Teamleiter als auch die Teammitglieder angaben, dass ihr Vorgesetzter ein großes Interesse an der erbrachten Teamleistung ausweist (vgl. Abb. 4-16). Die größte Ausprägung ist hier bei den Teamleitern des gesamten Projektes zu finden, da ihre Arbeit mit der hohen Verantwortung verbunden ist, die unternehmensübergreifende Zusammenarbeit erfolgreich zu steuern.

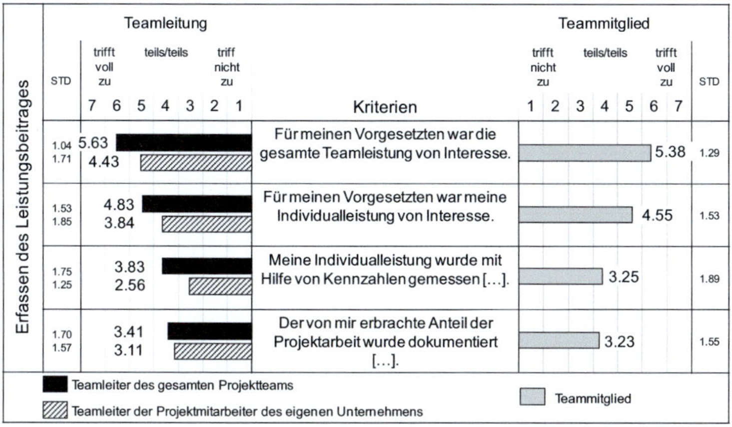

Abb. 4-16: Deskriptive Statistik zum Erfassen des Leistungsbeitrags

Neben den Teamergebnissen waren auch die Ergebnisse der individuellen Leistungsbeiträge für den Vorgesetzten von Interesse, wobei diese Angaben für alle drei Gruppen eine geringere Ausprägung aufweisen als bei dem Interesse hinsichtlich der erbrachten Teamleistung. Obgleich ein ausgeprägtes Interesse durch den Vorsitzenden an der Individualleistung vorhanden ist, wurde der von den Teammitgliedern und den Teamleitern erbrachte Output bei der unternehmensübergreifenden Projektarbeit nur in wenigen Fällen mit Hilfe von Kennzahlen erfasst bzw. in Form von Berichten, Aktionslisten etc. entsprechend dokumentiert.

Bezüglich der Frage nach dem Feedback gaben die Befragten an, ein umfassendes Feedback zur gesamten Teamleistung erhalten zu haben, wobei das Feedback für die Teammitglieder umfassender ausfiel als das Feedback für die Teamleiter (vgl. Abb. 4-17). Ein Vergleich der beiden Teamleiterarten zeigt, dass die Angaben der Teamleiter des gesamten Projektteams eine stärkere Ausprägung aufweisen, als die der Leiter des eigenen Unternehmensteams. Diese Tendenzen spiegeln sich auch bei dem Feedback zu dem individuellen Leistungsbeitrag wider, wobei die Teamleiter des gesamten Projektteams ein umfassenderes Feedback erhalten haben als die Teammitglieder.

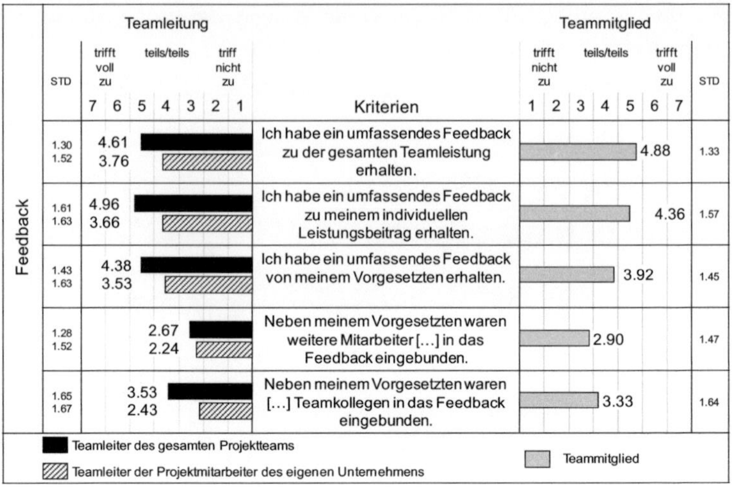

Abb. 4-17: Deskriptive Statistik zum Feedback

Das Feedback haben die Befragten überwiegend nur durch den unmittelbaren Vorgesetzten erhalten. Dabei wurden häufig weitere Teammitglieder in den Feedbackprozess hinzugezogen. Insbesondere für das Feedback der Projektleiter wurden weitere Teammitglieder in den Feedbackprozess integriert, um ein möglichst umfassendes Leistungsbild zu erhalten und die Resonanz ihrer Teamarbeit aufgreifen zu können. Auf die Integration von Arbeitskollegen wurde hingegen eher verzichtet, da diese die erbrachte Leistung des Teammitglieds nur bedingt beurteilen können.

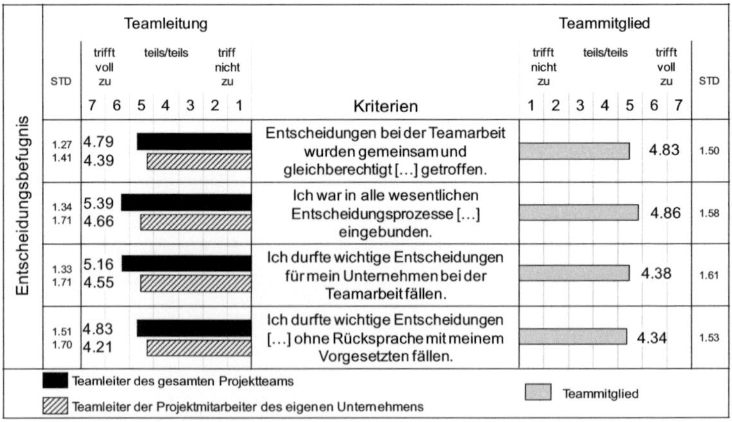

Abb. 4-18: Deskriptive Statistik zur Entscheidungsbefugnis

In Bezug auf die organisatorische Integration der Teammitglieder in die unternehmensübergreifende Projektarbeit zeigen die Ergebnisse zur Entscheidungsbefugnis für alle drei Funktionsarten ähnliche Ergebnisse (vgl. Abb. 4-18). Dabei wird deutlich, dass die Befragten bei der unternehmensübergreifenden Zusammenarbeit überwiegend in alle wesentlichen Entscheidungsprozesse eingebunden waren. Diese Ausprägung ist bei den Teamleitern des gesamten Projektteams am stärksten, da diese in der Regel die Verantwortung für den Projektverlauf übernehmen und daher die getroffenen Entscheidungen mittragen müssen.

Darüber hinaus gaben alle Beteiligten an, dass sie wichtige Entscheidungen für ihr Unternehmen bei der unternehmensübergreifenden Teamarbeit fällen durften. Auch hier weisen die Angaben der Teamleiter des gesamten Projektteams wieder die stärkste Ausprägung auf. Durch die Verlagerung der Entscheidungsbefugnisse an den Ort des Geschehens, der unternehmensübergreifenden Projektarbeit, können die Projektleiter direkt auf die Handlungsspielräume bei der Zusammenarbeit einwirken. Alle drei Funktionsgruppen gaben weiterhin an, dass Entscheidungen bei der Teamarbeit gemeinsam und gleichberechtigt getroffen wurden. Des Weiteren zeigen die Ergebnisse zur Entscheidungsbefugnis, dass alle drei Funktionsgruppen bei wichtigen Entscheidungen zuvor Rücksprache mit ihren Vorgesetzten halten mussten.

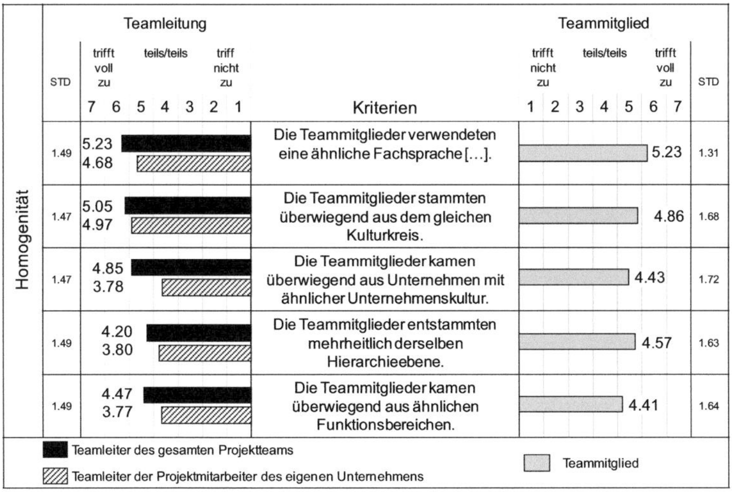

Abb. 4-19: Deskriptive Statistik der Homogenität

Wie Abb. 4-19 verdeutlicht, zeigen die Ergebnisse zur Teamzusammensetzung bei der unternehmensübergreifenden Projektarbeit, dass diese durch eine umfassende Homogenität gekennzeichnet war. Die Teammitglieder der beteiligten Unternehmen verwendeten bei ihrer unternehmensübergreifenden Zusammenarbeit eine ähnliche Fachsprache, wie z. B. Fachbegriffe oder Abkürzungen, und stammten überwiegend aus dem gleichen Kulturkreis. Dennoch kamen die Befragten bei der unternehmensübergreifenden Projektarbeit überwiegend aus ähnlichen Funktionsbereichen und waren dabei mehrheitlich auf derselben Hierarchieebene angesiedelt. In Bezug auf die Unternehmenskultur der beteiligten Partnerunternehmen waren hingegen eher Unterschiede festzustellen.

In Bezug auf die Mehrfachbelastung der Teammitglieder zeigen die Ergebnisse, dass insbesondere bei den Projektleitern des gesamten Teams sowie bei den Teammitgliedern die Projektarbeit überwiegend den Schwerpunkt der Tätigkeit ausmachte. Bei den Teamleitern des eigenen Unternehmens war hingegen das Wahrnehmen der Linienaufgaben stärker ausgeprägt, was darauf schließen lässt, dass die übrigen Teammitglieder des Unternehmens stärker in die Teamarbeit eingebunden waren als ihr unternehmensinterner Teamleiter.

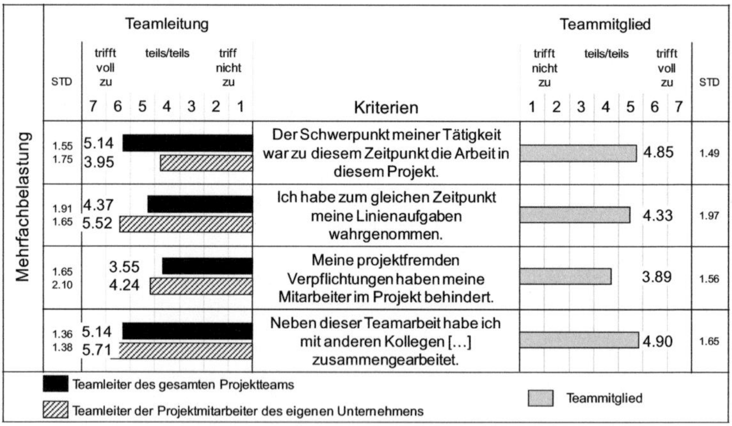

Abb. 4-20: Deskriptive Statistik zur Mehrfachbelastung

Darüber hinaus gaben sowohl die beiden Arten von Teamleiter als auch die Teammitglieder an, dass sie während der unternehmensübergreifenden Projektarbeit häufig mit anderen Kollegen aus ihrem Unternehmen zusammenarbeiten mussten. Insbesondere die Teamleiter des eigenen Unternehmens arbeiteten verstärkt mit anderen Mitarbeitern ihres Unternehmens zusammen. Überraschend zeigt sich unter diesen Umständen, dass die projektfremden Verpflichtungen nur in geringem Maße die Zusammenarbeit im Projekt behinderten (vgl. Abb. 4-20).

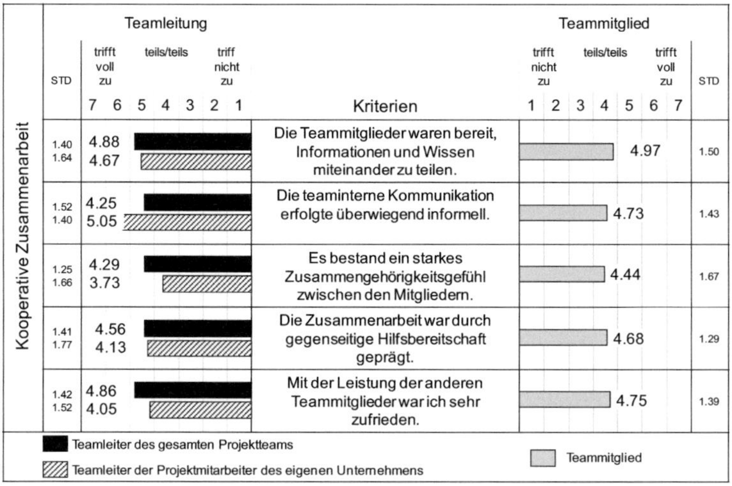

Abb. 4-21: Deskriptive Statistik der kooperativen Zusammenarbeit

In Bezug auf die Ausprägung der kooperativen Zusammenarbeit ist festzustellen, dass die Bereitschaft, Informationen und Wissen mit den anderen Teammitgliedern zu teilen, größtenteils bei allen drei Funktionsgruppen vorhanden war, wobei die Bereitschaft bei den Teammitgliedern am stärksten ausgeprägt war (vgl. Abb. 4-21). Auch die teaminterne Kommunikation erfolgte insbesondere nach Angaben der Teamleitern des eigenen Unternehmens, überwiegend informell. Bei der Zusammenarbeit im unternehmensübergreifenden Projektteam entwickelte sich daher zwischen den Teammitgliedern ein Zusammengehörigkeitsgefühl, das durch gegenseitige Hilfsbereitschaft geprägt war. Die Ergebnisse zur kooperativen Zusammenarbeit im Rahmen der unternehmensübergreifenden Projektarbeit zeigen auch, dass sowohl die Teamleiter als auch die Teammitglieder mit der Leistung der anderen Projetpartner größtenteils sehr zufrieden waren.

Abb. 4-22 stellt die Ergebnisse zur individuellen Leistungsbereitschaft zusammenfassend dar. Allgemein ist festzustellen, dass sowohl die Teamleiter als auch die Teammitglieder zu großen Teilen eine generelle Bereitschaft aufwiesen, in unternehmensübergreifenden Projektteams zu arbeiten. Dabei gaben sie an, dass es ihr eigener Wunsch war, dem Projektteam beizutreten, da sie vorab positive Erfahrung mit vorheriger unternehmensübergreifender Teamarbeit gemacht hatten.

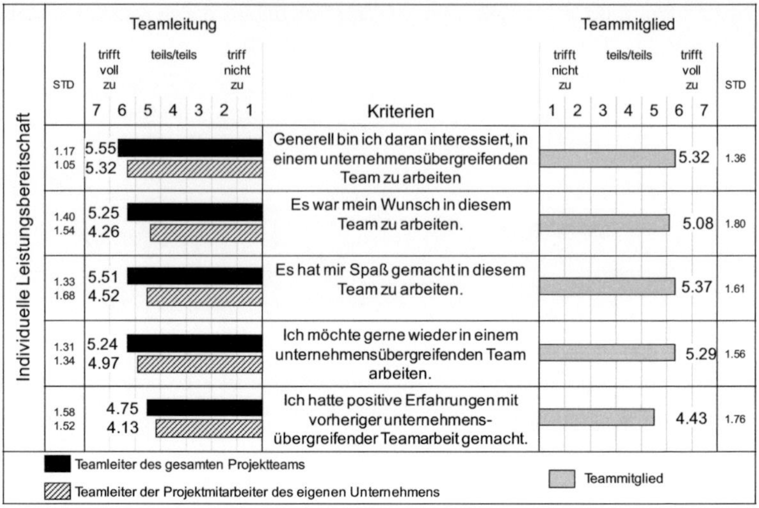

Abb. 4-22: Deskriptive Statistik der individuellen Leistungsbereitschaft

Weiterhin zeigen die Ergebnisse zur individuellen Leistungsbereitschaft, dass es sowohl den beteiligten Teammitgliedern als auch den beteiligten Teamleitern Spaß gemacht hat, in dem unternehmensübergreifenden Projekt zu arbeiten und sie daher diese Form der Zusammenarbeit gerne wiederholen würden.

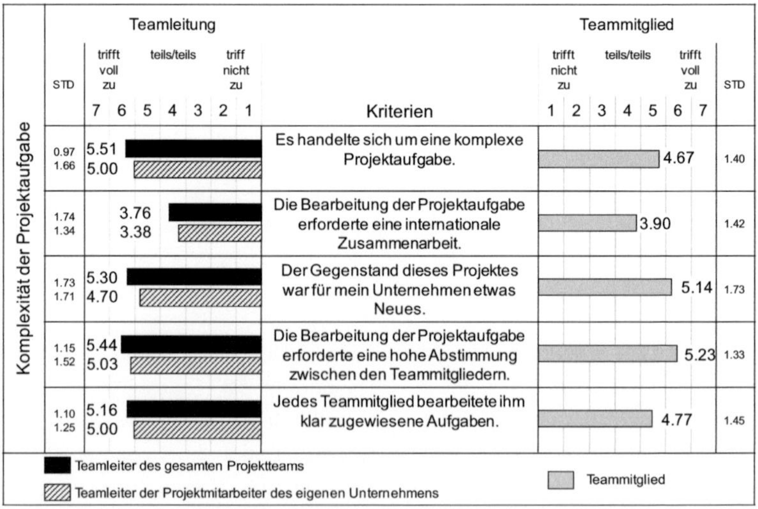

Abb. 4-23: Deskriptive Statistik der Komplexität der Projektaufgabe

Bezug nehmend auf die Komplexität der Projektaufgabe ist in Abb. 4-23 deutlich zu erkennen, dass die verschiedenen Kriterien relativ gleich ausgeprägt sind. Die Befragten stuften die von ihnen zu bearbeitende Projektaufgabe überwiegend als komplex ein. Zudem gaben sie an, dass die unternehmensübergreifende Zusammenarbeit zu großen Teilen eine hohe Abstimmung zwischen den Teammitgliedern erforderte, da der Gegenstand des Projektes inhaltlich etwas Neues für das eigene Unternehmen darstellte. Dabei waren jedem Beteiligten bei der unternehmensübergreifenden Zusammenarbeit entsprechende Aufgaben zur Bearbeitung klar zugewiesen worden. Die Projektaufgabe war jedoch weniger durch eine internationale Zusammenarbeit zwischen den Projektpartnern gekennzeichnet.

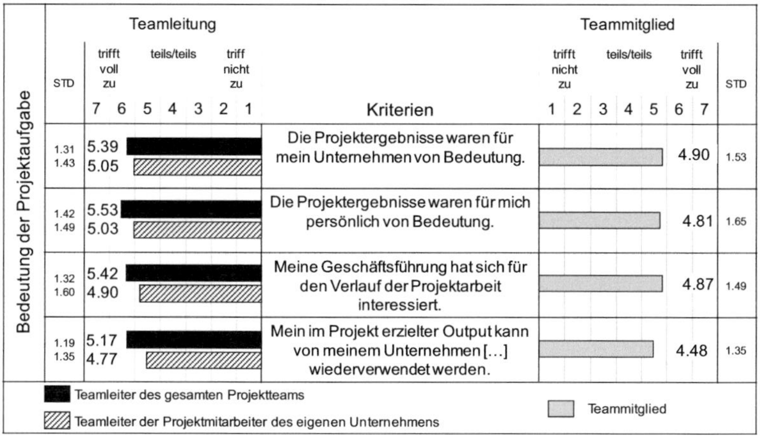

Abb. 4-24: Deskriptive Statistik der Bedeutung der Projektaufgabe

Die Ergebnisse zur Bedeutung der Projektaufgabe zeigen, dass die Projektergebnisse sowohl für die Befragten selbst als auch für das eigene Unternehmen als bedeutend erachtet wurden (vgl. Abb. 4-24). Die Geschäftsführung zeigte dabei für den Verlauf der Projektarbeit ein großes Interesse. In vielen Fällen konnte der vom Unternehmen im Projekt erzielte Output an anderer Stelle zu großen Teilen wiederverwendet werden.

Weiterhin gaben die beteiligten Unternehmen an, dass das eigene Unternehmen mit dem Projektergebnis zufrieden war, da das vereinbarte Projektergebnis zu großen Teilen erreicht wurde. Das Projektergebnis war darüber hinaus in der Regel für die Unternehmen innovativ. Im Rahmen der Projektarbeit konnten die veranschlagten Projektkosten sowie der Projektzeitplan überwiegend eingehalten werden (vgl. Abb. 4-25).

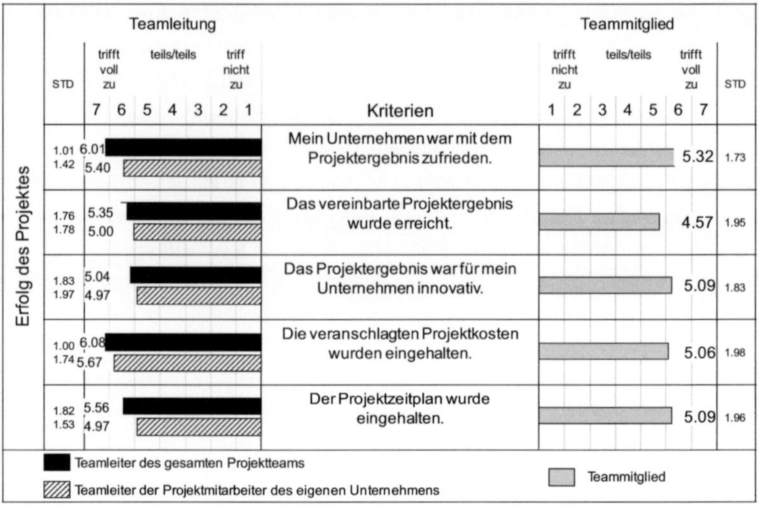

Abb. 4-25: Deskriptive Statistik zum Erfolg des Projektes

Zusammenfassend ist festzuhalten, dass trotz unterschiedlicher Funktionen im Projektteam, die Angaben der Befragten nur wenig voneinander abweichen. Stattdessen weisen sie die gleichen Tendenzen auf.

Neben dem Mittelwertvergleich, der sich auf die Differenzierung nach Funktionen innerhalb des Projektteams bezog, wurden darüber hinaus ein Mittelwertvergleich zwischen den einzelnen Projektaufgaben sowie ein Mittelwertvergleich für die Kombination der Projektaufgaben mit der jeweiligen Funktion im Projektteam durchgeführt. Sowohl die Mittelwertanalyse der Projektaufgaben an sich als auch die Mittelwertanalyse bezüglich der Kombination der Projektaufgabe mit der jeweiligen Funktion im Team haben keinen weiteren Aufschluss gegeben, da die Ergebnisse relativ homogen waren.[489] In ihrer Tendenz entsprechen die Ergebnisse den zuvor beschriebenen deskriptiven Befunden zur unternehmensübergreifenden Projektarbeit, die sich auf die Funktion des Befragten im Team beschränken.

Im Folgenden sollen zunächst die Methodik und allgemeine Vorgehensweise der Datenauswertung im Hinblick auf die direkten und indirekten Wirkungszusammenhänge auf die individuelle Leistungsbereitschaft beschrieben werden.

489 Zu den einzelnen Projektaufgaben siehe Kapitel 4.3.1 Abb. 4-12.

4.3.3 Prüfung des Untersuchungsmodells

4.3.3.1 Ergebnisse der Güteprüfung der Gestaltungsvariablen des mitarbeiterorientierten Leistungsmanagements

Nachfolgend wird die in Kapitel 4.2.3 beschriebene Vorgehensweise zur Güteüberprüfung reflektiver Konstrukte angewandt. Dazu werden der Reihe nach die in Kapitel 3.2 beschriebenen Gestaltungsvariablen der leistungsorientierten Personalführung betrachtet. Erfüllen die Indikatoren bzw. Faktoren die erforderlichen Gütekriterien, können sie im weiteren Verlauf der Arbeit bei der Modellüberprüfung Berücksichtigung finden.

	PCA/Varimax								
Indikator	1	2	3	4	5	6	7	8	**MSA**
LF 1	0,218	0,217	0,157	0,196	**0,709**	0,165	0,173	-0,002	0,823
LF2	0,136	0,361	0,163	0,085	**0,734**	0,016	0,138	0,160	0,790
LF3	0,367	-0,047	-0,132	0,104	**0,724**	0,135	0,099	-0,198	0,835
ANR2	0,051	0,078	**0,687**	0,124	0,085	0,146	0,087	-0,225	0,852
ANR3	0,279	0,117	**0,773**	0,030	-0,086	0,028	-0,051	-0,062	0,730
ANR4	0,025	0,308	**0,746**	0,143	0,231	0,020	0,197	0,017	0,831
ZIEL1	0,139	0,035	0,070	0,055	0,147	0,046	**0,819**	0,008	0,875
ZIEL2	0,550	0,127	0,154	0,118	0,302	0,094	**0,424**	0,037	0,907
ZIEL3	0,564	-0,077	-0,068	-0,053	0,144	0,264	**0,520**	-0,120	0,532
LM2	0,324	**0,549**	0,138	0,267	0,003	0,337	-0,084	-0,093	0,802
LM3	0,194	**0,682**	0,264	0,219	0,243	-0,072	-0,090	0,059	0,842
LM4	0,115	**0,583**	-0,390	-0,098	-0,078	-0,099	0,361	0,023	0,750
FEED1	-0,052	0,251	0,357	0,123	0,230	**0,422**	0,230	-0,084	0,753
FEED2	0,161	0,120	0,328	0,079	0,148	**0,280**	0,036	-0,161	0,683
FEED3	0,068	0,150	0,095	0,075	0,150	**0,275**	0,051	-0,190	0,681
FEED4	0,091	0,181	-0,056	-0,024	0,024	**0,877**	0,059	0,013	0,852
FEED5	0,175	0,191	0,251	0,061	0,206	**0,795**	0,089	-0,070	0,883
ENTS1	**0,494**	0,166	0,263	0,187	0,135	0,061	0,503	-0,091	0,882
ENTS2	**0,611**	0,205	0,030	0,165	0,188	0,222	0,335	-0,156	0,767
ENTS3	**0,832**	0,183	0,055	0,092	0,095	0,032	0,078	-0,052	0,734
ENTS4	**0,806**	0,090	0,162	0,175	0,219	0,027	0,025	0,042	0,823
HOM2	0,351	0,072	-0,071	**0,691**	-0,047	-0,011	0,013	0,028	0,820
HOM3	0,200	0,126	0,071	**0,583**	0,147	0,169	-0,088	-0,002	0,807
HOM4	-0,106	0,074	0,263	**0,780**	0,148	0,098	0,186	0,009	0,746
HOM5	0,056	0,100	0,106	**0,765**	0,138	-0,087	0,033	-0,162	0,834
EINB2	0,046	-0,261	-0,319	-0,027	-0,026	-0,016	-0,055	**0,753**	0,818
EINB3	-0,301	0,047	0,159	0,013	-0,077	-0,145	-0,052	**0,758**	0,820
EINB4	0,137	-0,099	-0,398	-0,183	0,134	0,117	0,072	**0,605**	0,820
Eigenwert	8,281	2,863	2,039	1,706	1,452	1,265	1,164	1,007	
Erklärte Varianz	29,574	10,224	7,282	6,094	5,187	4,516	4,159	3,598	

KMO: 0,814; Bartlett-Test: $x^2 = 3227{,}962$; $df = 378$; $p = 0{,}000$

Tab. 4-10: Explorative Faktorenanalyse der Gestaltungsvariablen des mitarbeiterorientierten Leistungsmanagements

Die Ergebnisse der explorativen Faktorenanalyse der Gestaltungsvariablen der Personalführung und der Teamkonstellation zeigen zunächst eine Extraktion von neun Faktoren anhand des Kaiser-Kriteriums. Hierbei weisen einzelne Indikatoren aus den Bereichen „Individualanreize“, „Zielbildung“ und „Erfassen des Leistungsbeitrags“, „Einbindung“ sowie „Homogenität“ vereinzelt Querladungen auf, so dass in einem nächsten Schritt die auffälligen Indikatoren eliminiert werden und die Faktorenanalyse erneut durchgeführt wird. Die anschließenden Ergebnisse zeigen, dass anhand des Kaiser-Kriteriums acht Faktoren extrahiert werden können, die nun durch eine deutliche Einfachstruktur gekennzeichnet sind (vgl. Tab. 4-10).

Alle verbleibenden Indikatoren laden auf die in Kapitel 3.1 postulierten acht Faktoren Leistungsfähigkeit, Individualanreiz, Zielbildung, Erfassen des Leistungsbeitrags, Feedback, Entscheidungsfindung, Homogenität und Mehrfachbelastung. Der Bartlett-Test weist signifikante Korrelationen auf und die MSA-Werte liegen zwischen 0,532 - 0,907 und sind somit, wie auch der KMO-Wert mit 0,814 ausreichend hoch.

		standard.	Indikatorreliabilität		Faktorreliabilität		
Faktor	**Indikator**	**Ladung**	**I-t-T K**	ρ_i	α	ρ_{WLJ}	**DEV**
Leistungsfähigkeit	LF1	0,850	0,677	0,723	0,77	0,78	0,55
	LF2	0,719	0,636	0,517			
	LF3	0,631	0,514	0,398			
Individualanreiz	ANR2	0,700	0,622	0,490	0,77	0,78	0,54
	ANR3	0,635	0,605	0,403			
	ANR4	0,861	0,608	0,741			
Zielbildung	ZIEL1	0,531	0,446	0,282	0,73	0,76	0,53
	ZIEL2	0,910	0,621	0,828			
	ZIEL3	0,830	0,633	0,466			
Erfassen des Leistungsbeitrags			eliminiert				
Feedback	FEED1	0,821	0,713	0,674	0,85	0,84	0,53
	FEED2	0,859	0,712	0,738			
	FEED3	0,708	0,647	0,501			
	FEED4	0,445	0,534	0,198			
	FEED5	0,728	0,669	0,530			
Entscheidungs-befugnis	ENTS1	0,795	0,623	0,632	0,85	0,85	0,59
	ENTS2	0,822	0,681	0,676			
	ENTS3	0,716	0,750	0,513			
	ENTS4	0,745	0,718	0,555			
Homogenität	HOM2	0,737	0,508	0,299	0,75	0,75	0,43
	HOM3	0,547	0,499	0,543			
	HOM4	0,673	0,566	0,453			
	HOM5	0,637	0,590	0,406			
Mehrfachbelastung	EINB2	0,953	0,541	0,908	0,70	0,75	0,62
	EINB3		eliminiert				
	EINB4	0,568	0,541	0,323			

GFI: 0,959 AGFI: 0,946; NFI: 0,938; RFI: 0,926

Tab. 4-11: Konfirmatorische Faktorenanalyse der Gestaltungsvariablen des mitarbeiterorientierten Leistungsmanagements

Die Ergebnisse der anschließend durchgeführten konfirmatorischen Faktorenanalyse mit acht frei korrelierenden Faktoren sind in Tab. 4-11 abgebildet.

Nach Ausschluss der Indikatorvariable *EINB3* weisen die latenten Variablen mit Werten von 0,70 - 0,85 ein Cronbachs Alpha auf, das dem geforderten Mindestwert von 0,7 entspricht, so dass die Reliabilität als gewährleistet angesehen werden kann. Neben α übersteigt auch die Faktorreliabilität pw_{LJ} das geforderte Mindestmaß von 0,6 mit Werten von 0,75 - 0,85 deutlich. Im Hinblick auf die Item-to-Total Korrelation sowie die Indikatorreliabilität ist festzuhalten, dass fast alle Werte das geforderte Mindestmaß erreichen. Da die Faktorreliabilität pw_{LJ} im Vergleich zur Indikatorreliabilität als bedeutender eingestuft wird, werden trotz der teilweise nicht erfüllten Anforderung an die Indikatorreliabilität keine weiteren Modifikationen vorgenommen. Die durchschnittlich erfasste Varianz liegt hingegen für den Faktor Homogenität mit 0,43 unter dem geforderten Mindestwert von 0,5. Da jedoch für die anderen Faktoren ausreichend hohe Werte erreicht werden, und der Faktor Homogenität die Anforderungen hinsichtlich der Reliabilitätskriterien erfüllt, kann insgesamt von ausreichender Konvergenzvalidität ausgegangen werden. Daher kann das Konstrukt Homogenität zur Überprüfung der weiteren Hypothesen beibehalten werden. Eine Ausnahme hingegen bildet der Faktor „Erfassung des Leistungsbeitrags“, der fast durchweg nicht akzeptable Werte für die einzelnen Gütemaße aufweist, so dass dieser im Folgenden von der weiteren Analyse ausgeschlossen werden muss.

4.3.3.2 Ergebnisse der Güteprüfung der kooperativen Zusammenarbeit

Die Ergebnisse der für die kooperative Zusammenarbeit durchgeführten explorativen Faktorenanalyse zeigen, dass neben überdurchschnittlichen MSA-Werten eine deutliche Einfachstruktur zu erkennen ist, so dass keine Indikatoren von der weiteren Analyse ausgeschossen werden müssen. Der Bartlett-Test weist signifikante Korrelationen auf und der KMO-Wert liegt bei 0,86 (vgl. Tab. 4-12).

		PCA/ Varimax	
Faktor	**Indikator**	1	**MSA**
Kooperative Zusammenarbeit	KOOP1	0,848	0,899
	KOOP2	0,542	0,902
	KOOP3	0,882	0,863
	KOOP4	0,918	0,821
	KOOP5	0,879	0,855
	Eigenwert	3,405	
	Erklärte Varianz	68,11%	

KMO: 0,86; Bartlett-Test: $x^2 = 654,881$ $df = 10$; $p = 0,000$

Tab. 4-12: Explorative Faktorenanalyse zur kooperativen Zusammenarbeit

Auch die Ergebnisse der konfirmatorischen Faktorenanalyse zeigen, dass bei einem Cronbachs Alpha von 0,88 die Reliabilität als gewährleistet angesehen werden kann (vgl. Tab. 4-13). Die Faktorreliabilität sowie die Indikatorreliabilität und die Item-to-Total Korrelation übersteigen mit nur einer Ausnahme die geforderten Mindestmaße. Auch die durchschnittlich erfasste Varianz liegt mit 0,62 über dem Schwellenwert von 0,5, so dass von einer gegebenen Konvergenzvalidität ausgegangen werden kann. Aufgrund der guten Ergebnisse werden keine weiteren Modifikationen vorgenommen.

		standard.	Indikatorreliabilität		Faktorreliabilität		
Faktor	**Indikator**	**Ladung**	**I-t-T K**	**ρ_i**	**α**	**ρ_{WLJ}**	**DEV**
Kooperative Zusammenarbeit	KOOP1	0,789	0,743	0,623	0,88	0,88	0,62
	KOOP2	0,433	0,415	0,187			
	KOOP3	0,851	0,781	0,724			
	KOOP4	0,920	0,840	0,846			
	KOOP5	0,849	0,771	0,721			

GFI: 0,999; AGFI: 0,996; NFI: 0,998; RFI: 0,996

Tab. 4-13: Konfirmatorische Faktorenanalyse zur kooperativen Zusammenarbeit

4.3.3.3 Ergebnisse der Güteprüfung der individuellen Leistungsbereitschaft

Gleiches gilt für die Analyse der individuellen Leistungsbereitschaft. Die Ergebnisse der explorativen Faktorenanalyse zeigen, dass die Indikatoren bei hohen MSA-Werten alle eine ausreichend hohe Ladung auf den postulierten Faktor aufweisen, so dass keine Indikatoren eliminiert werden müssen (vgl. Tab. 4-14).

		PCA/ Varimax	
Faktor	**Indikator**	1	**MSA**
Individuelle Leistungsbereitschaft	LB1	0,828	0,836
	LB2	0,816	0,856
	LB3	0,853	,0852
	LB4	0,910	0,784
	LB5	0,578	0,928
	Eigenwert	3,241	
	Erklärte Varianz	64,816%	

KMO: 0,836; Bartlett-Test: $x^2 = 540{,}063$; $df = 10$; $p = 0{,}000$

Tab. 4-14: Explorative Faktorenanalyse zur individuellen Leistungsbereitschaft

Auch die anschließend durchgeführte konfirmatorische Faktorenanalyse liefert gute Ergebnisse. Für die Werte des Cronbachs Alpha wird der geforderte Mindestwert von 0,5 erreicht, so dass die Reliabilität als gewährleistet angesehen werden kann. Neben Alpha übersteigt auch die Faktorreliabilität pw_{LJ} deutlich den Schwellenwert von

0,5. Die Indikatorreliabilität und die Item-to-Total Korrelation liegen mit einer Ausnahme alle über den geforderten Mindestwerten. Auch die durchschnittlich erfasste Varianz weist mit 0,57 einen akzeptablen Wert auf, so dass insgesamt von gegebener Konvergenzvalidität ausgegangen werden kann (vgl. Tab. 4-15).

Faktor	Indikator	standard. Ladung	Indikatorreliabilität I-t-T K	Indikatorreliabilität ρ_i	Faktorreliabilität α	Faktorreliabilität ρ_{WLJ}	DEV
Leistungsbereitschaft	LB1	0,764	0,702	0,584	0,85	0,87	0,57
	LB2	0,760	0,681	0,578			
	LB3	0,822	0,735	0,676			
	LB4	0,910	0,819	0,828			
	LB5	0,458	0,434	0,210			

GFI: 1,00; AGFI: 1,00; NFI: 1,00; RFI: 1,00

Tab. 4-15: Konfirmatorische Faktorenanalyse zur individuellen Leistungsbereitschaft

4.3.3.4 Ergebnisse der Güteprüfung der moderierenden Faktoren

Für die Indikatoren der Komplexität der Projektaufgabe ergibt die explorative Faktorenanalyse nach dem Kaiser-Kriterium die Extraktion von zwei Faktoren. Bei den Indikatoren „KOMP2" und „KOMP3" sind jedoch starke Querladungen zu beobachten, so dass diese Indikatoren eliminiert werden und die Faktorenanalyse anschließend erneut durchgeführt werden muss. Die anschließenden Ergebnisse zeigen, dass anhand des Kaiser-Kriteriums ein Faktor extrahiert wird (vgl. Tab. 4-16). Der Bartlett-Test weist signifikante Korrelationen auf und sowohl der KMO-Wert als auch die MSA-Werte liegen mit 0,691 bzw. 0,664-0,742 über den geforderten Mindestwerten.

Faktor	Indikator	PCA/ Varimax 1	MSA
Komplexität der Projektaufgabe	KOMP1	0,828	0,668
	KOMP4	0,853	0,664
	KOMP5	0,776	0,742
	Eigenwert	2,014	
	Erklärte Varianz	67,139%	

KMO: 0,691; Bartlett-Test: $x^2 = 199{,}331$; $df = 10$; $p = 0{,}000$

Tab. 4-16: Explorative Faktorenanalyse zur Komplexität der Projektaufgabe

Die anschließend durchgeführte konfirmatorische Faktorenanalyse (vgl. Tab. 4-17) zeigt zufriedenstellende Ergebnisse. Für Cronbachs Alpha wird der geforderte Mindestwert von 0,5 erreicht, so dass die Reliabilität als gewährleistet angesehen werden kann. Neben Alpha übersteigt die Faktorreliabilität pw_{LJ} ebenfalls den Schwellenwert von 0,5. Auch die Indikatorreliabilität und die Item-to-Total Korrelation liegen über den geforderten Mindestwerten. Gleiches gilt für die durchschnittlich erfasste Varianz. Abschließend kann daher auch hier von gegebener Konvergenzvalidität ausgegangen werden.

Faktor	Indikator	standard. Ladung	Indikatorreliabilität I-t-T K	ρ_i	Faktorreliabilität α	ρ_{WLJ}	DEV
Komplexität der Projektaufgabe	KOMP1	0,722	0,594	0,521	0,76	0,76	0,52
	KOMP4	0,806	0,635	0,650			
	KOMP5	0,525	0,525	0,375			

GFI: 1,00; AGFI: 1,00; NFI: 1,00; RFI: 1,00

Tab. 4-17: Konfirmatorische Faktorenanalyse zur Komplexität der Projektaufgabe

Die explorative Faktorenanalyse der Indikatoren zur Bedeutung der Projektaufgabe ergibt die Extraktion von einem postulierten Faktor. Der Bartlett-Test weist signifikante Korrelationen auf und sowohl der KMO-Wert als auch die MSA-Werten liegen mit 0,787 bzw. 0,731 - 0,822 über den geforderten Mindestwerten (vgl. Tab. 4-18).

Faktor	Indikator	PCA/ Varimax 1	MSA
Bedeutung der Projektaufgabe	BED1	0,889	0,731
	BED2	0,800	0,822
	BED3	0,816	0,819
	BED4	0,770	0,801
	Eigenwert	2,688	
	Erklärte Varianz	67,205%	

KMO: 0,787; Bartlett-Test: $x^2 = 345{,}286$; $df = 6$; $p = 0{,}000$

Tab. 4-18: Explorative Faktorenanalyse zur Bedeutung der Projektaufgabe

Für den Wert des Cronbachs Alphas wird der geforderte Mindestwert von 0,5 erreicht, so dass die Reliabilität als gewährleistet angesehen werden kann (vgl. Tab. 4-19).

Faktor	Indikator	standard. Ladung	Indikatorreliabilität I-t-T K	ρ_i	Faktorreliabilität α	ρ_{WLJ}	DEV
Bedeutung der Projektaufgabe	BED1	0,886	0,772	0,785	0,84	0,84	0,57
	BED2	0,713	0,641	0,508			
	BED3	0,740	0,662	0,548			
	BED4	0,662	0,597	0,438			

GFI: 0,999; AGFI: 0,994; NFI: 0,998; RFI: 0,993

Tab. 4-19: Konfirmatorische Faktorenanalyse zur Bedeutung der Projektaufgabe

Neben Alpha übersteigt auch die Faktorreliabilität pw_{LJ} den Mindestwert, ebenso die Indikatorreliabilität und die Item-to-Total Korrelation. Gleiches gilt für die durchschnittlich erfasste Varianz. Abschließend kann daher von gegebener Konvergenzvalidität ausgegangen werden.

4.3.3.5 Prüfung der Diskriminanzvalidität

Um die Prüfung der reflektiven latenten Variablen zu vervollständigen, erfolgt neben der Überprüfung der Konvergenzvalidität die Analyse der Diskriminanzvalidität. Hierzu wird das in Kapitel 4.2.3 beschriebene Fornell/Larcker-Kriterium angewandt, welches beinhaltet, dass die durchschnittlich erfasste Varianz (DEV) eines Faktors größer sein soll, als jede quadratische Interkorrelation mit einem anderen Faktor.[490] Ist diese Voraussetzung erfüllt, kann von Diskriminanzvalidität ausgegangen werden.

Tab. 4-20 beinhaltet die quadrierten Korrelationen zwischen den reflektiven latenten Variablen des Modells.

	LF	ANR	ZIEL	FEED	ENTS	HOM	EINB	KOOP	LB
Leistungsfähigkeit (LF)	1,00								
Individualanreiz (ANR)	0,17	1,00							
Zielbildung (ZIEL)	0,42	0,08	1,00						
Feedback (FEED)	0,33	0,35	0,20	1,00					
Entscheidungsbefugnis (ENTS)	0,42	0,16	0,56	0,26	1,00				
Homogenität (HOM)	0,25	0,18	0,12	0,15	0,30	1,00			
Mehrfachbelastung (EINB)	0,01	0,21	0,00	0,14	0,02	0,04	1,00		
Kooperative Zusammenarbeit (KOOP)	0,47	0,15	0,29	0,37	0,58	0,39	0,39	1,00	
Individuelle Leistungsbereitschaft (LB)	0,35	0,11	0,29	0,28	0,52	0,29	0,04	0,60	1,00
Durchschnittlich erfasste Varianz (DEV)	**0,55**	**0,54**	**0,53**	**0,53**	**0,59**	**0,43**	**0,62**	**0,62**	**0,57**

Tab. 4-20: Quadrierte Korrelationen zwischen den reflektiv latenten Variablen

Die Ergebnisse zeigen, dass die durchschnittlich erfasste Varianz der reflektiv latenten Variablen größer ist als die quadrierten Korrelationen mit den jeweiligen anderen latenten Variablen. Demzufolge kann insgesamt von einer Diskriminanz zwischen den reflektiv latenten Variablen ausgegangen werden.

4.3.4 Ergebnisse der Hypothesenprüfung

Nachdem zuvor die Prüfung der in das Untersuchungsmodell einbezogenen Variablen auf Validität und Reliabilität vorgenommen wurde, werden im Folgenden die in

[490] Zur ausführlichen Erläuterung des Fornell/Larcker-Kriteriums siehe Fornell/Larcker (1981), S. 41ff.

Kapitel 3 aufgestellten Hypothesen überprüft. Hierbei stehen sowohl direkte als auch indirekte Wirkungszusammenhänge im Vordergrund der Untersuchung. Zur Übersichtlichkeit werden zunächst die direkten und indirekten Effekte auf die individuelle Leistungsbereitschaft in einem Grundmodell analysiert. Anschließend wird die Analyse um die moderierenden Effekte erweitert.

4.3.4.1 Überprüfung der direkten und indirekten Einflüsse auf die individuelle Leistungsbereitschaft

Um die in Kapitel 3 aufgestellten Hypothesen zu den Wirkungszusammenhängen zwischen den Gestaltungsvariablen des mitarbeiterorientierten Leistungsmanagements und der individuellen Leistungsbereitschaft bzw. der kooperativen Zusammenarbeit überprüfen zu können, müssen sowohl die direkten als auch die indirekten Effekte ermittelt und analysiert werden.

Mit Hilfe des Statistikprogramms AMOS 17 (Analysis Of Moment Structures) wird hierzu ein Strukturgleichungsmodell erstellt. Die Anpassung des Pfadmodells an die Daten wird in AMOS mittels des ULS-Schätzverfahrens vorgenommen. Zur Messung der Konstrukte werden die zuvor validierten Messmodelle verwendet. Da der Faktor Erfassen des Leistungsbeitrags nicht die erforderlichen Gütekriterien erfüllt (vgl. 4.3.3.1), kann dieser nicht in das Strukturgleichungsmodell integriert und die Hypothesen H4a und H4b demnach nicht getestet werden. Eine Interpretation der gesamten Ergebnisse erfolgt im Anschluss in Kapitel 5.

Die Ergebnisse in Abb. 4-26 zeigen, dass alle betrachteten Gestaltungsvariablen des Leistungsmanagements einen direkten Einfluss auf die individuelle Leistungsbereitschaft ausüben. Dabei sind die Stärken der verschiedenen Einflussgrößen auf die individuelle Leistungsbereitschaft unterschiedlich ausgeprägt.[491]

Die in Kapitel 3 aufgestellte Hypothese H(1a) unterstellt einen positiven Zusammenhang zwischen der Leistungsfähigkeit und der individuellen Leistungsbereitschaft. Mit einem Pfadkoeffizienten von 0,40 ist ein starker positiver Effekt zu verzeichnen, so dass die Hypothese H(1a) als bestätigt angesehen werden kann. H(2a) setzt ebenfalls die dem Teammitglied gewährten Individualanreize für die unternehmensübergreifende Projektarbeit in eine positive Beziehung zur Leistungsbereitschaft. Das Ergebnis zeigt jedoch, dass der Pfadkoeffizienten mit -0,27 einen starken negativen Einfluss auf die individuelle Leistungsbereitschaft ausübt. Die Hypothese muss daher verworfen werden. Die Hypothese H(3a), die von einer positiven Wirkungsbeziehung zwischen der Zielbildung und der individuellen Leistungsbereitschaft ausgeht, kann

[491] Das Modell weist 349 Freiheitsgrade auf. Dabei werden alle Konstrukte reflektiv gemessen.

aufgrund des starken positiven Einflusses (0,41) angenommen werden. Auch die Hypothese (5a), die einen positiven Zusammenhang des Faktors Feedback auf die individuelle Leistungsbereitschaft unterstellt, kann aufgrund des positiven Pfadkoeffizienten mit moderater Effektstärke von 0,14 bestätigt werden.

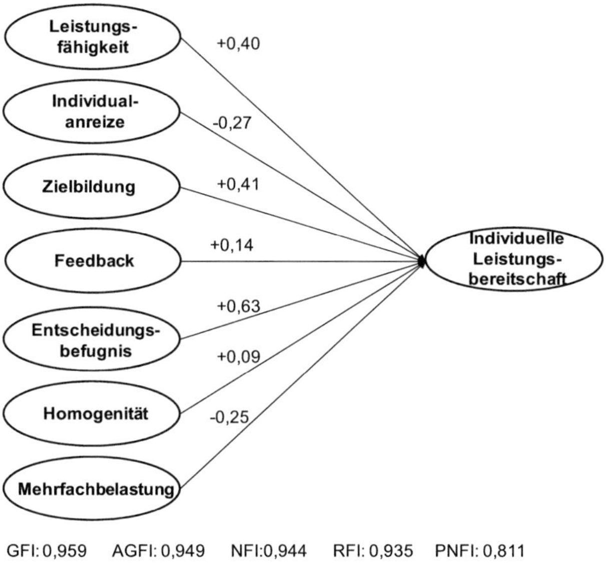

Abb. 4-26: Ergebnisse der direkten Einflüsse auf die individuelle Leistungsbereitschaft

Weiterhin hält die Hypothese H(6a), die eine positive Wirkungsbeziehung zwischen der Entscheidungsbefugnis und der individuellen Leistungsbereitschaft postuliert, der Überprüfung stand. Mit einem Pfadkoeffizienten von 0,63 wird der starke positive Einfluss deutlich bestätigt. Des Weiteren kann die Hypothese H(7a), die eine positive Wirkungsbeziehung des Faktors Homogenität auf die Leistungsbereitschaft unterstellt, mit einem schwachen Pfadkoeffizienten von 0,09 bestätigt werden. Auch der negative Pfadkoeffizient zwischen der Mehrfachbelastung und der individuellen Leistungsbereitschaft zeigt mit einem Wert von -0,25 den in H(8a) postulierten negativen Zusammenhang, so dass auch diese Annahme bestätigt werden kann.

Nachdem die zentralen Untersuchungshypothesen zum direkten Einfluss auf die individuelle Leistungsbereitschaft weitestgehend bestätigt wurden, muss zudem die Stichhaltigkeit der zugrunde liegenden Theorien überprüft werden. Hierzu wird die Anpassungsgüte des Modells anhand der in Kapitel 4.2.1 aufgezeigten Gütekriterien beurteilt. Die Ergebnisse zeigen, dass sowohl der Goodness of Fit Index (GFI) mit einem Wert von 0,959 als auch der Adjusted Goodness of Fit Index (AGFI) mit 0,949 und der Normed Fit Index (NFI) mit 0,944 den geforderten Mindestwert von 0,9 übertreffen. Der Relative Fit Index (RFI) liegt mit einem Wert von 0,935 sogar deutlich über dem Schwellenwert von 0,7 und auch der Parsimonious Normed Fit Index (PNFI) übersteigt mit 0,811 deutlich den geforderten Mindestwert von 0,7. Die Modellanpassung ist demnach insgesamt als gut zu bewerten, so dass die theoretischen Überlegungen, die dem Modell zugrunde liegen, nicht zurückgewiesen werden.

Nachfolgend werden die in Kapitel 3 formulierten Hypothesen mit Hilfe des Strukturgleichungsmodells überprüft, welches die indirekten Wirkungsbeziehungen umfasst. Die moderierenden Effekte, der in Kapitel 3.4 beschriebenen Einflussfaktoren, werden jedoch zunächst weiterhin ausgeklammert.[492]

An den Ergebnissen wird deutlich, dass die Bezugselemente des Leistungsmanagements nicht nur direkt sondern auch indirekt die individuelle Leistungsbereitschaft beeinflussen. Abb. 4-27 zeigt zur übersichtlicheren Darstellung lediglich das Strukturgleichungsmodell, welches ähnliche Tendenzen aufweist, wie das Grundmodell mit den direkten Einflüssen.

In der Hypothese H(1b) wird von einer positiven Beziehung zwischen der Leistungsfähigkeit und der kooperativen Zusammenarbeit ausgegangen. Der Pfadkoeffizient weist einen schwachen Wert von 0,03 auf. Da zumindest ein geringer positiver Effekt festgestellt wird, soll H(1b) im Folgenden beibehalten und in Kapitel 5 diskutiert werden. Die Hypothese H(2b) postuliert einen negativen Zusammenhang zwischen den Individualanreizen und der kooperativen Zusammenarbeit. Der Pfadkoeffizient weist einen sehr schwachen Wert von -0,01 auf. Die Wirkung der gewährten Individualanreize ist demnach so gering, dass H(2b) im Folgenden nicht sicher angenommen werden kann. Auch der Pfadkoeffizient zwischen der Zielbildung und der kooperativen Zusammenarbeit weist einen geringen Wert von 0,03 auf. Bei der anschließenden Interpretation der Ergebnisse in Kapitel 5 soll dennoch davon ausgegangen werden, dass hier ein schwacher Zusammenhang zwischen der Zielbildung und der kooperativen Zusammenarbeit (H(3b)) besteht, da der Zielbildungsprozess einen wichtigen Bestandteil des Leistungsmanagements darstellt.

Weiterhin zeigt Abb. 4-27, dass die Hypothese (5b), die einen positiven Wirkungszusammenhang zwischen dem Feedback und der kooperativen Zusammenarbeit unterstellt, mit einem Pfadkoeffizienten vom 0,20 einen moderaten positiven Effekt aufweist. Auch der positive Wirkungszusammenhang zwischen der Entscheidungsbefugnis und der kooperativen Zusammenarbeit H (6b) kann mit einem Pfadkoeffizien-

[492] Das Modell weist 491 Freiheitsgrade auf. Dabei werden alle Konstrukte reflektiv gemessen.

ten von 0,51 deutlich bestätigt werden. Die Hypothese (H7b), die ebenfalls einen positiven Zusammenhang des Faktors Homogenität auf die kooperative Zusammenarbeit unterstellt, weist einen moderaten Pfadkoeffizienten von 0,18 auf, so dass die Hypothese als bestätigt gilt. Auch der Pfadkoeffizient von -0,09 zwischen der Mehrfachbelastung und der kooperativen Zusammenarbeit zeigt einen in H(8b) postulierten negativen Zusammenhang, so dass auch diese Annahme als bestätigt gilt. Der in der Theorie beschriebene positive Zusammenhang zwischen einer kooperativen Zusammenarbeit und der individuellen Leistungsbereitschaft wird für H(9) bei einem Pfadkoeffizienten von 0,21 ebenfalls bestätigt.

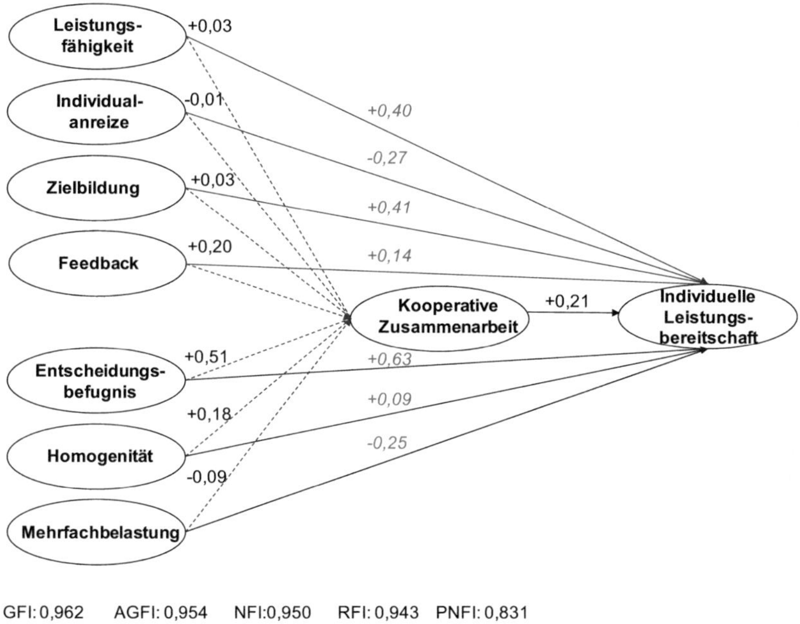

Abb. 4-27: Ergebnisse der direkten und indirekten Einflüsse auf die individuelle Leistungsbereitschaft

Die Überprüfung der Anpassungsgüte des Modells zeigt gute Ergebnisse. Sowohl der Goodness of Fit Index (GFI) mit einem Wert von 0,962 als auch der Adjusted Goodness of Fit Index (AGFI) mit 0,954 und der Normed Fit Index (NFI) mit 0,950 übertreffen den geforderten Mindestwert von 0,9. Auch der Relative Fit Index (RFI) und der Parsimonious Normed Fit Index (PNFI) überschreiten mit 0,943 bzw. 0,831 deutlich den Schwellenwert von 0,7. Die Modellanpassung ist demnach insgesamt als gut zu bewerten, so dass die theoretischen Überlegungen, die dem Modell zugrunde liegen, nicht zurückgewiesen werden.

Tab. 4-21 fasst die ermittelten direkten und indirekten sowie die daraus resultierende Gesamtwirkung der einzelnen Faktoren des Leistungsmanagements auf die individuelle Leistungsbereitschaft zusammenfassend dar.

	Individuelle Leistungsbereitschaft		
Faktor	**direkte Wirkung**	**indirekte Wirkung**	**gesamte Wirkung**
Leistungsfähigkeit	0,40	0,01	0,41
Individualanreize	-0,27	-0,00	-0,27
Zielbildung	0,41	0,01	0,42
Feedback	0,14	0,04	0,18
Entscheidungsbefugnis	0,63	0,11	0,74
Homogenität	0,09	0,04	0,13
Mehrfachbelastung	-0,25	-0,02	-0,27
Kooperative Zusammenarbeit	0,21	-	0,21

Tab. 4-21: Direkte, indirekte und totale Wirkung auf die individuelle Leistungsbereitschaft

Es ist deutlich zu erkennen, dass die Entscheidungsbefugnis mit einer Gesamtwirkung von 0,74 den stärksten Einfluss auf die individuelle Leistungsbereitschaft ausübt. Als weitere ebenso wichtige Einflussgrößen können die Zielbildung und die Leistungsfähigkeit mit einer Gesamtwirkung von 0,42 bzw. 0,41 identifiziert werden. Auch die kooperative Zusammenarbeit, die in dem vorliegenden Modell nur einen direkten Einfluss auf die individuelle Leistungsbereitschaft ausübt, stellt mit einer Gesamtwirkung von 0,21 einen wichtigen Faktor im Rahmen des Leistungsmanagements dar. Die Gesamtwirkung der Faktoren Feedback und Homogenität liegt hingegen bei 0,18 bzw. 0,13 und kann folglich als moderat eingestuft werden. Eine stärkere negative Gesamtwirkung üben die Faktoren Mehrfachbelastung (-0,27) und Individualanreize (-0,27) auf die individuelle Leistungsbereitschaft in dem vorliegenden Modell aus.

Abschließend werden die Untersuchungshypothesen in Tab. 4-22 noch einmal übersichtlich dargestellt. Die Hypothesenprüfung der direkten und indirekten Einflüsse ergab, dass von 17 Hypothesen zwei abgelehnt, zwei nur mit sehr geringen Werten bestätigt wurden (*) und zwei aufgrund der Datenlage nicht überprüft werden konnten.

Hypothese		Ergebnis
H (1a):	Je ausgeprägter die Fähigkeiten des Teammitglieds bei der unternehmensübergreifenden Projektarbeit, desto höher ist seine individuelle Leistungsbereitschaft.	bestätigt
H (1b):	Je ausgeprägter die Fähigkeiten des Teammitglieds bei der unternehmensübergreifenden Projektarbeit, desto kooperativer ist die Zusammenarbeit zwischen den Teammitgliedern.	bestätigt*
H (2a):	Je stärker die vom entsendenden Unternehmen gewährten Anreize bei der unternehmensübergreifenden Projektarbeit auf das einzelne Teammitglied ausgerichtet sind, desto höher ist seine individuelle Leistungsbereitschaft.	abgelehnt
H (2b):	Je stärker die vom entsendenden Unternehmen gewährten Anreize bei der unternehmensübergreifenden Projektarbeit auf das einzelne Teammitglied ausgerichtet sind, desto stärker ist die negative Wirkung auf die kooperative Zusammenarbeit zwischen den Teammitgliedern.	abgelehnt
H (3a):	Je intensiver die Einbindung des Teammitglieds in den Zielbildungsprozess bei der unternehmensübergreifenden Projektarbeit, desto höher ist seine individuelle Leistungsbereitschaft.	bestätigt
H (3b):	Je intensiver die Einbindung des Teammitglieds in den Zielbildungsprozess bei der unternehmensübergreifenden Projektarbeit, desto kooperativer ist die Zusammenarbeit zwischen den Teammitgliedern.	bestätigt*
H (4a):	Je individueller der Leistungsbeitrag bei der unternehmensübergreifenden Projektarbeit zugeordnet werden kann, desto höher ist die individuelle Leistungsbereitschaft des Teammitglieds.	aufgrund der Datenlagen nicht überprüfbar
H (4b):	Je individueller der Leistungsbeitrag im Rahmen der unternehmensübergreifenden Projektarbeit zugeordnet werden kann, desto kooperativer ist die Zusammenarbeit zwischen den Teammitgliedern.	aufgrund der Datenlagen nicht überprüfbar
H (5a):	Je umfassender das Feedback für das Teammitglied zur unternehmensübergreifenden Projektarbeit durch das entsendende Unternehmen, desto höher ist seine individuelle Leistungsbereitschaft.	bestätigt

H (5b):	Je umfassender das Feedback zur unternehmensübergreifenden Projektarbeit durch das entsendende Unternehmen, desto kooperativer ist die Zusammenarbeit zwischen den Teammitgliedern.	bestätigt
H (6a):	Je größer die Entscheidungsbefugnis des Teammitglieds bei der unternehmensübergreifenden Projektarbeit, desto höher ist seine individuelle Leistungsbereitschaft.	bestätigt
H (6b):	Je größer die Entscheidungsbefugnis des Teammitglieds bei der unternehmensübergreifenden Projektarbeit, desto kooperativer ist die Zusammenarbeit zwischen den Teammitgliedern.	bestätigt
H (7a):	Je homogener die Zusammensetzung des unternehmensübergreifenden Projektteams, desto höher ist die individuelle Leistungsbereitschaft des Teammitglieds.	bestätigt
H (7b):	Je homogener die Zusammensetzung des unternehmensübergreifenden Projektteams, desto kooperativer ist die Zusammenarbeit zwischen den Teammitgliedern.	bestätigt
H (8a):	Je stärker die Mehrfachbelastung des Teammitglieds bei der unternehmensübergreifenden Projektarbeit, desto niedriger ist seine individuelle Leistungsbereitschaft.	bestätigt
H (8b):	Je stärker die Mehrfachbelastung des Teammitglieds bei der unternehmensübergreifenden Projektarbeit, desto stärker ist die negative Wirkung auf die kooperative Zusammenarbeit zwischen den Teammitgliedern.	bestätigt
H (9):	Je kooperativer die Zusammenarbeit der Teammitglieder bei der unternehmensübergreifenden Projektarbeit, desto höher ist die individuelle Leistungsbereitschaft des Teammitglieds.	bestätigt

Tab. 4-22: Ergebnisse der Hypothesenprüfung

4.3.4.2 Überprüfung der Moderationseffekte

Nachdem zuvor die direkten und indirekten Einflüsse auf die individuelle Leistungsbereitschaft überprüft wurden, sollen nachfolgend die Moderationseffekte in das Gesamtmodell integriert werden. Hierbei wird auf verschiedene Regressionsmodelle zurückgriffen, in denen der Einfluss der Faktoren „Komplexität der Projektaufgabe“ und „Bedeutung der Projektaufgabe“ in Form von Moderationseffekten berücksichtigt wird.[493] Tab. 4-23 fasst die Ergebnisse der hierarchisch moderierten Regressionsanalyse zum Einfluss der Komplexität der Projektaufgabe zusammen.

	Komplexität der Projektaufgabe		
	Modell 1a	Modell 1b	Modell 1c
Haupteffekt			
Kooperative Zusammenarbeit	0,557**	0,434**	0,773*
Moderator			
Komplexität der Projektaufgabe		0,360**	0,614*
Interaktionsterm			
Koop. Zusammenarbeit * Komplexität der Projektaufgabe			-0,494
R^2	0,310	0,425	0,430
Adjustiertes R^2	0,307	0,419	0,422
ΔR^2	0,310	0,425	0,430
F	97,174**	79,350**	53,781**

**p < 0,001, *p < 0,05, standardisierte Betawerte

Tab. 4-23: Hierarchisch moderierte Regressionsanalyse der Komplexität der Projektaufgabe

Alle drei Modelle weisen hoch signifikante F-Werte auf. In allen drei Modellen wirkt eine kooperative Zusammenarbeit positiv auf die Leistungsbereitschaft des Individuums. Modell 1b weist zudem einen positiven direkten Einfluss der Komplexität der Projektaufgabe auf die Leistungsbereitschaft nach. Auch der in Kapitel 4.1.1.4 beschriebene, erforderliche $F_{\Delta R^2}$-Wert ist für den Vergleich von Modell 1a und 1b signifikant. Die Komplexität der Projektaufgabe leistet daher einen signifikanten direkten Erklärungsbeitrag zur Varianz der individuellen Leistungsbereitschaft. Der negative Moderationseffekt der Komplexität der Projektaufgabe auf den Wirkungszusammenhang zwischen der kooperativen Zusammenarbeit und der individuellen Leistungsbereitschaft ist hingegen nicht signifikant. Auch $F_{\Delta R^2}$ erreicht bei dem Vergleich der Modelle 1b und 1c keinen signifikanten Wert. Folglich ist die Hypothese H(10) zum negativen Moderationseinfluss der Komplexität der Projektaufgabe abzulehnen.

Anschließend wurde die moderierende Wirkung der Bedeutung der Projektaufgabe analysiert. Die Ergebnisse der hierarchisch moderierten Regressionsanalyse zum Einfluss der Bedeutung der Projektaufgabe sind in Tab. 4-24 zusammengefasst. Es ist ersichtlich, dass alle drei Modelle 2a, 2b und 2c hoch signifikante F-Werte aufweisen. Modell 2b weist zudem einen hoch signifikanten starken positiven direkten Einfluss der Bedeutung der Projektaufgabe auf die individuelle Leistungsbereitschaft nach. Auch der $F_{\Delta R^2}$ ist für den Vergleich von Modell 2a und 2b signifikant. Demnach leistet die Bedeutung der Projektaufgabe einen signifikanten direkten Erklärungsbei-

[493] Vgl. zur Vorgehensweise der verschiedenen Regressionsmodelle Kapitel 4.1.1.4.

trag zur Varianz der individuellen Leistungsbereitschaft. Auch der starke positive Moderationseffekt der Bedeutung der Projektaufgabe auf den Wirkungszusammenhang zwischen der kooperativen Zusammenarbeit und der individuellen Leistungsbereitschaft ist signifikant und auch $F_{\Delta R^2}$ erreicht für den Vergleich von Modell 2b und 2c einen signifikanten Wert. Demnach kann die Hypothese H(11) zum positiven moderierenden Einfluss der Bedeutung der Projektaufgabe angenommen werden.

	Bedeutung der Projektaufgabe		
	Modell 2a	Modell 2b	Modell 2c
Haupteffekt			
Kooperative Zusammenarbeit	0,557**	0,333**	-0,117
Moderator			
Bedeutung der Projektaufgabe		0,547**	0,182
Interaktionsterm			
Koop. Zusammenarbeit * Bedeutung der Projektaufgabe			0,696*
R^2	0,310	0,559	0,572
Adjustiertes R^2	0,307	0,555	0,566
ΔR^2	0,310	0,559	0,572
F	97,174**	136,420**	95,495**

**p < 0,001, *p < 0,05, standardisierte Betawerte

Tab. 4-24: Hierarchisch moderierte Regressionsanalyse der Bedeutung der Projektaufgabe

Abschließend werden die Untersuchungshypothesen der moderierenden Effekt in Tab. 4-25 zusammenfassend dargestellt. Die Hypothesenprüfung ergab, dass von zwei Hypothesen nur eine bestätigt werden konnte.

Hypothese		**Ergebnis**
H (10):	Die positive Wirkung der kooperativen Zusammenarbeit der Teammitglieder auf die individuelle Leistungsbereitschaft des Teammitglieds fällt in einem unternehmensübergreifenden Projekt mit einer hohen Komplexität der Projektaufgabe geringer aus als in einem Projekt, bei dem die Projektaufgabe eine niedrige Komplexität aufweist.	abgelehnt
H (11):	Die positive Wirkung der kooperativen Zusammenarbeit der Teammitglieder auf die individuelle Leistungsbereitschaft des Teammitglieds fällt in einem unternehmensübergreifenden Projekt, bei dem die Projektaufgabe von hoher Bedeutung ist, höher aus als bei einem Projekt, bei dem die Projektaufgabe von geringer Bedeutung ist.	bestätigt

Tab. 4-25: Ergebnisse der Hypothesenprüfung (moderierende Effekte)

5 Interpretation der Ergebnisse und Gestaltungsempfehlungen

Im Rahmen der empirischen Analyse wurde der Einfluss verschiedener Faktoren auf die individuelle Leistungsbereitschaft vor dem Hintergrund der unternehmensübergreifenden Teamarbeit näher analysiert. Die Analyse erfolgte mit dem Ziel, Gestaltungsempfehlungen für ein mitarbeiterorientiertes Leistungsmanagement abzuleiten, bei dem eine hohe Leistungsbereitschaft des Teammitglieds im Vordergrund steht. Die folgenden Abschnitte fassen die wesentlichen empirischen Ergebnisse zusammen und diskutieren die identifizierten Einflussfaktoren im Hinblick auf ihren Beitrag, die Leistungsbereitschaft des Teammitglieds bei der unternehmensübergreifenden Projektarbeit zu fördern. Anschließend werden die aus den theoretischen Betrachtungen und aus den empirischen Überprüfungen gewonnenen Kenntnisse über die Einflussfaktoren zu Gestaltungsempfehlungen eines mitarbeiterorientierten Leistungsmanagements verdichtet.

Wie in Kapitel 2.2.6 beschrieben, besteht das Leistungsmanagement aus den Prozessschritten Leistungsplanung, Leistungserstellung, Leistungsbewertung, Feedback zum Leistungsergebnis sowie der abschließenden Verbesserung/Weiterentwicklung.[494]

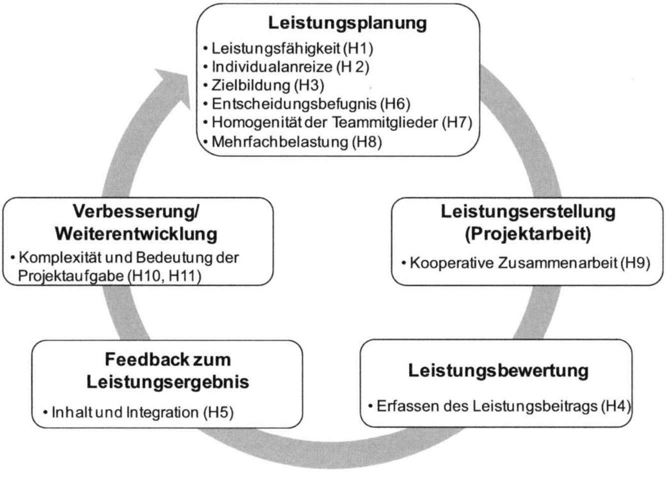

Abb. 5-1: Zuordnung der Hypothesen zu den Prozessschritten des Leistungsmanagements

Abb. 5-1 zeigt die Zuordnung der in der vorliegenden Arbeit aufgestellten Hypothesen zu den einzelnen Prozessschritten des Leistungsmanagements. Hierbei ist deut-

494 Zur ausführlichen Darstellung siehe Kapitel 2.2.6 sowie Havranek/Mauhart (2008), S. 23.

lich zu erkennen, dass die betrachteten Faktoren überwiegend der Leistungsplanung zuzuordnen sind. Im Folgenden werden die Untersuchungsergebnisse in Anlehnung an den Ablauf der einzelnen Prozessschritte beschrieben und interpretiert, denen sich entsprechende Gestaltungsempfehlungen anschließen.

5.1 Leistungsplanung

Zunächst sollen die Leistungsfähigkeit, Individualanreize, Zielbildung, Entscheidungsbefugnis, Homogenität der Teammitglieder und Mehrfachbelastung als Bestandteil der Leistungsplanung diskutiert werden (vgl. Abb. 5-1).

Leistungsfähigkeit

Als Bestandteil der Leistungsplanung wurden in der vorliegenden Arbeit die Einflüsse von leistungsbezogenen Merkmalen im Hinblick auf den Wissens- und Fähigkeitsstand untersucht. Die in Kapitel 3.2.1 aufgestellten Hypothesen (H1a, 1b) zur Leistungsfähigkeit des Teammitglieds postulieren einen positiven Zusammenhang der ausgeprägten Kompetenzen auf die individuelle Leistungsbereitschaft (H1a) sowie auf die kooperative Zusammenarbeit (H1b). Während die Ergebnisse einen starken positiven Einfluss der Leistungsfähigkeit auf die individuelle Leistungsbereitschaft aufzeigten, konnte nur ein geringer Einfluss auf die kooperative Zusammenarbeit festgestellt werden. Neben der fachlichen Kompetenz des Teammitglieds wurden im Rahmen der Befragung die Methoden- und Sozialkompetenz abgefragt. Der geringe Einfluss könnte daher darauf zurückzuführen sein, dass der Faktor Leistungsfähigkeit nur durch wenige Indikatoren operationalisiert wurde, die nicht im unmittelbaren Zusammenhang mit der Interaktion der Teammitglieder standen. Das Ergebnis lässt daher darauf schließen, dass die Reduktion auf eine einzelne Ausprägung der Fach-, Methoden- und Sozialkompetenz nicht ausreicht, um einen deutlichen Zusammenhang zwischen der jeweiligen Ausprägung und dem kooperativen Verhalten der Teammitglieder feststellen zu können. Stattdessen sollte bei nachfolgenden Studien auf mehrere Indikatoren zurückgegriffen werden, um die Ausprägungen der Fach-, Methoden- und Sozialkompetenz zu spezifizieren.

Die deskriptiven Ergebnisse zeigen, dass die Sozialkompetenz bei der Mehrheit der befragten Teamleiter und Teammitglieder im Vergleich zur Fach- und Methodenkompetenz die stärkste Ausprägung aufweist. Jedoch waren auch die fachliche Vorbereitung sowie die Kenntnisse über die bei der unternehmensübergreifenden Projektarbeit anzuwendenden Methoden in den meisten Fällen sichergestellt.[495] Es liegt daher ein Ausgleich der erforderlichen Kompetenzen und Fähigkeiten bei den beteiligten

[495] Vgl. hierzu Kapitel 4.3.2.

Teammitgliedern vor. Dies ist vor allem durch den Aspekt der unternehmensübergreifenden Zusammenarbeit zu erklären. Da eine Kooperation mit einem oder mehreren rechtlich selbständigen Partnern mit einem hohen zeitlichen und finanziellen Aufwand für das Unternehmen verbunden ist, liegt es im Interesse des Unternehmens, die vorhandenen Personalressourcen effizient einzusetzen. Dies schließt eine gute fachliche Vorbereitung des Teammitglieds bzw. des Teamleiters auf die zu bewältigende Projektaufgabe mit ein. Starke Unterschiede in den Wissens- und Fähigkeitsständen der Mitglieder des unternehmensübergreifenden Projektteams können die Interaktion zwischen den Teammitgliedern erschweren, da die Gefahr besteht, dass leistungsschwächere Teammitglieder ihre fachliche Akzeptanz im Team verlieren und von fachlichen Überlegungen ausgeschlossen werden.[496] Neben der Reduktion des Engagements im Projektteam kann dies sogar zu Konflikten führen.

Darüber hinaus repräsentiert das Teammitglied bei der unternehmensübergreifenden Zusammenarbeit das eigene Unternehmen. Der fachliche Eindruck, den sie dabei vermitteln, verleitet schnell zu Rückschlüssen auf die fachliche Eignung des gesamten Unternehmens. Folglich liegt es im Interesse des am Projekt beteiligten Unternehmens, seine entsendenden Unternehmensvertreter fachlich gut vorzubereiten.

Die deskriptiven Ergebnisse der Befragung zeigen darüber hinaus, dass die Befragten in sehr fachspezifischen Projekten arbeiteten, wie z. B. in Produktions-/Logistik-Projekten, IT-Projekten oder Konstruktions-/Entwicklungsprojekten. Hier ist eine fachliche und methodische Kompetenz der beteiligen Teammitglieder für den Verlauf der Projektarbeit zwingend erforderlich. Eine ausgeprägte Fach- und Methodenkompetenz führt dazu, dass das Teammitglied in der Lage ist, den ihm zugewiesenen Leistungsbeitrag bei der unternehmensübergreifenden Projektarbeit zu erfüllen.[497]

Weiterhin sollte sichergestellt sein, dass das Teammitglied die Fähigkeit besitzt, effizient mit unternehmensexternen Teammitgliedern zusammenzuarbeiten. Da die unternehmensübergreifende Projektarbeit in der Regel durch räumliche Trennung und einem damit verbundenen Mangel an regelmäßiger Face-to-Face-Kommunikation gekennzeichnet ist, kommt den eher seltenen persönlichen Projekttreffen eine besondere Bedeutung zu. Eine ausgeprägte Sozialkompetenz ermöglicht es dem Teammitglied in der Interaktion mit anderen Projektmitgliedern überzeugend aufzutreten und positiv auf diese einzuwirken. Insbesondere bei der unternehmensübergreifenden Zusammenarbeit werden häufig unterschiedliche Ansichten vertreten, so dass Interessens- und Zielkonflikte auftreten können. Die Kommunikation in Krisen- und komplexen Problemlösungssituationen erweist sich dabei als besonders schwie-

[496] Vgl. Morgan/Lassiter (1992), S. 82f.

[497] Vgl. Prechtl (1999), Högl (1998), Faix/Laier (1991).

rig.[498] Zur erfolgreichen Umsetzung des interorganisationalen Teamkonzeptes sind daher Kooperations-, Kompromiss- und Problemlösungsfähigkeiten des Teammitglieds von großer Bedeutung.[499]

Um die notwendigen Kompetenzen für die unternehmensübergreifende Projektarbeit zu identifizieren ist es erforderlich, dass Unternehmen systematisch sich verändernde Qualifikationsanforderungen im Rahmen der unternehmensübergreifenden Projektarbeit analysieren und dabei nicht nur auf die Beobachtung des eigenen Geschäftsfeldes setzen. Vielmehr sind branchenweite Veränderungen der unternehmensübergreifenden Zusammenarbeit zu beobachten. Ein praktisches Werkzeug sind z. B. Benchmarking-Verfahren, über die im Rahmen von unternehmens- und branchenübergreifenden Vergleichen Best Practice-Lösungen für die Zusammenarbeit in Projekten analysiert werden. Aus den Ergebnissen können unter anderem Rückschlüsse auf künftige Qualifikationsanforderungen an Teammitglieder bei der unternehmensübergreifenden Zusammenarbeit gezogen werden.[500]

Der ermittelt Qualifizierungsbedarf kann anschließend durch ein Angebot an entsprechenden Weiterbildungsmaßnahmen, wie z. B. Seminaren, Tagesforen oder Workshops gedeckt werden, bei denen Inhalte zur Förderung der Fach-, Methoden- oder Sozialkompetenz im Vordergrund stehen. Die Basis für den Kompetenzerwerb stellt das Wissen dar, das ergänzt wird um Erfahrungen und Fähigkeiten sowie bestimmte persönliche Handlungsmöglichkeiten und Einstellungen. Durch eine zeitnahe Einbindung der gewonnenen Erkenntnisse in die unternehmensübergreifende Projektarbeit kann die Zusammenarbeit zwischen den Teammitgliedern gezielt verbessert werden. Qualifizierungsmaßnahmen zum Ausbau der Sozialkompetenz sollten jedoch längerfristig angelegt sein, da Sozialkompetenz vor allem durch gesammelte Erfahrungen in unterschiedlichen Situationen erlernt werden kann.

Abb. 5-2: Empfehlungen zur Leistungsfähigkeit

Zusammenfassend ist festzuhalten, dass zur Förderung der individuellen Leistungsbereitschaft des Teammitglieds im Rahmen der unternehmensübergrei-

[498] Vgl. hierzu Kapitel 3.2.1. sowie Kern (2003), S. 97f.
[499] Vgl. Ueberschaer (1998), S. 17.
[500] Vgl. Kersten/Winter (2007), S. 19ff.

fenden Projektarbeit sowie zur Förderung der kooperativen Zusammenarbeit zwischen den Teammitgliedern das Teammitglied über ausgeprägte und ausgewogene Fach-, Methoden- und Sozialkompetenzen verfügen sollte, um einerseits den fachlichen Ansprüchen der unternehmensübergreifenden Projektarbeit gerecht zu werden und andererseits die Interaktion zwischen den Projektpartnern im Sinne des eigenen Unternehmens gezielt beeinflussen zu können (vgl. Abb. 5-2).

Individualanreize

Neben der Leistungsfähigkeit des Teammitglieds stellt die individuelle Anreizgestaltung einen Bestandteil der Leistungsplanung dar. Ausgehend von bisherigen Forschungsarbeiten, die die Vergabe von Anreizen bei der Leistungserstellung empfehlen, wurde im Rahmen der vorliegenden Arbeit empirisch überprüft, ob sich der Ansatz auch auf die unternehmensübergreifende Projektarbeit im Team übertragen lässt. Als weiterer Bestandteil der Leistungsplanung stand daher die Wirkung von Individualanreizen auf die individuelle Leistungsbereitschaft und die kooperative Zusammenarbeit im Vordergrund der Analyse.[501]

Die Ergebnisse der Befragung zeigen, dass die Unternehmen nur selten Individualanreize bei der unternehmensübergreifenden Projektarbeit gewähren. Hat sich das Unternehmen im Rahmen der Projektarbeit für den Einsatz von Anreizen entschieden, so sind diese überwiegend den immateriellen, nicht-monetären Anreizen zuzuordnen.

Nur selten gewährten die Unternehmen in der vorliegenden Untersuchung ihrem Teammitglied monetäre Anreize, z. B. in Form von Prämien oder einer höheren Eingruppierung. Stattdessen wurde auf nicht-monetäre Anreize zurückgegriffen, zu denen das Schaffen zusätzlicher Freiräume sowie die Möglichkeit innerhalb des Unternehmens aufzusteigen zählen. Des Weiteren eröffneten die Unternehmen dem Teammitglied Weiterbildungsmöglichkeiten, damit es sich auf die unternehmensübergreifende Projektarbeit vorbereiten konnte.

Die deskriptiven Ergebnisse zeigen weiterhin, dass 23 Prozent der Befragten in Organisationsentwicklungs- bzw. Strategieprojekten und 10 Prozent in Innovations- und Forschungsprojekten arbeiteten, die sich häufig durch eine starke kreative Zusammenarbeit auszeichnen. Hier erweist es sich als schwierig, den individuellen Leistungsbeitrag des Teammitglieds bei der unternehmensübergreifenden Projektarbeit

---

[501] Vgl. hierzu Kapitel 3.2.2.

zu identifizieren. Oftmals ist nicht erkennbar, inwieweit der Projekterfolg auf den Leistungsbeitrag des individuellen Teammitglieds zurückzuführen ist.[502]

Die in Kapitel 3.2.2 aufgestellte Hypothese, dass Individualanreize bei der unternehmensübergreifenden Zusammenarbeit positiv auf die individuelle Leistungsbereitschaft wirken (H2a), konnte nicht bestätigt werden. Stattdessen zeigt sich ein negativer Zusammenhang. Die negative Wirkung der immateriellen Anreize lässt vermuten, dass die dem Teammitglied gewährten Freiräume zur Selbstverwirklichung kontraproduktiv wirken können. Dies kann auf die zusätzliche Verantwortung oder auch auf die mangelnde Erfahrung mit Freiräumen zurückzuführen sein. Der nicht-monetäre Anreiz „Freiräume zur Selbstverwirkung" setzt eine hohe intrinsische Motivation voraus. Der Entscheidungsträger sollte sich jedoch nicht allein darauf verlassen, dass das Teammitglied grundsätzlich intrinsisch für die unternehmensübergreifende Projektarbeit motiviert ist. Vielfach trägt erst eine extrinsische Motivation dazu bei, dass die angestrebten Aufgaben erfüllt werden. Wird dem Teammitglied, wie in Kapitel 2.3.3 beschrieben, nach den Annahmen des personalökonomische Ansatzes ein nutzenmaximierendes Verhalten unterstellt, so verspricht es sich einen persönlichen Nutzen, der wertmäßig zumindest ebenso hoch oder höher eingeschätzt wird als sein erbrachter Leistungsbeitrag. Zudem muss der subjektive Aufwand für die eigentliche Leistungserbringung gedeckt sein.[503]

Den deskriptiven Ergebnissen ist darüber hinaus zu entnehmen, dass die Projektergebnisse in den meisten Fällen eine hohe Bedeutung für das Unternehmen haben. Dabei weist die Geschäftsführung, die nur selten persönlich im Team vertreten ist, ein großes Interesse am Verlauf der Zusammenarbeit auf. Der damit für das Teammitglied verbundene Erfolgsdruck der Projektarbeit, kann seine Leistungsbereitschaft ebenfalls negativ beeinflussen. Des Weiteren kann der negative Zusammenhang darauf zurückzuführen sein, dass der Anreiz „Möglichkeit zur Weiterbildung" die hohe zusätzliche Belastung, der das Teammitglied durch die unternehmensübergreifende Projektarbeit ausgesetzt ist, nicht kompensiert. Die durch die Projektarbeit entstehende Mehrfachbelastung des Teammitglieds wird durch die vom Unternehmen eingeräumten Weiterbildungsmaßnahmen zur Vorbereitung auf die Projektarbeit zusätzlich verstärkt.

Die zweite aufgestellte Hypothese, die eine negative Wirkung von Individualanreizen auf die kooperative Zusammenarbeit postuliert (H2b), wurde ebenfalls verworfen, da das Ergebnis einen zu schwachen Wirkungszusammenhang aufweist. Der geringe Einfluss könnte unter anderem darauf zurückzuführen sein, dass einerseits nur sel-

---

502 Vgl. Homstrom/Milgrom (1991), Schmidt (1998), Osterloh et al. (1999) sowie Kapitel 3.2.2.

503 Vgl. Szulanski (1996), S. 31.

ten Individualanreize von den Unternehmen bei der unternehmensübergreifenden eingesetzt wurden. Andererseits lassen die Ergebnisse der Befragung nicht erkennen, ob sich die gewährten Anreize auf die unmittelbare Interaktion mit den anderen Teammitgliedern bezogen.

Inwiefern sich monetäre Anreize generell als wirksam oder unwirksam für eine Steigerung der Leistungsbereitschaft in unternehmensübergreifenden Projektteams erweisen, ist im Rahmen dieser Arbeit nicht abschließend zu beurteilen. Weiterführend müsste hierzu überprüft werden, welche Auswirkung verschiedenartige Vergütungssysteme auf die Leistungsbereitschaft des Teammitglieds ausüben.[504] Denkbare wäre eine Verknüpfung von monetären Anreizsystemen mit entsprechenden Leistungskennzahlen, um die individuelle Leistungsbereitschaft des Teammitglieds und die kooperative Zusammenarbeit im Rahmen der unternehmensübergreifenden Projektarbeit zu fördern. Auch der Einsatz von Kollektivanreizen in Form einer Teamprämie für die eigenen Teammitglieder wäre möglich, vorausgesetzt das Unternehmen entsendet mehrere Mitglieder in das unternehmensübergreifende Projektteam. Weiterhin wäre als kollektive Belohnung für die Erfüllung der unternehmensübergreifenden Projektaufgabe ein erhöhtes zur Verfügung gestelltes Budget denkbar, wie z. B. das Forschungsbudget für Entwicklungsteams.[505]

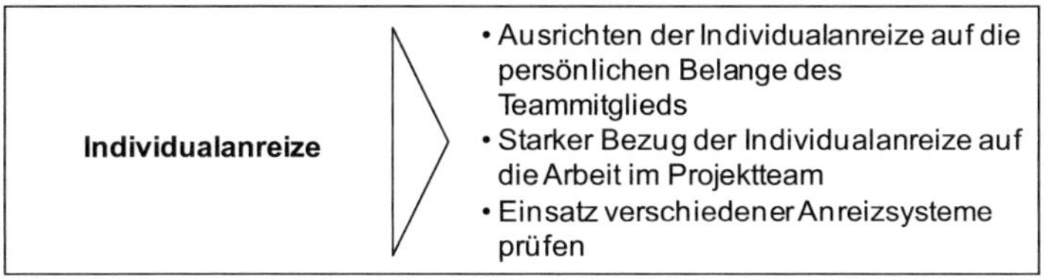

Abb. 5-3: Empfehlungen zu Individualanreizen

Abschließend ist festzuhalten, dass Individualanreize einen Einfluss auf das individuelle Leistungsverhalten ausüben können. Werden bei der unternehmensübergreifenden Projektarbeit Individualanreize gewährt, sollten diese auf die persönlichen Bedürfnisse des Teammitglieds ausgerichtet sein. Zudem sollte sichergestellt werden, dass die Individualanreize einen starken Bezug auf die zu erbringende Teamleistung aufweisen (vgl. Abb. 5-3).

504 Vgl. Stock-Homburg (2008), S. 333ff.

505 Vgl. Staudt et al. (1994), S. 42.

Zielbildung

Neben der Leistungsfähigkeit und der Anreizgestaltung stellt der Prozess der Zielbildung einen wichtigen Bestandteil der Leistungsplanung dar. Die Leistung des Teammitglieds wird durch die Ziele beeinflusst, indem die Richtung, Intensität und Ausdauer der individuellen Aktivitäten bestimmt werden, die zur Zielerreichungsstrategie anregen.[506]

Die Hypothesen zum positiven Zusammenhang zwischen einer intensiven Einbindung des Teammitglieds in den Zielbildungsprozess und seiner Leistungsbereitschaft (H3a) bzw. der kooperativen Zusammenarbeit im Team (H3b) wurden beide angenommen.

Während die Ergebnisse einen starken positiven Einfluss der Zielbildung auf die individuelle Leistungsbereitschaft aufzeigten, konnte nur ein geringer Einfluss auf die kooperative Zusammenarbeit festgestellt werden. Der starke positive Einfluss auf die individuelle Leistungsbereitschaft ist zum einen darauf zurückzuführen, dass das Teammitglied in den meisten Fällen von Anfang an in die Zielbildung involviert wurde und die wesentlichen Ziele für die unternehmensübergreifende Teamarbeit mitbestimmen durfte. Durch das frühzeitige Einbeziehen des Teammitglieds in die Zielbildung akzeptiert es eher die zu realisierenden Ziele, da es als Aufgabenträger mit dem jeweiligen Leistungserstellungsprozess vertraut ist und es folglich zu einer realistischen Vorgehensweise beitragen kann.[507] Zum anderen waren die mit den Teammitgliedern vereinbarten Ziele stärker auf den individuellen Leistungsbeitrag ausgerichtet als auf die gesamte Teamleistung. Die Vereinbarung von Individualzielen neben übergeordneten Projektzielen führt zu einer Identifikation mit den Zielen sowie zu einer gesteigerten Leistungsbereitschaft bei dem Teammitglied, da insbesondere bei der unternehmensübergreifenden Teamarbeit – in Abhängigkeit von der Projektaufgabe – die Leistungsbeiträge der Projektpartner nicht immer unmittelbar zugeordnet werden können.

Das Führen durch Zielvereinbarungen (Management by Objectives) stellt ein Führungskonzept dar, das die Leistungsbereitschaft des Teammitglieds bei der unternehmensübergreifenden Projektarbeit fördert.[508] Durch das Vereinbaren von Individual- und Teamzielen unter Berücksichtigung der Fähigkeiten des Teammitglieds kann ein hohes motivationales Potenzial aktiviert werden. Zu beachten ist bei der

---

506 Vgl. Locke (1968, 1975), Locke/Latham (1985, 1990).

507 Vgl. Deutsch (1976), S. 31 sowie Kapitel 3.2.3.

508 Vgl. Bühner (1999), S. 93f.

Zielbildung im Rahmen der unternehmensübergreifenden Projektarbeit, dass bestimmte Anforderungen erfüllt werden (vgl. Abb. 5-4):

Zum einen sollten die mit dem Teammitglied vereinbarten Ziele ausreichend spezifiziert werden, da genau definierte Ziele (Zielklarheit) motivierend auf das Teammitglied wirken und bei ihm eine höhere Leistung hervorrufen.[509] Weiterhin sind die Ziele an das unternehmensübergreifende Projektteam als spezifische Zielgruppe anzupassen. Die Ziele des Teammitglieds sollten auf dessen Aufgabenbereich und Leistungsbeitrag im Projekt zugeschnitten sein. Werden neben den Zielen, die sich auf die gesamte Teamleistung beziehen, weitere Ziele vereinbart, die eine stärkere Ausrichtung auf den individuellen Leistungsbeitrag beinhalten, ist anschließend eine leichtere Zuordnung des erbrachten Leistungsoutputs möglich. Dies setzt jedoch voraus, dass die Ziele messbar formuliert werden.

Abb. 5-4: Anforderungen an die Zielbildung bei der unternehmensübergreifenden Projektarbeit

Weiterhin ist zu berücksichtigen, dass die mit dem einzelnen Teammitglied auf den individuellen Leistungsbeitrag bezogenen Ziele im unmittelbaren Einklang mit den Projekt- und Teamzielen stehen, so dass kein Interessenskonflikt bei dem Individuum aufkommt. Konzentriert sich das Teammitglied zum Nachteil der Teamziele primär

[509] Vgl. Kapitel 2.3.2.4 sowie Locke (1968, 1975), Locke/Latham (1985, 1990).

darauf, seine eigenen Ziele zu realisieren, kann dies die kooperative Zusammenarbeit zwischen den Teammitgliedern negativ beeinträchtigen. Die negative Wirkung auf die kooperative Zusammenarbeit fiel in der vorliegenden Analyse jedoch gering aus.

Neben dem Projektbezug müssen die vereinbarten Ziele zudem realistisch, d. h. für das Teammitglied innerhalb der angestrebten Projektlaufzeit erreichbar sein.[510] Erscheinen die vereinbarten Ziele für das Teammitglied als nicht erreichbar, da es z. B. keinen Einfluss auf den zur Erfüllung seiner Aufgabe erforderlichen Leistungsbeitrag eines anderen Projektteilnehmers ausüben kann, nimmt es die Wahrscheinlichkeit der Zielerreichung als gering wahr, so dass der Motivationseffekt weitestgehend verloren geht.[511]

In Verbindung mit der Zielbildung ist zudem zu beachten, dass das Bilden von Team- und Individualzielen ohne eine entsprechende Rückmeldung über den Zielerreichungsgrad, in Form eines Feedbacks, in der Regel nicht zu der gewünschten Leistungssteigerung führt.[512] Während die Zielvorgaben Plangrößen für das Teammitglied darstellen, fungiert das Feedback, auf das im Folgenden noch näher eingegangen wird, als Soll-Ist-Vergleich der Überprüfung des erreichten Leistungsstandes.[513]

Abb. 5-5: Empfehlungen zur Zielbildung

Abschließend ist festzuhalten, dass die individuelle Leistungsbereitschaft des Teammitglieds und die kooperative Zusammenarbeit im Rahmen der unternehmensübergreifenden Projektarbeit durch eine intensive Integration des Teammitglieds in den Zielbildungsprozess gefördert werden kann. Dabei sollten neben Zielen, die sich auf die gesamte Teamleistung beziehen, zusätzliche Ziele vereinbart werden, die unter Berücksichtigung der zuvor beschriebenen Anforderungen auf den individuellen Leistungsbeitrag des Teammitglieds fokussieren (vgl. Abb. 5-5).

---

510 Vgl. Koch (1979), S. 819.

511 Vgl. Stock-Homburg (2008), S. 315.

512 Vgl. Kernaghan/Cooke (1990).

513 Vgl. Galberg (2000), S. 98.

Entscheidungsbefugnis

Ein weiterer Aspekt, der vor Beginn der eigentlichen Leistungserstellung im Rahmen der unternehmensübergreifenden Projektarbeit geplant werden sollte, ist die Einbindung des Individuums in den Entscheidungsprozess und die damit verbundene Entscheidungsbefugnis. Hierbei wurden beide Hypothesen, die eine positive Wirkung der Entscheidungsbefugnis auf die individuelle Leistungsbereitschaft (H6a) und die kooperative Zusammenarbeit (H6b) unterstellen, deutlich bestätigt. Die Ergebnisse zeigen, dass die beteiligten Teammitglieder bei der unternehmensübergreifenden Projektarbeit stark in alle wesentlichen Entscheidungsprozesse eingebunden waren. Dies ist unter anderem auf die sehr schwache Ausprägung des Wettbewerbsverhältnisses zwischen den am Projekt beteiligten Unternehmen zurückzuführen. In nur sehr wenigen Fällen war die Zusammenarbeit durch ein hohes Wettbewerbsverhältnis zwischen den Partnern geprägt. Weiterhin hatten die befragten Teammitglieder überwiegend die Befugnis, Entscheidungen für ihr Unternehmen bei der Teamarbeit zu fällen und dies sogar überwiegend ohne Rücksprache mit dem Vorgesetzten. Zudem ergab die Befragung, dass die Entscheidungen bei der Teamarbeit gemeinsam und gleichberechtigt von allen Partnern getroffen wurden und kein dominantes Unternehmen die Entscheidungsspielräume der Projektpartner stark einschränkte.

Unternehmensübergreifende Projektteams mit einer hohen Anzahl an beteiligten Unternehmen weisen häufig Probleme im Entscheidungsprozess auf. Daher spielt die Entscheidungsbefugnis des individuellen Teammitglieds bei der Zusammenarbeit eine wichtige Rolle. Liegt aufgrund der organisatorischen Strukturen eine eingeschränkte Entscheidungsbefugnis für das Teammitglied vor, herrscht ein hoher Kommunikationsaufwand, der mit häufigen unternehmensinternen Rücksprachen verbunden ist. Wird die Entscheidungsbefugnis hingegen tendenziell an den Ort des Geschehens, der unternehmensübergreifenden Teamarbeit verlagert, werden sowohl die individuelle Leistungsbereitschaft des Teammitglieds als auch die kooperative Zusammenarbeit mit den übrigen Projektpartnern gefördert.[514]

Gemeinsame Entscheidungen und transparente Abstimmungsprozesse innerhalb des Projektteams fördern die Akzeptanz des einzelnen Teammitglieds im Hinblick auf die geplanten Tätigkeiten in dem unternehmensübergreifenden Umfeld und motivieren es auf diese Weise, seine Leistung für das Projekt zu erbringen. Dieses Ergebnis lässt sich in Anlehnung an die in Kapitel 2.3 erläuterten theoretischen Ansätze damit begründen, dass die Einbindung in den Entscheidungsprozess zu einer höheren Identifikation des Teammitglieds mit der (kollektiven) Projektentscheidung führt, so

[514] Vgl. Kern (2005), S. 138.

dass es diese im Anschluss engagierter umgesetzt.[515] Wird dem Teammitglied durch seine Mitbestimmungsmöglichkeit die Chance gegeben, sich mit seinen Ideen und Beiträgen in Lösungsprozesse der Projektaufgabe einzubringen, wird seine Leistungsbereitschaft angeregt und gleichzeitig die kooperative Zusammenarbeit durch seinen aktiven Leistungsbeitrag verstärkt.[516] Eine stark ausgeprägte Hierarchie innerhalb des unternehmensübergreifenden Projektteams und damit verbundene Weisungsbefugnisse der Projektpartner schwächen hingegen die Bereitschaft zur Leistungserbringung sowie die kooperative Zusammenarbeit zwischen den Teammitgliedern.

Entscheidungsbefugnis

- Weitestgehende Verlagerung der Entscheidungsbefugnis in die Teamarbeit
- Förderung gleichberechtigter Entscheidungen und gemeinsamer Abstimmungen
- Rechtzeitige Einbindung in den Entscheidungsprozess

Abb. 5-6: Empfehlungen zur Entscheidungsbefugnis

Um die individuelle Leistungsbereitschaft des Teammitglieds und die kooperative Zusammenarbeit im Rahmen der unternehmensübergreifenden Projektarbeit zu fördern, sollte das Teammitglied rechtzeitig und intensiv in den Entscheidungsprozess der Projektarbeit involviert sein. Durch die hohe Entscheidungsbefugnis identifiziert sich das Teammitglied zusätzlich verstärkt mit den getroffenen Projektentscheidungen und kann diese engagierter gegenüber anderen Unternehmensmitgliedern vertreten (vgl. Abb. 5-6).

Homogenität der Teammitglieder

Des Weiteren spielt die Zusammensetzung des unternehmensübergreifenden Projektteams bei der Leistungsplanung eine wichtige Rolle. In der vorliegenden Arbeit wurden daher die Einflüsse von Homogenität im Hinblick auf die leicht erkennbaren Merkmale der Teammitglieder der unternehmensübergreifenden Projektteams untersucht. Weniger transparente Charakteristika, wie z. B. die persönliche Einstellung oder die Persönlichkeit wurden hingegen aufgrund ihrer Vielfältigkeit nicht näher betrachtet. Die Ergebnisse der Untersuchung zeigen, dass die Hypothesen der Homogenität, die eine positive Wirkungsbeziehung zwischen der homogenen Teamzusammensetzung und der individuellen Leistungsbereitschaft (H7a) bzw. der koopera-

515 Vgl. Vroom (1987), S. 371.

516 Vgl. Armer/Thomas (1978), S. 169 sowie Ford/Randolph (1992), S. 284.

tiven Zusammenarbeit (H7b) postulieren, beide durch moderate Werte bestätigt wurden.

Die Arbeitsweise im unternehmensübergreifenden Projektteam verlangt zu Abstimmungszwecken eine intensive Kommunikation zwischen den Teammitgliedern. Häufig wird die Kommunikation dabei durch unternehmensspezifische Fachsprachen erschwert.[517] Die befragten Teammitglieder gaben jedoch an, dass sie überwiegend aus den gleichen Funktionsbereichen kamen und eine ähnliche Fachsprache verwendeten, was die Verständigung und Kommunikation zwischen den Teammitgliedern stark vereinfacht bzw. beschleunigt und den Bearbeitungsprozess der Projektaufgabe erleichtert.

Zudem stammten die Teammitglieder überwiegend aus dem gleichen Kulturkreis, was auf gemeinsame Wertvorstellungen sowie auf ein gemeinsames Verständnis sozialer Normen schließen lässt.[518] Weiterhin lag bei den beteiligten Partnerunternehmen eine ähnliche Unternehmenskultur vor, so dass auf eine überwiegende Übereinstimmung der manifestierten unternehmerischen Grundeinstellungen geschlossen werden kann. Aufgrund der gemeinsamen Sprache und des geteilten Wertesystems können schneller tragfähige Kompromissen gefunden werden, die durch die ausgeprägten gemeinsamen Orientierungsmuster eine höhere Stabilität aufweisen. Hinzukommt, dass kulturell bedingte Gemeinsamkeiten das Konfliktpotential innerhalb des Projektteams reduzieren, da Denkweisen, Werte und gelernte Verhaltensweisen dazu führen, dass Situationen konform verstanden und ähnliche Prioritäten gesetzt werden.

Weiterhin zeigen die Ergebnisse, dass die Mitglieder des unternehmensübergreifenden Projektteams mehrheitlich aus derselben Hierarchieebene entstammten. 24 Prozent der befragten Teammitglieder waren z. B. Abteilungsleiter, 22% Mitarbeiter und 20% Projektleiter. Demnach mussten bei der Zusammenarbeit der Teammitglieder keinen zusätzlichen hierarchischen Hürden überwunden werden.

Abb. 5-7: Empfehlungen zur Teamzusammensetzung

[517] D. h. die Verwendung unterschiedlicher Worte für denselben Betrachtungsgegenstand oder die Verwendung von Akronymen.

[518] Vgl. Kern (2005), S. 97.

Zusammenfassend ist festzuhalten, dass die individuelle Leistungsbereitschaft des Teammitglieds und die kooperative Zusammenarbeit im Rahmen der unternehmensübergreifenden Projektarbeit durch die homogene Zusammensetzung der Teammitglieder in Bezug auf die Funktionen, Hierarchieebenen und Kulturkreise sowie im Hinblick auf die verwendeten Fachsprachen und die Unternehmenskultur gefördert werden können (vgl. Abb. 5-7).

Mehrfachbelastung

Neben der Zusammensetzung des unternehmensübergreifenden Projektteams muss im Rahmen der Leistungsplanung die zeitliche Einbindung des Teammitglieds in die Projektarbeit bedacht werden. Diesbezüglich zeigen die Ergebnisse der Befragung, dass die Hypothesen zur Mehrfachbelastung der Teammitglieder, die eine negative Wirkung auf die individuelle Leistungsbereitschaft (H8a) und die kooperative Zusammenarbeit (H8b) postulieren, durch starke bzw. schwache Werte bestätigt wurden.

Die deskriptiven Ergebnisse verdeutlichen, dass die unternehmensübergreifende Projektarbeit den Schwerpunkt der Mitarbeitertätigkeit ausmacht. Dennoch wurde von den Teammitgliedern verlangt, neben der eigentlichen unternehmensübergreifenden Projektarbeit, gleichzeitig ihren Linienaufgaben nachzugehen. Diese beinhalteten zu großen Teilen die Zusammenarbeit und Interaktion mit anderen Mitarbeitern des Unternehmens. Die zusätzliche Arbeitsbelastung hatte zur Folge, dass die Teammitglieder ihren Projektaufgaben nicht im vollen Umfang nachkommen konnten, da projektfremde Verpflichtungen ihre Mitarbeit im Team behinderten. Die Bearbeitung der ihnen zugewiesenen Projektaufgabe musste aufgrund der knappen zeitlichen Ressource vernachlässigt und verschoben werden, da eine termingerechte parallele Bearbeitung in der Regel nicht über einen längeren Zeitraum möglich war.[519]

Die Mehrfachbelastung des Teammitglieds behindert nicht nur seinen individuellen Leistungsbeitrag, sondern hat auch negative Auswirkungen auf den Informationsaustausch und die Zusammenarbeit mit den anderen Projektmitgliedern, wobei die empirische Analyse ergab, dass die Mehrfachbelastung nur eine schwache negative Auswirkung auf die Zusammenarbeit ausübt. Dieses lässt sich durch die Anzahl der am Projekt beteiligten Unternehmen und Teammitglieder erklären. Die Mehrheit der Befragten gab an, mit mindesten zwei bis fünf weiteren Unternehmen zusammenzuarbeiten. Dabei bestand das Team häufig aus 6-10 Teammitgliedern. Diese Angaben stimmen mit der Aussage überein, dass die Befragten nur selten als einziger Unternehmensvertreter in das unternehmensübergreifende Projektteam gesandt wurden.

[519] Vgl. Kapitel 4.3.2.

Die verhältnismäßig hohe Anzahl an verfügbaren Teammitgliedern schwächt daher die Wirkung der Mehrfachbelastung eines einzelnen Teammitglieds ab. Wenn das Teammitglied aufgrund seiner Linienaufgaben verhindert ist, kann kurzfristig entweder auf ein anderes Teammitglied des Unternehmens oder auf einen anderen Projektpartner zurückgegriffen werden. Auf die individuelle Leistungsbereitschaft des Teammitglieds übt die Mehrfachbelastung jedoch eine starke negative Wirkung aus, da der Zustand der hohen Arbeitsbelastung langfristig zu einer Überforderung beim Teammitglied führen kann.

Mit Hilfe eines regelmäßigen Wissenstransfers zwischen dem Teammitglied und seinen unmittelbaren Arbeitskollegen, kann die zusätzliche Belastung durch die Teilnahme an der unternehmensübergreifenden Projektarbeit besser eingeschätzt und von den Arbeitskollegen wahrgenommen sowie bei der Durchführung unternehmensinterner Arbeitsabläufe stärker berücksichtigt werden. Der Umfang des Wissenstransfers ist dabei variabel und reicht von persönlichen Mitarbeitergesprächen bis hin zu umfassenden Wissenstransferprojekten.[520]

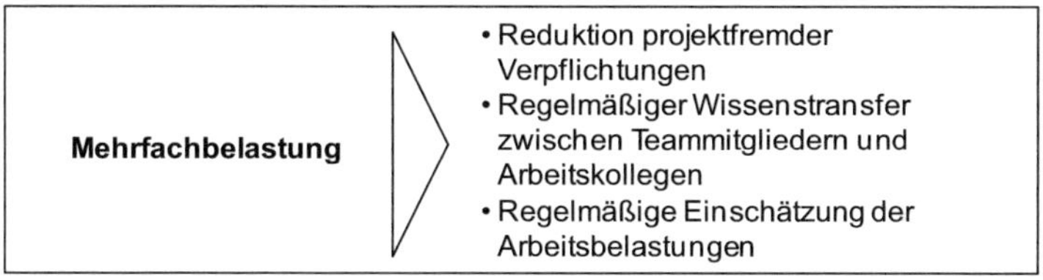

Abb. 5-8: Empfehlungen zur Mehrfachbelastung

Zusammenfassend ist festzuhalten, dass zur Förderung der individuellen Leistungsbereitschaft des Teammitglieds und der kooperativen Zusammenarbeit im Rahmen der unternehmensübergreifenden Projektarbeit versucht werden sollte, bei der zeitlichen Einbindung des Teammitglieds in die Projektarbeit, eine Mehrfachbelastung durch die Reduktion projektfremder Verpflichtungen weitestgehend zu vermeiden (vgl. Abb. 5-8).[521]

5.2 Leistungserstellung

Nachdem die Leistungsplanung abgeschlossen wurde, stellt die Leistungserstellung den nächsten Schritt des Leistungsmanagementprozesses dar. Die Leistungserstellung umfasst die Zusammenarbeit im unternehmensübergreifenden Projektteam. Hierbei wurden im Rahmen der Arbeit zum einen die Zusammenhänge der einzelnen

520 Vgl. Schröder (2003), S. 27.

521 Vgl. Vgl. Högl (1998), S. 94, Patzak/Rattay (1998), S. 247 sowie Litke (2004), S. 63.

Faktoren der leistungsorientierten Personalführung und der Teamkonstellation auf die kooperative Zusammenarbeit hin untersucht. Zum anderen wurde der Einfluss der kooperativen Zusammenarbeit auf die individuelle Leistungsbereitschaft ermittelt.

Den deskriptiven Ergebnissen der empirischen Analyse ist zu entnehmen, dass die Zusammenarbeit in dem unternehmensübergreifenden Projektteam, in das überwiegend Dienstleister, Abnehmer/Kunden und Zulieferer der Unternehmen eingebundenen waren, durch eine intensive, überwiegend informelle Kommunikation zwischen den Teammitgliedern gekennzeichnet war. Da nur eine sehr geringe Wettbewerbsintensität zwischen den beteiligten Projektpartnern herrschte, lag bei den Teammitgliedern die Bereitschaft vor, Informationen und Wissen miteinander zu teilen. Die Zusammenarbeit war durch gegenseitige Hilfsbereitschaft sowie ein starkes Zusammengehörigkeitsgefühl zwischen den Teammitgliedern geprägt. Das gegenseitige Vertrauen und Engagement motivierte die beteiligten Teammitglieder zum Leistungsbeitrag im Projektteam.[522] Zudem zeigten die Ergebnisse, dass die in Kapitel 3.3 aufgestellte Hypothese, dass die kooperative Zusammenarbeit im unternehmensübergreifenden Projektteam positiv auf die individuelle Leistungsbereitschaft wirkt (H9), bestätigt werden konnte.

Während der kooperativen Zusammenarbeit erzeugen die verschiedenen Partner unabhängig voneinander Informationen, die für die anderen Partner und für das Fortschreiten der Projektarbeit von Relevanz sind.[523] Ein regelmäßiger Daten- und Informationsaustausch gestaltet sich jedoch aufgrund der räumlichen Distanz bei der unternehmensübergreifenden Projektarbeit als schwierig. Da Face-to-Face-Meetings häufig nur im begrenzten Umfang stattfinden können, kommt dem Einsatz von Informations- und Kommunikationstechnologien (IuK-Technologien) eine wichtige Bedeutung zu. Der Hauptnutzen der eingesetzten IuK-Technologien im Rahmen der unternehmensübergreifenden Projektarbeit besteht in der Verbesserung der Interaktion der Projektpartner. Hierzu können verschiedene Formen der Kommunikation genutzt werden, die durch innovative Werkzeuge der Informations- und Kommunikationstechnologien unterstützt werden.[524] Durch die schnelle Übertragung von Daten und Informationen über große Entfernungen hinweg, können geographische Distanzen und Zeitverschiebungen überwunden und die kooperative Zusammenarbeit zwischen den Teammitgliedern gefördert werden. Arbeiten die Teammitglieder räumlich verteilt an verschiedenen Orten, helfen Video-, Audio- oder Computerkonferenzsysteme um

522 Vgl. Kapitel 4.3.2.

523 Vgl. Kern (2005), S. 129.

524 Vgl. Luczak/Eversheim (1999), S. 29.

die Projektteilnehmer virtuell zu vereinigen.[525] Darüber hinaus können Projektplattformen oder virtuelle Projekträume eingerichtet werden, um die Kommunikation unternehmensübergreifend zu fördern. Des Weiteren eröffnet der Einsatz von Kommunikationsmedien bei der unternehmensübergreifenden Projektarbeit das Zugreifen auf gemeinsames Material, wie z. B. Produktinformationen, Datensätze oder Simulationen. Es ist jedoch anzumerken, dass nicht alle Kommunikationsmedien für jeden Kommunikationsweg gleich gut geeignet sind, da ihre Zweckmäßigkeit unter anderem von der Projektaufgabe abhängt.[526] Hierbei spielt die Genauigkeit der Übertragung neben der Schnelligkeit bzw. Bequemlichkeit, der Vertraulichkeit und der Komplexität eine wichtige Rolle.[527]

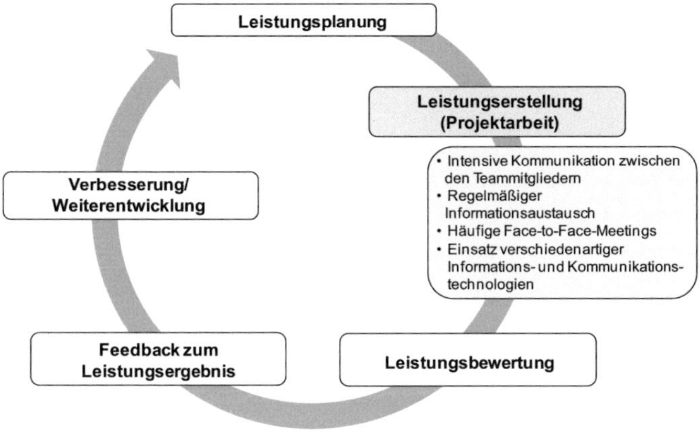

Abb. 5-9: Empfehlungen zur Leistungserstellung

Um die kooperative Zusammenarbeit zwischen den beteiligten Projektmitgliedern zu fördern, sollte eine intensive Kommunikation und ein regelmäßiger Informationsaustausch angestrebt werden, da der Austausch von Daten und Informationen eine entscheidende Voraussetzung für die Zusammenarbeit im interorganisationalen Team darstellt.[528] Neben dem Einsatz von IuK-Technologien sollten darüber hinaus regelmäßig Face-to-Face-Besprechungen und Projekttreffen durchgeführt werden, um den persönlichen Umgang miteinander zu fördern. Denn je häufiger und länger die Kooperationspartner mitei-

---

525 Handelt es sich um eine Videokonferenz zwischen zwei Partnern, so wird von einer Punkt-zu-Punkt-Konferenz gesprochen. Sind hingegen drei oder mehrere Partner betroffen, so handelt es sich um eine Mehrpunktkonferenz. Vgl. hierzu Luczak/Eversheim (1999), S. 30.

526 Vgl. Pinto/Pinto (1990), S. 212, Kern (2005), S. 48.

527 Vgl. Reichwald et al. (2000), S. 60.

528 Vgl. Picot/Reichwald (1991), S. 260, Polis (2003), S. 55ff.

nander interagieren, desto mehr Vertrauen setzen sie in die Zusammenarbeit (vgl. Abb. 5-9).

5.3 Leistungsbewertung

Nach der Leistungserstellung folgt die Leistungsbewertung als weiterer Prozessschritt des Leistungsmanagements. Um den erbrachten Leistungsbeitrag im Rahmen der unternehmensübergreifenden Teamarbeit bewerten zu können, muss dieser zunächst erfasst werden. Die in Kapitel 3.2.4 aufgestellten Hypothesen zum Erfassen des Leistungsbeitrags (H4a, b) konnten weder verworfen noch bestätigt werden, da die Indikatoren aufgrund der nicht erfüllten Gütekriterien nicht in die Modellanalyse einbezogen werden durften. Eine Analyse zu den Wirkungszusammenhängen zwischen dem Erfassen des individuellen Leistungsbeitrags und der individuelle Leistungsbereitschaft bzw. der kooperativen Zusammenarbeit musste daher verworfen werden.

Im Rahmen der Leistungsmessung ist zwischen quantitativer und qualitativer Leistung zu differenzieren. Erstere umfasst den erfassbaren Input, wie z. B. die Projektzeit, die entstandenen Projektkosten, oder die erreichte Produktqualität als messbaren Output. Die qualitative Leistung bezieht sich hingegen auf den Output, der nur schwer zu quantifizieren ist, wie z. B. der Innovationsgrad.[529]

Quantifizierbar ist jedoch häufig nur die Gesamtleistung des Projektteams, die kaum Rückschlüsse auf den Leistungsbeitrag des einzelnen Teammitglieds zulässt. Dennoch sollte für eine realitätsnahe Leistungseinschätzung neben der gesamten Teamleistung auch die erbrachte individuelle Leistung des Teammitglieds erfasst werden. Die deskriptiven Ergebnisse zeigen jedoch, dass bei den Vorgesetzten der befragten Teammitglieder die Teamleistung deutlich im Vordergrund der Leistungserfassung stand. Die im Rahmen der unternehmensübergreifenden Projektarbeit erbrachte Individualleistung war hingegen von geringerem Interesse. Daher wurde der vom individuellen Teammitglied erbrachte Output nur in begrenztem Umfang explizit erfasst und entsprechend dokumentiert. Hier zeigt sich deutlich die Diskrepanz zwischen dem Erfassen der gesamten Teamleistung und der Individualleistung. Obgleich, wie zuvor beschrieben, mit den Teammitgliedern zum Teil Individualziele vereinbart wurden, werden die individuell erbrachten Projektleistungen nur unzureichend erfasst. Rückschlüsse auf den individuellen Leistungseinsatz sind daher kaum möglich. Hier kann eine Dokumentation der individuell geleisteten Projektarbeit, z. B. über die eingesetzte Arbeitszeit, die erreichten Meilensteine sowie die verwendeten Ressourcen bis hin zum erzielten Output helfen. Durch die individuelle Zuordnung der erbrachten

---

529 Vgl. Kuester et al. (2008), S. 7.

Leistung können die Leistungsbeiträge des eigenen Unternehmens identifiziert und Leistungsträger von Nicht-Leistungsträgern im unternehmensübergreifenden Team unterschieden werden.[530]

Weiterhin ist zu berücksichtigen, dass das Erfassen des individuellen Leistungsbeitrags das Risiko des „Shirking“ (Social Loafing) innerhalb des Projektteams reduziert.[531] Das „Shirking“ ist vor allem darin begründet, dass der Leistungsbeitrag des einzelnen Mitglieds zur Teamleistung nicht leicht identifizierbar ist und ein Teammitglied daher weder positive noch negative Konsequenzen für die individuell erbrachte Leistung erwarten muss. Hinzukommt, dass das vorhandene Teamgefüge (in Abhängigkeit von den Projektpartnern) die Leistungsschwachen im Projektteam zunächst verdecken kann, so dass der oder die Leistungsträger der Teamarbeit nicht immer unmittelbar auszumachen sind.[532]

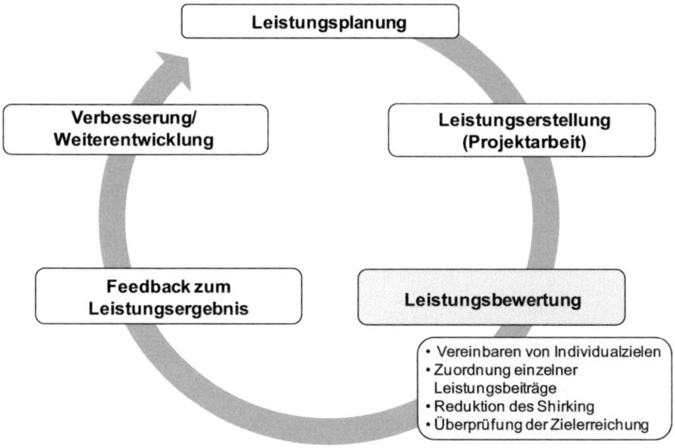

Abb. 5-10: Empfehlungen zur Leistungsbewertung

Um die individuelle Leistungsbereitschaft des Teammitglieds und die kooperative Zusammenarbeit im Rahmen der unternehmensübergreifenden Projektarbeit zu fördern, sollten daher die Leistungsbeiträge stärker den individuellen Teammitgliedern zugeordnet werden können. Dies setzt neben den zu erreichenden Teamzielen die Vereinbarung von Individualzielen sowie die Verfolgung der Zielerreichung voraus (vgl. Abb. 5-10).

---

530 Vgl. Kapitel 4.3.2.

531 Vgl. zum „Shirking“ Alchian/Demsetz (1972), S. 780f. sowie zum „social loafing“ Latané et al. (1979), S. 830, Oelsnitz/Busch (2006), S. 65ff., Bettenhausen (1991), S. 360f.

532 Vgl. Latané et al. (1979), S. 830, Oelsnitz/Busch (2006), S. 65ff., Bettenhausen (1991), S. 360f.

5.4 Feedback zum Leistungsergebnis

Im Verlauf des Leistungsmanagements stellt das Feedback zum Leistungsergebnis einen weiteren wichtigen Prozessschritt des Leistungsmanagements dar. Die vorliegende Untersuchung beschäftigte sich daher mit der Analyse, welchen Einfluss ein umfassendes Feedback zum erbrachten Leistungsbeitrag auf die individuelle Leistungsbereitschaft des Teammitglieds und auf die kooperative Zusammenarbeit ausübt. Die Analyse wurde zudem um das Einbeziehen unterschiedlicher Bezugsgruppen in den Feedbackprozess erweitert, die dazu beitragen sollen, ein umfassendes Leistungsbild des Teammitglieds zu erstellen.[533]

Eine wichtige Voraussetzung für die zufriedenstellende Leistungserfüllung des Teammitglieds bei der unternehmensübergreifenden Projektarbeit ist die Versorgung des Teammitglieds mit einem umfassenden Feedback. Diese rückkoppelnden Informationen sind für die Qualität der Projektbearbeitung ebenso wichtig wie für die Leistungsmotivation des Teammitglieds, da sie die Erbringung einer größeren Anstrengung nach sich ziehen und zu einem verbesserten Leistungsbeitrag innerhalb des unternehmensübergreifenden Projektteams führen.[534] Teammitglieder, die ein Feedback über ihre erbrachte Leistung erhalten, erreichen meist in Folge eine höhere Leistung als Teammitglieder, denen diese Informationen vorenthalten bleiben.[535] Eine unzureichende Informationsversorgung kann demnach das Teammitglied demotivieren und sich negativ auf die kooperative Zusammenarbeit auswirken.

Die Ergebnisse der Befragung zeigen, dass die in Kapitel 3.2.5 formulierten Hypothesen, die eine positive Wirkung eines umfassenden Feedbacks auf die individuelle Leistungsbereitschaft (H5a) und die kooperative Zusammenarbeit (H5b) postulieren, im Verlauf der Untersuchung beide durch moderate Werte bestätigt wurden. Die Befragten erhielten mit nur wenigen Ausnahmen ein umfassendes Feedback über das vom gesamten unternehmensübergreifenden Projektteam erbrachte Leistungsergebnis. Weiterhin beinhaltete das Feedback auch Informationen im Hinblick auf den individuellen Leistungsbeitrag des Teammitglieds. Das Feedback erhielten sie dabei in der Regel von ihrem unmittelbaren Vorgesetzten. Neben dem Leistungsergebnis können sowohl das Leistungsverhalten als auch die Leistungsprozesse beurteilt werden. Alternativ zu der Beurteilung durch den Vorgesetzten können weitere Beurteiler, wie z. B. Teamkollegen hinzugezogen werden, um die Leistung des Teammitglieds aus verschiedenen Perspektiven zu analysieren. In der vorliegenden Untersuchung

---

533 Zur Erläuterung des so genannten 360°-Feedback siehe Kapitel 3.2.5. sowie Schuler (2004), S. 61ff. und Spriestersbach et al. (2009), S. 48ff.

534 Vgl. Locke (1968), S. 157ff.

535 Vgl. Vroom (1964), S. 238ff. sowie Rosenstiel (1975), S. 304f.

wurden nur selten Teammitglieder in den Feedbackprozess integriert, was erkennen lässt, dass das so genannte 360-Grad-Feedback im Rahmen der unternehmensübergreifenden Projektarbeit noch nicht fest etabliert ist und daher noch ausgebaut werden sollte. Im Rahmen des 360-Grad-Feedbacks schätzt das Teammitglied zunächst sein eigenes Leistungsverhalten ein, was jedoch ein gewisses Maß an Selbstkritik voraussetzt. Anschließend werden sowohl unternehmensinterne als auch unternehmensexterne Teamkollegen oder Mitarbeiter, als Beurteiler hinzugezogen. Diese können ein Feedback über die Leistung sowie über das Leistungsverhalten des Teammitglieds aus dem unmittelbaren Arbeitsumfeld liefern. Ein Vergleich der Fremd- und Selbsteinschätzung bietet Potenziale, um die Leistung des Teammitglieds zu steigern und das individuelle Leistungsmanagement weiterzuentwickeln.

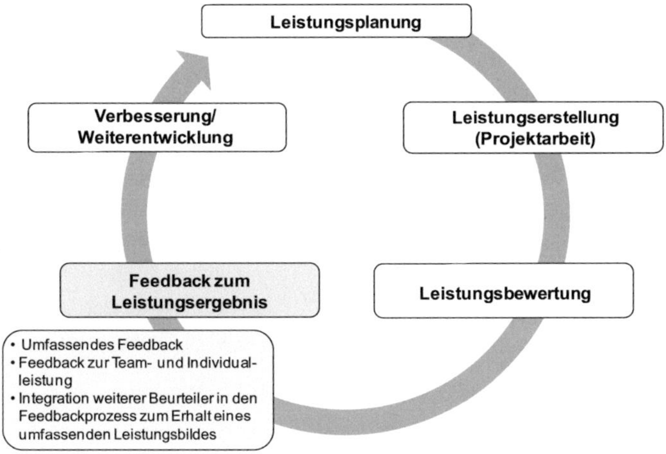

Abb. 5-11: Empfehlungen zum Feedback

Es ist somit festzuhalten, dass zur Förderung der individuellen Leistungsbereitschaft und der kooperativen Zusammenarbeit im Rahmen der unternehmensübergreifenden Projektarbeit ein umfassendes Feedback zum Leistungsergebnis durchgeführt werden sollte, dass sich nicht nur auf die gesamte Teamleistung bezieht, sondern den individuellen Leistungsbeitrag des Teammitglieds hervorhebt. Darüber hinaus ist die Integration zusätzlicher Bezugspersonen in den Feedbackprozess im Sinne eines 360-Grad-Feedbacks anzustreben, um ein umfassendes Leistungsbild des Mitarbeiters zu erhalten (vgl. Abb. 5-11).[536]

---

[536] Vgl. Stock-Homburg (2008), S. 298ff.

5.5 Verbesserung und Weiterentwicklung des Leistungsmanagements

Als letzter Prozessschritt ist die Verbesserung/Weiterentwicklung des Leistungsmanagements anzuführen. Hier sollte aufbauend auf den Ergebnissen des Feedbackgesprächs gemeinsam mit dem Teammitglied Stellhebel zur kontinuierlichen Verbesserung des individuellen Leistungsbeitrags identifiziert und entsprechende Maßnahmen entwickelt werden, um diese bei einer Wiederholung der Zusammenarbeit in einem unternehmensübergreifenden Projektteam anwenden zu können. Darüber hinaus sollten im Hinblick auf die Verbesserung und Weiterentwicklung des Leistungsmanagements mögliche moderierende Faktoren berücksichtigt werden. Im Rahmen der vorliegenden Arbeit standen hier die Komplexität und die Bedeutung der Projektaufgabe im Vordergrund der Analyse.

Komplexität und Bedeutung der Projektaufgabe

Die Komplexität der Aufgabe erweist sich als wichtige Eigenschaft mit deren Hilfe unterschiedliche Autoren eine Projektaufgabe häufig unterscheiden.[537] Die deskriptiven Ergebnisse zeigen, dass die zu bearbeitende Projektaufgabe von den befragten Teammitgliedern überwiegend als komplex eingestuft wurde. Die Bearbeitung erforderte neben einer hohen Abstimmung zwischen den Teammitgliedern eine internationale Zusammenarbeit. Dabei waren jedem Teammitglied entsprechende Aufgaben zur Bearbeitung klar zugewiesen worden.[538] Weiterhin stellte der Gegenstand des Projektes zu großen Teilen etwas Neues für das Unternehmen des Befragten dar.

Mit zunehmender Komplexität der Projektaufgabe erhöhen sich die Anforderungen an die Zusammenarbeit zwischen den beteiligten Projektpartnern, was wiederum die individuelle Leistungsbereitschaft beeinflussen kann. Trotz der starken Ausprägung der Komplexität der Projektaufgabe, stellte sich zwar ein direkter Einfluss der Komplexität auf die individuelle Leistungsbereitschaft heraus, ein negativer Moderationseffekt der Komplexität auf den Wirkungszusammenhang zwischen der kooperativen Zusammenarbeit und der individuellen Leistungsbereitschaft konnte jedoch nicht nachgewiesen werden (H10).[539]

Die Analyse im Hinblick auf die Bedeutung der Projektaufgabe verdeutlicht hingegen, dass diese Moderationsvariable einen starken signifikanten Einfluss auf die Wirkungsbeziehung zwischen der kooperativen Zusammenarbeit und der individuellen Leistungsbereitschaft ausübt (H11). Ist die Projektaufgabe für das Teammitglied und

---

537 Vgl. Adams (2006), S. 39f.

538 Vgl. Kapitel 4.3.2.

539 Vgl. hierzu und im Folgenden Kapitel 4.3.4.2.

die Geschäftsführung von hoher Bedeutung, wird das kooperative Verhalten des Teammitglieds durch eine hohe Eigenmotivation gefördert.

Die deskriptiven Ergebnisse zeigen, dass die unternehmensübergreifende Projektarbeit für das Teammitglied selbst von großer Bedeutung war. Durch die Bearbeitung der Projektaufgabe kann sich das Teammitglied weiterbilden sowie seinen Expertenstatus ausbauen und seine Vorgesetzten von seinem Leistungsbeitrag überzeugen. Neben neuen geschäftlichen Kontakten, ermöglicht ihm die Projektarbeit zudem, bei erfolgreicher Bearbeitung seine Position im eigenen Unternehmen (Karriere) zu verbessern und seinen Spielraum für zukünftige Gehaltsverhandlungen oder Stellenbesetzungen zu erweitern.[540]

Darüber hinaus ist den Ergebnisse zu entnehmen, dass die unternehmensübergreifende Projektarbeit auch für das Unternehmen von Bedeutung war. Letzteres erklärt das große Interesse der Geschäftsführung an dem Verlauf der Projektarbeit. Hinzukommt, dass der vom Unternehmen erzielte Output in vielen Fällen an anderer Stelle zu großen Teilen wiederverwendet werden kann, was das Interesse der Geschäftsführung unterstreicht. Durch die zunehmende Bedeutung der Projektaufgabe wird die Eigenmotivation des Teammitglieds gesteigert. Sie stellt demnach einen Anreiz dar, sich stärker bei der Zusammenarbeit zu engagieren.[541]

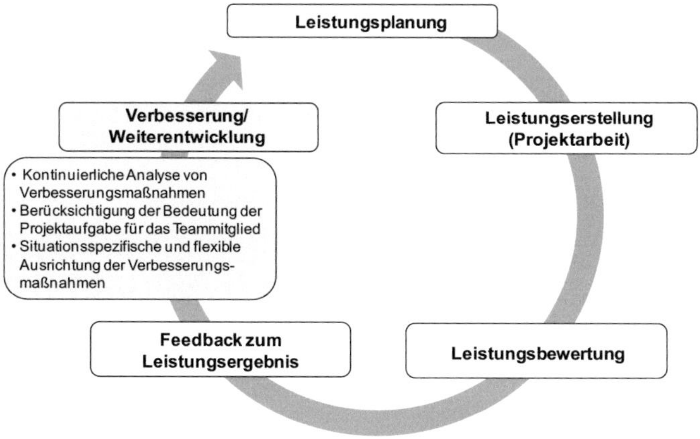

Abb. 5-12: Empfehlungen zur Leistungsbewertung

---

540 Vgl. sowie Campion et al. (1996), Lechler (1997), S. 230, Cremer (2002), S. 571 sowie S. 575. Zur Bedeutung der Aufgabe siehe auch Campion et al. (1993), S. 848, Gladstein/Caldwell (1990), S. 126. oder auch Köppel (2007), S. 355.

541 Vgl. Kapitel 4.3.2.

Im Rahmen der unternehmensübergreifenden Projektarbeit sollte demnach darauf geachtet werden, dass die Projektaufgabe für das Teammitglied von Bedeutung ist, da eine hohe Bedeutung der Projektaufgabe das Engagement des Teammitglieds erhöht und folglich den Projektverlauf fördert (vgl. Abb. 5-12).

Abschließend ist festzuhalten, dass die zuvor beschriebenen Faktoren im Rahmen eines Leistungsmanagementansatzes einen Beitrag dazu leisten können, die individuelle Leistungsbereitschaft des Teammitglieds im Rahmen der unternehmensübergreifenden Projektarbeit zu fördern. Die leistungsorientierten Maßnahmen sollten jedoch dabei je nach Art und Ausgestaltung des unternehmensübergreifenden Projektteams situationsspezifisch ausgerichtet und so flexibel wie möglich angelegt sein, um eine aktive Bewältigung der sich verändernden Anforderungen im Projektverlauf zu ermöglichen.

6 Schlussbetrachtung

6.1 Zusammenfassung der zentralen Untersuchungsergebnisse

Die Zielsetzung der vorliegenden Arbeit bestand darin, Einflussfaktoren und ihre Wirkungsbeziehungen auf die Leistungsbereitschaft des Individuums innerhalb der interorganisationalen Teamarbeit zu identifizieren und aufbauend auf diesen Erkenntnissen Gestaltungsempfehlungen für ein mitarbeiterorientiertes Leistungsmanagement im Rahmen der unternehmensübergreifenden Projektarbeit abzuleiten. Hierfür wurden sowohl die direkten als auch die indirekten Wirkungsbeziehungen zwischen den Gestaltungsvariablen der leistungsorientierten Personalführung, der Teamkonstellation sowie der kooperativen Zusammenarbeit aus Sicht des entsendenden Unternehmens untersucht.

Die Ergebnisse ermöglichen Aussagen darüber, wie das individuelle Teammitglied von seinem entsendenden Unternehmen zu einem kontinuierlichen Leistungsbeitrag unter Ausschöpfung seiner Leistungspotenziale im Rahmen der unternehmensübergreifenden Teamarbeit motiviert werden kann. Hierzu wurden ausschließlich Einflussgrößen betrachtet, auf die das entsendende Unternehmen einen gestalterischen Einfluss nehmen kann.

Im Rahmen der vorliegenden Arbeit standen folgende Forschungsfragen im Vordergrund:

- Welche Faktoren hindern bzw. fördern die Leistungsbereitschaft des Mitarbeiters im interorganisationalen Projektteam?
- Welche Faktoren wirken direkt bzw. indirekt auf die individuelle Leistungsbereitschaft des Mitarbeiters im interorganisationalen Projektteam?
- Welche leistungsorientierten personalwirtschaftlichen Maßnahmen kann das entsendende Unternehmen zur Förderung der Leistungsbereitschaft im Rahmen der interorganisationalen Projektarbeit ergreifen?
- Welche Teamkonstellationen fördern die individuelle Leistungsbereitschaft bei der interorganisationalen Projektarbeit?
- Wie kann die kooperative Zusammenarbeit im Projektteam verbessert werden?
- Wie sollte aufbauend auf den empirischen Erkenntnissen ein ganzheitlicher mitarbeiterorientierter Leistungsmanagementansatz für die Zusammenarbeit

im interorganisationalen Projektteam ausgestaltet sein, bei dem die Förderung der individuellen Leistungsbereitschaft im Vordergrund steht?

Nach der einführenden Problemstellung und Diskussion der Forschungsfrage lieferte Kapitel zwei zunächst einen Überblick über den theoretischen Bezugsrahmen. Verschiedene Perspektiven auf die Zusammenarbeit von Individuen in unternehmensübergreifenden Projektteams wurden dargestellt und voneinander abgegrenzt. Basierend auf den verschiedenen Definitionen des Leistungsbegriffs in der Literatur wurde der interdisziplinäre Begriff Leistung systematisiert und eine Arbeitsdefinition vor dem personalwirtschaftlichen Hintergrund entwickelt. Es schlossen sich eine Typisierung des Leistungsbegriffs sowie eine Erläuterung der Ebenen der Leistungserstellung und der Determinanten der Mitarbeiterleistung an. Darauf aufbauend wurden eine begriffliche Abgrenzung des Leistungsmanagements und ein Vergleich aktueller Leistungsmanagement-Ansätze etabliert. Bei der anschließenden Analyse der theoretischen Erklärungsansätze stellte sich heraus, dass keiner der betrachteten Ansätze dem Anspruch allein gerecht werden konnte, die individuelle Leistungsbereitschaft in unternehmensübergreifenden Projektteams zu erklären. In Kapitel drei wurden daher die Erkenntnisse aufgegriffen und in Anlehnung an das Modell von Gladstein in ein Input-Prozess-Output-Modell zur individuellen Leistungsbereitschaft in unternehmensübergreifenden Projektteams überführt. Unter Verwendung theoretischer und empirischer Forschungsergebnisse konnten Hypothesen über die direkten und indirekten Wirkungszusammenhänge zwischen den Gestaltungsvariablen des mitarbeiterorientierten Leistungsmanagements, der kooperativen Zusammenarbeit sowie der individuellen Leistungsbereitschaft formuliert werden. Des Weiteren wurden Hypothesen zum moderierenden Einfluss von Komplexität und Bedeutung der Projektaufgabe auf den Wirkungszusammenhang zwischen der kooperativen Zusammenarbeit und der individuellen Leistungsbereitschaft entwickelt. In Kapitel vier erfolgten eine Beschreibung der Stichprobe sowie die Auswertung der deskriptiven Befunde zur unternehmensübergreifenden Projektarbeit. Mit Hilfe der Statistikprogramme SPSS und AMOS wurden die aufgestellten Hypothesen anschließend im Rahmen der empirischen Analyse überprüft. Darauf aufbauend erfolgte in Kapitel fünf die Interpretation der Ergebnisse sowie die Ableitung entsprechender Gestaltungsempfehlungen für ein mitarbeiterorientiertes Leistungsmanagement.

Die vorliegende Analyse verdeutlichte, dass verschiedene Faktoren sowohl direkt als auch indirekt die individuelle Leistungsbereitschaft im Rahmen der unternehmensübergreifenden Projektarbeit fördern bzw. erschweren. Die statistische Überprüfung der Untersuchungshypothesen anhand 218 unternehmensübergreifender Projektteams bestätigte dabei überwiegend die postulierten Wirkungszusammenhänge zwischen den einzelnen Faktoren. Die Ergebnisse zeigten, dass ausgewogene und ausgeprägte Fach-, Methoden- und Sozialkompetenzen positiv auf die individuelle Leistungsbereitschaft sowie auf die kooperative Zusammenarbeit wirken. Die formulierten Hypothesen, dass Individualanreize bei der unternehmensübergreifenden Zusammenarbeit positiv auf die individuelle Leistungsbereitschaft und die kooperative Zusammenarbeit wirken, konnten hingegen nicht bestätigt werden. Die Hypothesen zum positiven Einfluss der Integration des Teammitglieds in den Zielbildungsprozess auf seine individuelle Leistungsbereitschaft sowie auf die kooperative Zusammenarbeit bestätigten sich hingegen. Die Hypothese zum Erfassen des Leistungsbeitrags konnte nicht getestet werden, da die verwendeten Faktoren nicht die erforderlichen Gütekriterien erfüllten. Des Weiteren wurden die Hypothesen zur Einbindung in den Entscheidungsprozess, sowie die Hypothesen der Homogenität der Teammitglieder, die jeweils eine positive Wirkung auf die individuelle Leistungsbereitschaft bzw. die kooperative Zusammenarbeit postulierten, bestätigt. Auch die Hypothesen zur Mehrfachbelastung der Teammitglieder, die von einer negativen Wirkung auf die individuelle Leistungsbereitschaft und die kooperative Zusammenarbeit ausgingen, konnten angenommen werden.

Aus den zentralen Ergebnissen der empirischen Analyse wurden Empfehlungen für einen mitarbeiterorientierten Leistungsmanagement-Ansatz für die Zusammenarbeit im unternehmensübergreifenden Projektteam abgeleitet, bei dem die Förderung der individuellen Leistungsbereitschaft im Vordergrund steht. Die Empfehlungen orientieren sich dabei an dem Ablauf der fünf Prozessschritte des Leistungsmanagements, die neben der Leistungsplanung und Leistungserstellung die Leistungsbewertung, das Feedback zum Leistungsergebnis sowie die Verbesserung/Weiterentwicklung umfassen. Die zentralen Erkenntnisse der Arbeit lassen sich in die folgenden Empfehlungen hinsichtlich der fünf Prozessschritte des Leistungsmanagements überführen:

Leistungsplanung

Zur Förderung des individuellen Leistungsverhaltens sollte das Teammitglied über ausgewogene und ausgeprägte Fach-, Methoden- und Sozialkompetenzen verfügen, um einerseits den fachlichen Ansprüchen der unternehmensübergreifenden Projektarbeit gerecht zu werden und andererseits die Interaktion zwischen den Projektpartnern gezielt beeinflussen zu können. Zudem sollte das Unternehmen eine kontinuierliche Analyse sich verändernder Qualifikationsanforderungen an die unternehmensübergreifende Projektarbeit anstreben und entstehenden Defiziten mit Hilfe geeigneter Weiterbildungsmaßnahmen entgegenwirken.

Im Hinblick auf die individuelle Anreizgestaltung sollten die gewährten Individualanreize auf die persönlichen Belange des Teammitglieds abgestimmt sein und einen starken Bezug auf die Zusammenarbeit im Team aufweisen. Darüber hinaus ist der Einsatz verschiedener Anreizsysteme für die unternehmensübergreifende Zusammenarbeit zu prüfen.

Im Rahmen der Zielbildung empfiehlt es sich, sowohl übergreifende Teamziele als auch Ziele zu vereinbaren, die auf den Individualbeitrag des Teammitglieds ausgerichtet sind. Weiterhin erweist sich eine frühzeitige Einbindung des Teammitglieds in den Zielbildungsprozess bei der unternehmensübergreifenden Zusammenarbeit als vorteilhaft.

Des Weiteren stellt die rechtzeitige und intensive Einbindung des Teammitglieds in den Entscheidungsprozess bei der unternehmensübergreifenden Zusammenarbeit eine notwendige Voraussetzung zur Förderung der individuellen Leistungsbereitschaft dar. Die Entscheidungsbefugnis sollte dabei weitestgehend in die Teamarbeit verlagert werden. Gleichberechtigte Entscheidungen und gemeinsame Abstimmungen innerhalb des unternehmensübergreifenden Projektteams sollten dabei angestrebt werden.

Die individuelle Leistungsbereitschaft des Teammitglieds und die kooperative Zusammenarbeit können unter Berücksichtigung der Projektaufgabe durch eine homogene Zusammensetzung der Teammitglieder in Bezug auf die Funktionen, Hierarchieebenen und Kulturkreise sowie im Hinblick auf die verwendeten Fachsprachen und die Unternehmenskultur gefördert werden, da eine homogene Zusammensetzung bestehenden Vertrauensdefiziten und Kommunikationsbarrieren zwischen den Projektpartnern entgegenwirkt.

Darüber hinaus sollte bei der zeitlichen Einbindung des Teammitglieds in die Projektarbeit versucht werden, eine Mehrfachbelastung durch die Reduktion projektfremder Verpflichtungen weitestgehend zu vermeiden. Durch den Einsatz eines regelmäßigen Wissenstransfers zwischen dem Teammitglied und seinen unmittelbaren Arbeitskollegen kann die zusätzliche Belastung, die durch die Teilnahme an der unternehmensübergreifenden Projektarbeit besteht, besser eingeschätzt und von den Arbeitskollegen wahrgenommen werden.

Leistungserstellung

Um die bestehenden Vertrauensdefizite zwischen den Projektpartnern abzubauen und einen kooperativen Umgang miteinander zu fördern, sollte ein regelmäßiger Informations- und Wissensaustausch stattfinden. Die Ergebnisse zeigen, dass die kooperative Interaktion zwischen den beteiligten Projektmitgliedern durch eine intensive Kommunikation und einen regelmäßigen Informationsaustausch gefördert werden kann. Da sich ein regelmäßiger Daten- und Informationsaustausch aufgrund der räumlichen Distanz schwierig gestaltet, sollte auf unterschiedliche Formen der Informations- und Kommunikationstechnologien zurückgriffen werden, um die Interaktion zwischen den Projektpartnern zu steigern.

Leistungsbewertung

Um den erbrachten Leistungsbeitrag bei der unternehmensübergreifenden Teamarbeit bewerten zu können, muss dieser zunächst erfasst werden. Hier zeigte sich deutlich die Diskrepanz zwischen dem Erfassen der gesamten Teamleistung und der Individualleistung. Die individuell erbrachten Projektleistungen werden bei der unternehmensübergreifenden Zusammenarbeit nur unzureichend erfasst. Rückschlüsse auf den individuellen Leistungseinsatz sind daher kaum möglich. Es sollte jedoch eine individuelle Zuordnung der erbrachten Leistung angestrebt werden, um die Leistungsbeiträge des eigenen Unternehmens identifizieren und Leistungsträger von Nicht-Leistungsträgern im unternehmensübergreifenden Projektteam unterscheiden zu können.

Feedback zum Leistungsergebnis

Die Versorgung des Teammitglieds mit einem Feedback zur Leistungserstellung stellt eine wichtige Voraussetzung für die zufriedenstellende Leistungserfüllung dar. Es sollte daher ein umfassendes Feedback sowohl zur gesamten Teamleistung als auch zum individuellen Leistungsbeitrag durchgeführt werden. Hierbei ist die Integration weiterer Bezugspersonen in den Feedbackprozess anzustreben, um ein umfassendes Leistungsbild des Teammitglieds zu erhalten.

Verbesserung/Weiterentwicklung des Leistungsmanagements

Aufbauend auf den Ergebnissen des Feedbackgesprächs sollen gemeinsam mit dem Teammitglied Stellhebel zur Verbesserung des individuellen Leistungsbeitrags identifiziert und entsprechende Maßnahmen entwickelt werden, um diese bei einer Wiederholung der Zusammenarbeit in einem unternehmensübergreifenden Projektteam anwenden zu können. Darüber hinaus sollte bei der unternehmensübergreifenden Projektarbeit darauf geachtet werden, dass die Projektaufgabe für das Teammitglied von Bedeutung ist, da eine hohe Bedeutung der Projektaufgabe das Engagement des Teammitglieds erhöht und folglich den Projektverlauf fördert.

Abschließend ist festzuhalten, dass eine ganzheitliche Betrachtung der Gestaltungsalternativen erforderlich ist, um die individuelle Leistungsbereitschaft des Teammitglieds innerhalb des unternehmensübergreifenden Projektteams mit Hilfe eines Leistungsmanagement-Ansatzes zu fördern. Darüber hinaus sollten die leistungsorientierten Maßnahmen situationsspezifisch ausgerichtet und flexibel angelegt sein, um eine aktive Bewältigung der sich verändernden Anforderungen im Projektverlauf zu ermöglichen.

6.2 Limitationen und Ausblick

Neben den zuvor geschilderten Gestaltungsempfehlungen für die Unternehmenspraxis bietet die vorliegende Arbeit verschiedene Ansatzpunkte für zukünftige Forschungsarbeiten.

Im Rahmen weiterführender Untersuchungen ist zu analysieren, ob durch eine Modellerweiterung, die neben weiteren Dimensionen neue Forschungsfragen aufgreift, der Erklärungsgehalt des Modells gesteigert werden kann. Die theoretische Analyse zum Leistungsverhalten des Individuums hat gezeigt, dass zahlreiche Einflussfaktoren das individuelle Leistungsverhalten beeinflussen können. In der vorliegenden Arbeit wurde die Analyse dabei auf die für den mitarbeiterorientierten Leistungsmanagement-Ansatz relevanten Einflussfaktoren beschränkt, um die Komplexität des Modells beherrschbar zu halten. Auch der Aspekt des Controllings in Gestalt der Definition und Messung von leistungsabhängigen Erfolgsgrößen könnte in weiterführenden Untersuchungen für die individuelle Leistungsbereitschaft in unternehmensübergreifenden Projektteams überprüft und in dem entwickelten Modell ergänzt werden.

Die vorliegende Arbeit fokussiert auf den Betrachtungswinkel des entsendenden Unternehmens. Interessant wäre es auch den Einfluss zu ermitteln, den die Teamführung sowie die verschiedenen Kooperationspartner auf die individuelle Leistungsbereitschaft des Teammitglieds bei der unternehmensübergreifenden Projektarbeit ausüben können.

Darüber hinaus wäre es wünschenswert, die moderierenden Faktoren, die sich in der vorliegenden Arbeit auf die Beziehung zwischen dem Interaktionsprozess und der individuellen Leistungsbereitschaft im unternehmensübergreifenden Projektteam konzentrieren, um eine Analyse zu ergänzen, die auf die Wirkung der moderierenden Faktoren auf die direkten Beziehungen zwischen den einzelnen verwendeten Inputgrößen und der Outputgröße fokussiert. Auch eine Erweiterung des Modells um zusätzliche Moderationsfaktoren wäre denkbar. So könnte neben dem Aspekt der Gewichtung und Verteilung der Unternehmensrepräsentanten bei der unternehmensübergreifenden Projektarbeit der moderierende Einfluss der jeweiligen Wettbewerbskonstellation und das Abhängigkeitsverhältnis zwischen den beteiligten Projektpartnern stärker berücksichtigt werden. Darüber hinaus bietet es sich an, den dynamischen Aspekt der Projektarbeit stärker im Rahmen weiterführender Untersuchungen herauszustellen, indem die Einflüsse verschiedener Faktoren auf die individuelle Leistungsbereitschaft innerhalb der verschiedenen Projektphasen analysiert und miteinander verglichen werden.

Weiterhin verspricht eine Übertragung der erarbeiteten Ergebnisse auf andere Untersuchungsgegenstände interessante Erkenntnisse. Denkbar ist hier eine vergleichende Analyse zu Einflussfaktoren der Leistungsbereitschaft vor dem Hintergrund verschiedener Konstellationen der kooperativen Zusammenarbeit oder zwischen mehreren Projektteams, mit dem Ziel, langfristig zu einer empirisch fundierten Theorie der Leistungsbereitschaft zu gelangen.

Abschließend bleibt festzuhalten, dass der Leistungsmanagement-Ansatz nicht losgelöst von anderen Personalmanagement-Ansätzen betrachtet werden darf, da beide voneinander abhängen, wie z. B. die Personalentwicklung, das Talent Management oder das Wissensmanagement. Weiterführende Untersuchungen der Thematik Leistungsmanagement und ihrer Interdependenzen zu verwandten Themen des Personalmanagements sind daher ebenso von Interesse.

Inhalt – Anhang

A.1. TEAM- UND GRUPPENDEFINITIONEN 202

A.2. KOOPERATIONSMERKMALE 203

A.3. DER LEISTUNGSBEGRIFF IN VERSCHIEDENEN WISSENSCHAFTEN . 204

A.4. ÜBERBLICK ÜBER DAS EXISTIERENDE LEISTUNGSVERSTÄNDNIS .. 205

A.5. FRAGEBOGEN 206

A.6. AUSZUG AUS DEM ONLINE-FRAGEBOGEN 210

A.1. Team- und Gruppendefinitionen

Autor		Definition
Antoni (2000), S. 24 und S. 34ff.	Projektteam oder Task Force"	[...] aus Experten verschiedener Arbeitsbereiche zusammengesetzte, zeitlich befristete Gruppe zur Bearbeitung von neuartigen, komplexen Problemstellungen mit Zielvorgaben vom Management, deren Teilnahme nicht freiwillig ist, sondern aus dem Arbeitsauftrag resultiert."
Brown (2000), S. 4	Group	„A collection of people bound together by some common experience or purpose, or who are interrelated in a micro-social structure, or who interact with one another."
Cohen/Bailey (1997), S. 241	Team	"A team is a collection of individuals who are interdependent in their tasks, who share responsibility for outcomes, who see themselves and who are seen by others as an intact social entity embedded in one or more larger social systems (for example, business unit or the corporation), and who manage their relationships across organizational boundaries."
Guzzo/ Dickson (1996), S. 10	Group	"A "work group" is made up of individuals who see themselves and are seen by others as a social entity, who are interdependent because of the tasks they perform as members of a group, who are embedded in one or more larger social systems (e.g. community, organization), and who perform tasks that affect others (such as customers or coworkers)."
Guzzo/Dickson (1996), S. 308	Team	"Team is a bounded system composed of a set of interdependent individuals organized to perform specific tasks that affect others."
Henschel (2001), S. 50ff.	Projektteam	„[...] bis zur Erfüllung einer bestimmten gemeinsamen Aufgabe bestehende Gruppe, deren Mitglieder vom Management ausgewählt werden; formelle Projektstruktur mit definierten Verantwortlichkeiten und einer Projektleitung."
McGrath (1984), S. 9	Group	"Two or more persons who are each aware of their potential interaction. Those social aggregates that involve mutual awareness and potential mutual interaction."
McGrath (1991), S. 4	Team	"Teams can be defined as complex, intact social systems that engage in multiple, concurring projects, while partially nested within, and loosely coupled to, surrounding systems."
Osterloh/Wübker (1999), S. 30	Projektteam	„[...] für einen befristeten Zeitraum eingerichtete Gruppe, der eine einmalige, neuartige und mit Risiko behaftete Projektaufgabe über-tragen wird, die meistens aus Spezialisten besteht und für deren Koordination und Kontrolle eine für die Aufgabenerfüllung verantwortliche und weisungsbefugte Projektleitung zuständig ist."
Pohl/Witt (2000), S. 17	Projektteam	„[...] zeitlich begrenzte, leistungsorientierte Gruppe, deren Verhalten und soziale Interaktion durch vorwiegend funktionale Leistungs- und Aufgabenorientiertheit bestimmt ist."
Salas et.al. (1992), S. 341	Team	"A set of two or more individuals interacting adaptively, interdependently, and dynamically towards a common a valued goal".
Shaw (1981), S. 9	Group	"Two or more persons who are interacting with one another in such a manner that each person influences and is influenced by each other person."

A.2. Kooperationsmerkmale

<table>
<tr><th>Kooperationsmerkmal</th><th colspan="6">Ausprägungen der Kooperationsbegriffe</th></tr>
<tr><td>Stellung in der Wertschöpfungskette</td><td colspan="2">vertikal</td><td colspan="2">horizontal</td><td colspan="2">diagonal</td></tr>
<tr><td>Funktionaler Bezug</td><td>Forschung</td><td>Entwicklung</td><td>Beschaffung</td><td>Produktion</td><td>Absatz</td><td>Finanzierung</td></tr>
<tr><td>Art der Verflechtung</td><td colspan="2">Absprachenkooperation</td><td colspan="2">Austauschkooperation</td><td colspan="2">Gemeinschaftskooperation</td></tr>
<tr><td>Aufgabenteilung</td><td colspan="2">Funktions-Projektgemeinschaft</td><td colspan="2">Funktionsteilung</td><td colspan="2">Funktionsspezialisierung</td></tr>
<tr><td>Zeitlicher Horizont</td><td colspan="2">kurzfristig
(bis 1 Jahr)</td><td colspan="2">mittelfristig
(1 - 5 Jahre)</td><td>langfristig
(> 5 Jahre)</td><td>unbefristet</td></tr>
</table>

Abb. A-2: Kooperationsmerkmale und mögliche Ausprägungen[1]

1 In Anlehnung an Rupprecht-Däullary (1994), S. 19.

A.3. Der Leistungsbegriff in verschiedenen Wissenschaften

Wissenschaft	Autor	Definition
Pädagogik	Furck (1972), S. 20	„So kann mit dem Verb ‚Leisten' gemeint sein: arbeiten, arbeitsam sein, fleißig sein, lernen, sich anstrengen, aktiv sein, tüchtig sein, einsatzbereit sein, als ein dynamisches Moment. Durch den Gebrauch des Substantivs Leistung kann etwas ausgesagt werden im Hinblick auf das Werk, als das Ergebnis der Aktivität, aber auch auf das Maß und den Umfang des Könnens, des Wissens, der Ausdauer und schließlich – noch allgmeiner – über das Niveau und endlich, das Individuelle betonend: die Reife. [...] Jede menschliche Leistung gründet sich auf eine Vielzahl der genannten Momente, die denn auch bei dem Gebrauch des Wortes Leistung gemeint sind und in der Erziehung selbstverständlich wirksam werden."
Physik	Jaworski/Detlaf (1972), S. 65	„In der Physik wird Leistung – bei einem physikalischen Vorgang – als „Arbeit (Kraft x Weg) pro Zeiteinheit" definiert. Die Leistung einer Kraft ist einer skalare Größe- Sie charakterisiert die Schnelligkeit der Arbeit dieser Kraft."
Psychologie	Dorsch et al. (1987), S. 379	„[...] ist Leistung der Einsatz der dem Menschen (bzw. Organismus) verfügbaren Fähigkeiten wie auch dessen Ergebnis. Dabei kommt die Leistung dem Begriff der Funktion nahe und deckt sich weitgehend mit ihr."
Rechts-wissenschaften	Hilgers (2008), S. 9f.	„Im Allgemeinen Schuldrecht hingegen und damit in den Rechtswissen-schaften spricht man von Leistung im Zusammenhang mit Leistungs-pflichten, dessen konkreter Inhalt sich aus dem jeweiligen Schuldverhältnis ergibt (§ 241 I S. 1 BGB). Generell wird dabei unter Leistung die Zuwendung eines wirklichen oder vermeintlichen Vorteils, der typischerweise, aber nicht notwendig einen Vermögenswert hat, verstanden."
Soziologie	Braun (1977), S. 195	„Leistung ist formal jeder bewußte Beitrag zu einem Zielsystem, das von der Gesellschaft oder innerhalb einer Gruppe der Gesellschaft anerkannt wird."
Volks-wirtschaftslehre	Becker (2003), S. 32	„Allgemein wird Leistung als Wert eines ökonomischen Gutes in Form des erzielten oder zu erzielenden Marktpreises aufgefasst und gemessen. Die Summe aller erzeugter Güter einer Periode bzw. deren Werte wird in der Volkswirtschaftslehre global als Leistung betrachtet und im Ergebnis als volkswirtschaftliche Wertschöpfung oder Bruttosozialprodukt bezeichnet. [...] Insofern ist der volkswirtschaftliche Leistungsbegriff ein ergebnisbezogener Begriff, der zudem eine statische Größe darstellt."

A.4. Überblick über das existierende Leistungsverständnis

Autor	Definitionen
Grüning (2002), S. 5ff.	„Performance wird als die Fähigkeit eines Unternehmens verstanden, Ziele zu erreichen, also Erwartungen zu erfüllen. [..] Somit [kann] festgehalten werden, dass die Performance eines Unternehmens mehrdimensionaler Natur ist, durch Interdependenzen gekennzeichnet ist sowie strategische und operative Aspekte integriert.“
Andersen/ Fagerhaug (2002), S. 6	“[…] has replaced the old productivity and is generally accepted to cover a wide range of aspects of an organization – from the old productivity to the ability to innovate, to attract the best employees, to maintain a sound environmentally outfit, or to conduct business in an ethical manner.”
Krause (2005), S. 20	„Performance bezeichnet den Grad der Zielerreichung oder der potentiell möglichen Leistung der für die relevanten Stakeholder wichtigen Merkmale einer Organisation. Performance wird deshalb erst durch ein mulitdimensionales Set von Kriterien präzisiert. Die Quelle der Performance sind die Handlungen der Akteure in den Geschäftsprozessen.“
Büdenbender/ Strutz (2005), S. 171	„Aus mehr allgemeiner Sicht kann unter Leistung die Erfüllung der arbeitsvertraglichen Pflichten oder der mit dem Arbeitsplatz oder der Stelle verbundenen Arbeitsanforderungen durch den Mitarbeiter verstanden werden. Unter personalwirtschaftlichem Aspekt bezeichnet Leistung jedoch das im Hinblick auf Quantität, Qualität und Zeitaufwand bewertete Ergebnis des menschlichen Arbeitseinsatzes im Unternehmen (=Arbeitsleistung).“
Havranek/ Mauhart (2008), S. 100f.	„Leistung bedeutet: das Erreichen vereinbarter Ziele und Ergebnisse (Volumen und Ertrag), Verbindung von Abschluss- und Risikoorientierung (Qualität des Geschäftes), Umsetzen von vorgegebenen regionalen Verkaufsstrategien, Beobachtung von Markt und Mitwettbewerber, geschäftsrelevant nach innen zu informieren.“
Hoffmann (2000), S. 8	„Leistung ist der bewertete Beitrag zur Erreichung der Ziele einer Organisation. Dieser Beitrag kann von Individuen und Gruppen von Mitarbeitern innerhalb der Organisation sowie von externen Gruppen (z.B. Lieferanten) erbracht werden.“
Högl (1998), S. 75	„Die Leistung eines Innovationsteams bestimmt sich nach der Fähigkeit, Qualitäts-, Kosten- und Zeitvorgabe zu erfüllen.“
Schanz (1992), S. 82	„Die Arbeitsleistung setzt sich zusammen aus Leistungsfähigkeit und Leistungsbereitschaft des Mitarbeiters.“
Scholz (2000), S. 743	„Unter Leistung versteht man das tatsächlich vom Mitarbeiter erbrachte Arbeitsergebnis pro Zeiteinheit. Sie hängt unter anderem ab vom Leistungspotential und der Anforderungsstruktur, aber auch von der Leistungsbereitschaft.“
Timme (1967), S. 8	„Wir bezeichnen als gewöhnlich mit Leistung den Grad der Aufgabenerfüllung, und zwar unabhängig davon, ob es sich um Aufgaben von Menschen, Maschinen, technischen Anlagen, Organisationsmittel usw. handelt.“
Wettstein (2002), S. 10	„Leistung (ist) der Grad der Zufriedenheit der relevanten Anspruchsgruppen.“

A.5. Fragebogen

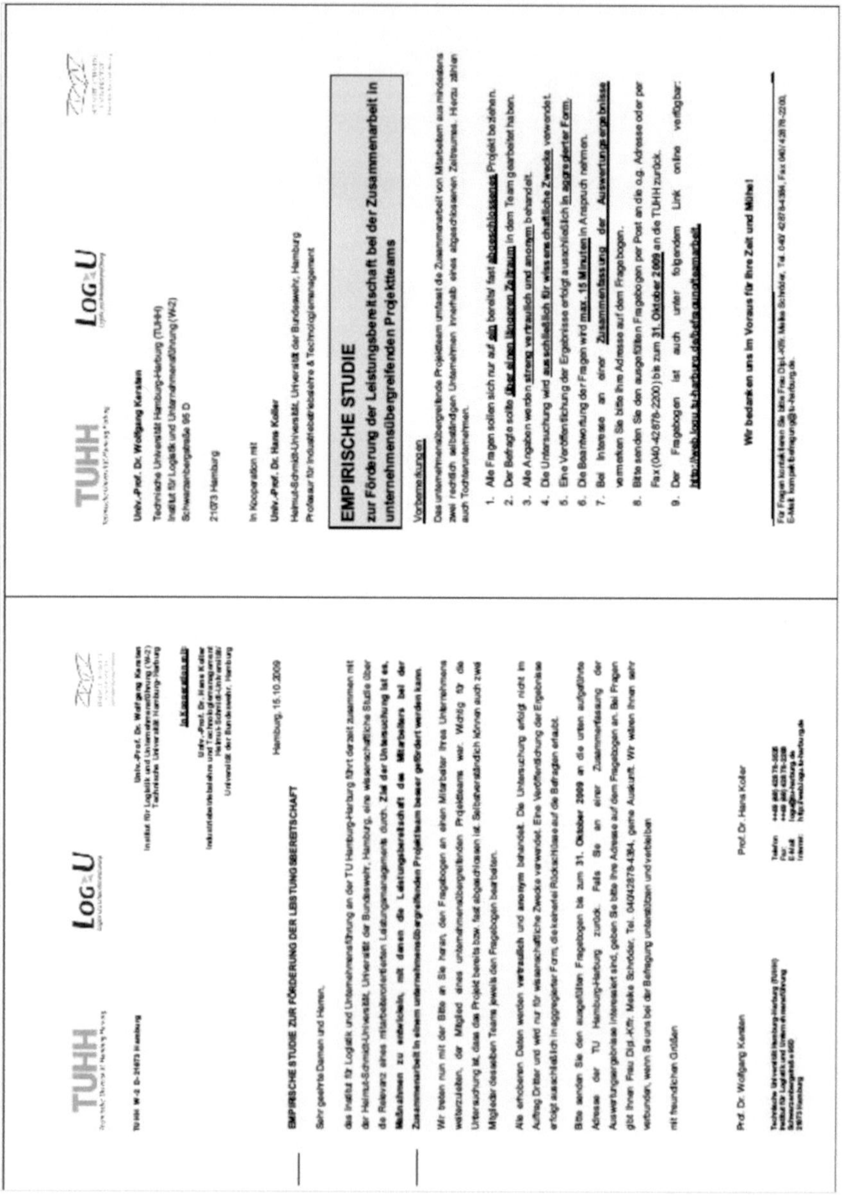
TUHH W-2 D-21073 Hamburg

Univ.-Prof. Dr. Wolfgang Kersten
Institut für Logistik und Unternehmensführung (W-2)
Technische Universität Hamburg-Harburg

In Kooperation mit:

Univ.-Prof. Dr. Hans Koller
Industriebetriebslehre und Technologiemanagement
Helmut-Schmidt-Universität/
Universität der Bundeswehr, Hamburg

Hamburg, 15.10.2009

EMPIRISCHE STUDIE ZUR FÖRDERUNG DER LEISTUNGSBEREITSCHAFT

Sehr geehrte Damen und Herren,

das Institut für Logistik und Unternehmensführung an der TU Hamburg-Harburg führt derzeit zusammen mit der Helmut-Schmidt-Universität, Universität der Bundeswehr, Hamburg, eine wissenschaftliche Studie über die Relevanz eines mitarbeiterorientierten Leistungsmanagements durch. **Ziel der Untersuchung ist es, Maßnahmen zu entwickeln, mit denen die Leistungsbereitschaft des Mitarbeiters bei der Zusammenarbeit in einem unternehmensübergreifenden Projektteam besser gefördert werden kann.**

Wir treten nun mit der Bitte an Sie heran, den Fragebogen an einen Mitarbeiter Ihres Unternehmens weiterzuleiten, der Mitglied eines unternehmensübergreifenden Projektteams war. Wichtig für die Untersuchung ist, dass das Projekt bereits bzw. fast abgeschlossen ist. Selbstverständlich können auch zwei Mitglieder desselben Teams jeweils den Fragebogen bearbeiten.

Alle erhobenen Daten werden **vertraulich** und **anonym** behandelt. Die Untersuchung erfolgt nicht im Auftrag Dritter und wird nur für wissenschaftliche Zwecke verwendet. Eine Veröffentlichung der Ergebnisse erfolgt ausschließlich in aggregierter Form, die keinerlei Rückschlüsse auf die Befragten erlaubt.

Bitte senden Sie den ausgefüllten Fragebogen bis zum **31. Oktober 2009** an die unten aufgeführte Adresse der TU Hamburg-Harburg zurück. Falls Sie an einer Zusammenfassung der Auswertungsergebnisse interessiert sind, geben Sie bitte Ihre Adresse auf dem Fragebogen an. Bei Fragen gibt Ihnen Frau Dipl.-Kffr. Meike Schröder, Tel. 040/42878-4384, gerne Auskunft. Wir wären Ihnen sehr verbunden, wenn Sie uns bei der Befragung unterstützen und verbleiben

mit freundlichen Grüßen

Prof. Dr. Wolfgang Kersten   Prof. Dr. Hans Koller

Technische Universität Hamburg-Harburg (TUHH)
Institut für Logistik und Unternehmensführung
Schwarzenbergstraße 95D
21073 Hamburg

E-Mail: logu@tu-harburg.de
Internet: http://web.logu.tu-harburg.de

Univ.-Prof. Dr. Wolfgang Kersten
Technische Universität Hamburg-Harburg (TUHH)
Institut für Logistik und Unternehmensführung (W-2)
Schwarzenbergstraße 95 D

21073 Hamburg

In Kooperation mit

Univ.-Prof. Dr. Hans Koller
Helmut-Schmidt-Universität, Universität der Bundeswehr, Hamburg
Professur für Industriebetriebslehre & Technologiemanagement

EMPIRISCHE STUDIE
zur Förderung der Leistungsbereitschaft bei der Zusammenarbeit in unternehmensübergreifenden Projektteams

Vorbemerkungen

Das unternehmensübergreifende Projektteam umfasst die Zusammenarbeit von Mitarbeitern aus mindestens zwei rechtlich selbständigen Unternehmen innerhalb eines abgeschlossenen Zeitraumes. Hierzu zählen auch Tochterunternehmen.

1. Alle Fragen sollen sich nur auf **ein** bereits/ fast **abgeschlossenes** Projekt beziehen.
2. Der Befragte sollte **über einen längeren Zeitraum** in dem Team gearbeitet haben.
3. Alle Angaben werden **streng vertraulich und anonym** behandelt.
4. Die Untersuchung wird **ausschließlich für wissenschaftliche Zwecke** verwendet.
5. Eine Veröffentlichung der Ergebnisse erfolgt ausschließlich **in aggregierter Form.**
6. Die Beantwortung der Fragen wird **max. 15 Minuten** in Anspruch nehmen.
7. Bei Interesse an einer **Zusammenfassung der Auswertungsergebnisse** vermerken Sie bitte Ihre Adresse auf dem Fragebogen.
8. Bitte senden Sie den ausgefüllten Fragebogen per Post an die o.g. Adresse oder per Fax (040-42878-2200) bis zum **31. Oktober 2009** an die TUHH zurück.
9. Der Fragebogen ist auch unter folgendem Link online verfügbar: **http://web.logu.tu-harburg.de/befragungteamarbeit.**

Wir bedanken uns im Voraus für Ihre Zeit und Mühe!

Für Fragen kontaktieren Sie bitte Frau Dipl.-Kffr. Meike Schröder, Tel. 040/ 42878-4384, Fax 040/ 42878-2200, E-Mail: kompakt.befragung@tu-harburg.de.

TUHH LOG-U

Allgemeine Angaben zu Ihrem unternehmensübergreifenden Projektteam

1. **Auf welche Projektaufgabe beziehen sich Ihre Antworten?**

☐ Innovations-/ Forschungsprojekt	☐ Produktions-/ Logistikprojekt
☐ Konstruktions-/ Entwicklungsprojekt	☐ IT-Projekt
☐ Organisationsentwicklungs-/ Strategieprojekt	☐ Post-Merger-Projekt
☐ Beratungsprojekt	☐ Sonstiges_______

2. **Wie beschreiben Sie die Projektaufgabe?**

	trifft nicht zu 1	2	3	4	5	6	trifft voll zu 7
Es handelte sich um eine komplexe Projektaufgabe.	☐	☐	☐	☐	☐	☐	☐
Die Bearbeitung der Projektaufgabe erforderte eine internationale Zusammenarbeit.	☐	☐	☐	☐	☐	☐	☐
Der Gegenstand dieses Projektes war für mein Unternehmen etwas Neues.	☐	☐	☐	☐	☐	☐	☐
Die Bearbeitung der Projektaufgabe erforderte eine hohe Abstimmung zwischen den Teammitgliedern.	☐	☐	☐	☐	☐	☐	☐
Jedes Teammitglied bearbeitete ihm klar zugewiesene Aufgaben.	☐	☐	☐	☐	☐	☐	☐

3. **Welche Funktion hatten Sie im Projektteam?**

☐ Teammitglied
☐ Teamleiter des gesamten Projektteams (für alle Projektmitglieder)
☐ Teamleiter (von den Mitgliedern meines Unternehmens)

4. **Wie viele Mitglieder umfasste Ihr Projektteam?**

Anzahl der Mitglieder des Projektteams ca.________ davon internationale ca.______
Anzahl der Teammitglieder aus meinem Unternehmen ca.______

5. **Mit wie vielen Unternehmen haben Sie in dem Projektteam zusammengearbeitet?**

Anzahl der im Team vertretenen Unternehmen/ Institutionen ca. ______

6. **Wie lange dauerte die unternehmensübergreifende Projektarbeit?** _________Monate.

7. **Bitte beschreiben Sie die Art der Unternehmensverflechtungen:**

Die anderen an der Kooperation beteiligten Unternehmen waren aus der Perspektive meines Unternehmens gesehen unsere... *[Mehrfachnennung möglich]*

☐ Zulieferer	☐ Abnehmer/ Kunden	☐ Unternehmen einer anderen Branche
☐ Wettbewerber	☐ Dienstleister	Sonstige__________

TUHH LOG-U

8. **Bitte charakterisieren Sie das Verhältnis Ihres Unternehmens zu den Kooperationspartnern**

☐ Die Machtverhältnisse waren ausgeglichen.	☐ Mein Unternehmen war weisungsgebunden.	☐ Mein Unternehmen war weisungsbefugt.

	trifft nicht zu 1	2	3	4	5	6	trifft voll zu 7
Die Unternehmen standen größtenteils im Wettbewerb zueinander.	☐	☐	☐	☐	☐	☐	☐

Charakteristika der unternehmensübergreifenden Zusammenarbeit

9. **Welche Leistungsanreize hat Ihr Unternehmen für diese Teamarbeit vergeben?**

	trifft nicht zu 1	2	3	4	5	6	trifft voll zu 7
Durch die Teamarbeit konnte ich meine Aufstiegsmöglichkeiten/Karriere im Allgemeinen verbessern.	☐	☐	☐	☐	☐	☐	☐
Bei dieser Teamarbeit habe ich zusätzliche Freiräume zur Selbstverwirklichung erhalten.	☐	☐	☐	☐	☐	☐	☐
Ich habe einen monetären Anreiz (z.B. Prämie, höhere Eingruppierung) erhalten, um die vereinbarten Projektziele zu erreichen.	☐	☐	☐	☐	☐	☐	☐
Das Unternehmen hat mir Weiterbildungsmöglichkeiten eingeräumt, um mich auf diese Projektarbeit vorzubereiten.	☐	☐	☐	☐	☐	☐	☐

10. **Wie schätzen Sie die Teamarbeit ein?**

	trifft nicht zu 1	2	3	4	5	6	trifft voll zu 7
Generell bin ich daran interessiert, in einem unternehmensübergreifenden Team zu arbeiten.	☐	☐	☐	☐	☐	☐	☐
Es war mein Wunsch in diesem Team zu arbeiten.	☐	☐	☐	☐	☐	☐	☐
Es hat mir Spaß gemacht in diesem Team zu arbeiten.	☐	☐	☐	☐	☐	☐	☐
Ich möchte gerne wieder in einem unternehmensübergreifenden Team arbeiten.	☐	☐	☐	☐	☐	☐	☐
Ich hatte positive Erfahrungen mit vorheriger unternehmensübergreifender Teamarbeit gemacht.	☐	☐	☐	☐	☐	☐	☐
Mir war zu jedem Zeitpunkt der Teamarbeit klar, welche Methoden anzuwenden sind.	☐	☐	☐	☐	☐	☐	☐
Mir war zu jedem Zeitpunkt klar, wie ich mich im Team verhalten soll.	☐	☐	☐	☐	☐	☐	☐
Für die Bearbeitung meiner Projektaufgabe war ich fachlich gut vorbereitet.	☐	☐	☐	☐	☐	☐	☐

TUHH LOG-U

11. Wie gestaltete sich die <u>Zielbildung</u> in dieser Teamarbeit?

	trifft nicht zu 1	2	3	4	5	6	trifft voll zu 7
Die wesentlichen Ziele der Teamarbeit wurden gemeinsam und gleichberechtigt von allen Teammitgliedern festgelegt.	☐	☐	☐	☐	☐	☐	☐
Die wesentlichen Ziele für diese Teamarbeit konnte <u>ich</u> mitbestimmen.	☐	☐	☐	☐	☐	☐	☐
Ich wurde von Anfang an in die Zielbildung bei der Teamarbeit involviert.	☐	☐	☐	☐	☐	☐	☐
Mein Unternehmen hatte vorab mit mir Ziele, bezogen auf meinen <u>individuellen Leistungsbeitrag</u>, vereinbart.	☐	☐	☐	☐	☐	☐	☐
Mein Unternehmen hatte vorab mit mir Ziele, bezogen auf die <u>gesamte Teamleistung</u>, vereinbart.	☐	☐	☐	☐	☐	☐	☐

12. Wie gestaltete sich <u>Ihre zeitliche Einbindung</u> in diese Teamarbeit?

	trifft nicht zu 1	2	3	4	5	6	trifft voll zu 7
Der Schwerpunkt meiner Tätigkeit war zu diesem Zeitpunkt die Arbeit in diesem Projekt.	☐	☐	☐	☐	☐	☐	☐
Ich habe zum gleichen Zeitpunkt meine Linienaufgaben wahrgenommen.	☐	☐	☐	☐	☐	☐	☐
Meine projektfremden Verpflichtungen haben meine Mitarbeiter im Projekt behindert.	☐	☐	☐	☐	☐	☐	☐
Neben dieser Teamarbeit habe ich mit anderen Kollegen aus meinem Unternehmen zusammengearbeitet.	☐	☐	☐	☐	☐	☐	☐

13. Bitte beschreiben Sie das <u>Zusammenspiel der Teammitglieder</u>:

	trifft nicht zu 1	2	3	4	5	6	trifft voll zu 7
Die Teammitglieder waren bereit, Informationen und Wissen miteinander zu teilen.	☐	☐	☐	☐	☐	☐	☐
Die teaminterne Kommunikation erfolgte überwiegend informell.	☐	☐	☐	☐	☐	☐	☐
Es bestand ein starkes Zusammengehörigkeitsgefühl zwischen den Mitgliedern.	☐	☐	☐	☐	☐	☐	☐
Die Zusammenarbeit war durch gegenseitige Hilfsbereitschaft geprägt.	☐	☐	☐	☐	☐	☐	☐
Mit der Leistung der anderen Teammitglieder war ich sehr zufrieden.	☐	☐	☐	☐	☐	☐	☐

Seite **3** von **6**

TUHH LOG-U

14. Welche Aspekte der <u>Teamzusammensetzung</u> treffen auf Ihr Team zu?

	trifft nicht zu 1	2	3	4	5	6	trifft voll zu 7
Die Teammitglieder verwendeten eine ähnliche Fachsprache (z.B. Fachbegriffe/Abkürzungen etc.).	☐	☐	☐	☐	☐	☐	☐
Die Teammitglieder stammten überwiegend aus dem gleicher Kulturkreis.	☐	☐	☐	☐	☐	☐	☐
Die Teammitglieder kamen überwiegend aus Unternehmen mit ähnlicher Unternehmenskultur.	☐	☐	☐	☐	☐	☐	☐
Die Teammitglieder entstammten mehrheitlich derselben Hierarchieebene.	☐	☐	☐	☐	☐	☐	☐
Die Teammitglieder kamen überwiegend aus ähnlichen Funktionsbereichen.	☐	☐	☐	☐	☐	☐	☐

15. Wie gestaltete sich die <u>Entscheidungsfindung</u> während dieser Teamarbeit?

	trifft nicht zu 1	2	3	4	5	6	trifft voll zu 7
Entscheidungen bei der Teamarbeit wurden gemeinsam und gleichberechtigt mit den anderen Teammitgliedern getroffen.	☐	☐	☐	☐	☐	☐	☐
Ich war in alle wesentlichen Entscheidungsprozesse bei der Teamarbeit eingebunden.	☐	☐	☐	☐	☐	☐	☐
Ich durfte wichtige Entscheidungen für mein Unternehmen bei der Teamarbeit fällen.	☐	☐	☐	☐	☐	☐	☐
Ich durfte wichtige Entscheidungen größtenteils ohne Rücksprache mit meinem Vorgesetzten fällen.	☐	☐	☐	☐	☐	☐	☐

16. Wie wurde <u>Ihre Leistung</u> bei der Teamarbeit <u>gemessen</u>?

	trifft nicht zu 1	2	3	4	5	6	trifft voll zu 7
Für meinen Vorgesetzten war die <u>gesamte Teamleistung</u> von Interesse.	☐	☐	☐	☐	☐	☐	☐
Für meinen Vorgesetzten war <u>meine Individualleistung</u> von Interesse.	☐	☐	☐	☐	☐	☐	☐
Meine <u>Individualleistung</u> wurde mit Hilfe von Kennzahlen gemessen (Kosten, Zeit, Ressourcennutzung etc.).	☐	☐	☐	☐	☐	☐	☐
Der von mir geleistete Anteil der Projektarbeit wurde dokumentiert (z.B. in Form von Berichten, Aktionslisten mit Zuständigkeiten etc.).	☐	☐	☐	☐	☐	☐	☐

Seite **4** von **6**

TUHH LOG-U

17. Wie gestaltete sich das <u>Feedback</u> bei Ihrer Teamarbeit?

	trifft nicht zu 1	2	3	4	5	6	trifft voll zu 7
Ich habe ein umfassendes Feedback zu der <u>gesamten Teamleistung</u> erhalten.	☐	☐	☐	☐	☐	☐	☐
Ich habe ein umfassendes Feedback zu meinem <u>individuellen Leistungsbeitrag</u> erhalten.	☐	☐	☐	☐	☐	☐	☐
Ich habe ein umfassendes Feedback von meinem Vorgesetzten erhalten.	☐	☐	☐	☐	☐	☐	☐
Neben meinem Vorgesetzten waren weitere Mitarbeiter <u>meines Unternehmens</u> in das Feedback eingebunden.	☐	☐	☐	☐	☐	☐	☐
Neben meinem Vorgesetzten waren weitere Mitarbeiter in das Feedback eingebunden.	☐	☐	☐	☐	☐	☐	☐

Allgemeine Angaben zu der Projektarbeit

18. Wie <u>beurteilen</u> Sie das <u>Projekt</u> im Allgemeinen?

	trifft nicht zu 1	2	3	4	5	6	trifft voll zu 7
Mein Unternehmen war mit dem Projektergebnis zufrieden.	☐	☐	☐	☐	☐	☐	☐
Der Projektzeitplan wurde eingehalten.	☐	☐	☐	☐	☐	☐	☐
Die veranschlagten Projektkosten wurden eingehalten.	☐	☐	☐	☐	☐	☐	☐
Das vereinbarte Projektergebnis wurde erreicht.	☐	☐	☐	☐	☐	☐	☐
Das Projektergebnis war für mein Unternehmen innovativ.	☐	☐	☐	☐	☐	☐	☐
Die Projektergebnisse waren <u>für mein Unternehmen</u> von Bedeutung.	☐	☐	☐	☐	☐	☐	☐
Die Projektergebnisse waren <u>für mich persönlich</u> von Bedeutung.	☐	☐	☐	☐	☐	☐	☐
Meine Geschäftsführung hat sich für den Verlauf der Projektarbeit interessiert.	☐	☐	☐	☐	☐	☐	☐
Mein im Projekt erzielter Output kann von meinem Unternehmen an anderer Stelle wiederverwendet werden.	☐	☐	☐	☐	☐	☐	☐

19. Wie lange bestand das <u>Kooperationsverhältnis mit den meisten Unternehmen bereits</u>?

Mein Unternehmen arbeitet mit den meisten der Kooperationspartnern zusammen seit...

☐ < 1 Jahr ☐ 1 bis 3 J ☐ 3 bis 5 J ☐ > 5 J ☐ Dieses war die erste Kooperation

Seite **5** von **6**

TUHH LOG-U

Abschließende Angaben

1. **Wie lange sind Sie schon in diesem Unternehmen tätig? ____________ Jahre**
2. **Hatten Sie vorher schon in unternehmensübergreifenden Teams gearbeitet?**

   ☐ Ja, 1 x ☐ Ja, 2-3 x ☐ Ja, 4-5 x ☐ Ja, >6 x ☐ Nein

3. **Welche Funktion haben Sie in Ihrem Unternehmen?** ____________
4. **Wie groß ist Ihr Unternehmen?**

   Mitarbeiteranzahl: ca. ____________ Umsatz (Mio. €/Jahr): ca. ____________

5. **Zu welcher Branche gehört Ihr Unternehmen?** ____________

Bei Interesse an den Ergebnissen fügen Sie bitte Ihre Kontaktdaten an:

Name: ____________

Firma/ Bereich ____________

____

Anschrift: ____________

E-Mail: ____________

Platz für Anmerkungen:

VIELEN DANK FÜR IHRE UNTERSTÜTZUNG!

Technische Universität Hamburg-Harburg,
Institut für Logistik und Unternehmensführung (W-2),
z. Hd. Frau Dipl.-Kffr. Meike Schröder
Schwarzenbergstraße 95D, 21073 Hamburg,
Tel. 040-42878-4384, Fax 040-42878-2200,
E-Mail: kompaktbefragung@tuhh.de,
www.web.logu.tu-harburg.de.

Seite **6** von **6**

A.6. Auszug aus dem Online-Fragebogen

Förderung der Leistungsbereitschaft bei der unternehmensübergreifenden Teamarbeit

Diese Befragung wird vom Institut für Logistik und Unternehmensführung an der TU Hamburg-Harburg (Prof. Dr. Wolfgang Kersten) zusammen mit dem Lehrstuhl für Betriebswirtschaftslehre, insbesondere Industriebetriebslehre und Technologiemanagement an der Helmut-Schmidt-Universität, Universität der Bundeswehr, Hamburg, (Prof. Dr. Hans Koller) durchgeführt.

Ziel der Untersuchung ist es, Maßnahmen zu entwickeln, mit denen die Leistungsbereitschaft des Mitarbeiters bei der Zusammenarbeit in einem unternehmensübergreifenden Projektteam besser gefördert werden kann. Das unternehmensübergreifende Projektteam umfasst die Zusammenarbeit von Mitarbeitern aus mind. zwei rechtlich selbständigen Unternehmen innerhalb eines abgeschlossenen Zeitraumes. Hierzu zählen auch Tochterunternehmen.

Vorbemerkungen

- Bitte beziehen Sie Ihre Antworten nur auf **ein abgeschlossenes oder fast abgeschlossenes Projekt**.
- Bitte wählen Sie ein Projekt, indem Sie **über einen längeren Zeitraum** Team gearbeitet haben.
- Selbstverständlich werden alle **Daten anonym ausgewertet** und **streng vertraulich behandelt.**
- Eine Veröffentlichung der Ergebnisse erfolgt ausschließlich in aggregierter Form, die **keinerlei Rückschlüsse** auf die Befragten erlaubt.
- Der Zeitaufwand für die Beantwortung der Fragen beträgt **ca. 15 Minuten.**
- Bei Interesse an einer **Zusammenfassung der Auswertungsergebnisse** vermerken Sie bitte am Ende des Fragebogens Ihre Kontaktdaten.

Für Fragen und weiterführende Informationen steht Ihnen Frau Dipl.-Kffr. Meike Schröder gerne zur Verfügung.

Tel. 040/ 42878-4384

Fax: 040/ 42878-2200

E-Mail: kompaktbefragung@tuhh.de

Diese Umfrage enthält 25 Fragen.

Zwischengespeicherte Umfrage laden | Weiter >> | [Umfrage verlassen und löschen]

TUHH Technische Universität Hamburg-Harburg | LOG-U Logistik und Unternehmensführung | Helmut Schmidt Universität Universität der Bundeswehr Hamburg

---

Förderung der Leistungsbereitschaft bei der unternehmensübergreifenden Teamarbeit

0% 100%

(3/8)

Wie schätzen Sie die Teamarbeit ein?

	Trifft nicht zu 1	2	3	4	5	6	Trifft voll zu 7
Generell bin ich daran interessiert, in einem unternehmensübergreifenden Team zu arbeiten.	○	○	○	○	○	○	○
Es war mein Wunsch, in diesem Team zu arbeiten.	○	○	○	○	○	○	○
Es hat mir Spaß gemacht, in diesem Team zu arbeiten.	○	○	○	○	○	○	○
Ich möchte gerne wieder in einem unternehmensübergreifenden Team arbeiten.	○	○	○	○	○	○	○
Ich hatte positive Erfahrungen mit vorheriger unternehmensübergreifender Teamarbeit gemacht.	○	○	○	○	○	○	○
Mir war zu jedem Zeitpunkt der Teamarbeit klar, welche Methoden/ Ansätze anzuwenden sind.	○	○	○	○	○	○	○
Mir war zu jedem Zeitpunkt klar, wie ich mich im Team verhalten soll.	○	○	○	○	○	○	○
Für die Bearbeitung meiner Projektaufgabe war ich fachlich gut vorbereitet.	○	○	○	○	○	○	○

Später Fortfahren | << Zurück | Weiter >> | [Umfrage verlassen und löschen]

TUHH Technische Universität Hamburg-Harburg | LOG-U Logistik und Unternehmensführung | Helmut Schmidt Universität Universität der Bundeswehr Hamburg

Literaturverzeichnis

Adams, B. D. (2006): Team Modelling: Literature Review, Toronto, zugl. PhD thesis, Toronto, 2006.

Adams, J. S. (1963): Towards an understanding of inequity, in: Journal of Applied Social Psychology, Vol. 67, pp. 422-436.

Aguinis, H. (2009): Performance Management, 2. Aufl., London u.a.

Ahire, S. L./Devaraj, S. (2001): An Empirical Comparison of Statistical Construct Validation Approaches, in: IEEE Transactions on Engineering Management, Vol. 48, No. 3, pp. 319-329.

Alchian, Armen, A./Demsetz, H. (1972): Production, information costs and economic organization, in: American Economic Review, Vol. 62, No. 5, pp. 777-795.

Alderfer, C. P. (1969): An empirical test of a new Theory of Human Needs, in: OBHP, o. Jg., No. 4, pp. 142-175.

Alderfer, C. P. (1972): Existence, Relatedness, and Growth, Human Needs, in: Organizational Settings, New York, London.

Alderfer, C. P. (1987): An intergroup perspective on group dynamics, in: Handbook of organizational behavior, William, L. J. (Hrsg.), New Jersey, pp. 190-222.

Allen, T. (1984): Managing the flow of technology: Technology transfer and the dissemination of technological information within the R&D organization, Cambridge, Massachusetts.

Allison, P. D. (2001): Missing Data, Thousand Oaks, u.a.

Ancona, D. G. (1990): Outward bound: Strategies for team survival in an organization, in: Academy of Management Journal, Vol. 33, No. 2, pp. 334-365.

Ancona, D. G./Caldwell, D. F. (1990): Beyond Boundary Spanning, Managing External Dependence in Product Development Team, in: The Journal of High Technology Management Research, Vol. 1, No. 2, pp. 119-135.

Ancona, D. G./Caldwell, D. F. (1992a): Bridging the boundary: External activities and performance in organizational teams, in: Administrative Science Quarterly, Vol. 37, No. 4, pp. 634-665.

Ancona, D. G./Caldwell, D. F. (1992b): Demography and Design: Predicators of new product development performance, Vol. 3, No. 3, pp. 321-341.

Andersen, B./Fagerhaug, T. (2002): Performance Measurement: Designing and Implementing Your State-of-the-Art System, Miwaukee, Wisconsin.

Anderson, C. H. (1986): Hierarchical Moderated Regression Analysis: A Useful Tool for Retail Management Decisions, in: Journal of Retailing, Vol. 62, No. 2, pp. 186-203.

Anderson, J. C./Gerbing, D. W. (1988): Structural equation modeling in practice: a review and recommended two-step approach, in: Psychological Bulletin, Vol. 103, No. 3, pp. 411-423.

Andreson J. C./Gerbing, D. W. (1991): Predict the performance of measures in a confirmatory factor analysis with a pretest assessment of their substantive validities, in: Journal of Applied Psychology, Vol. 76, No. 5, pp. 732-740.

Antoni, C. (2000): Teamarbeit gestalten – Grundlagen, Analysen, Lösungen, Weinheim.

Antoni, C./Hofmann, K./Bungard, W. (1996): Gruppenarbeit, in: Neue Organisationsformen im Unternehmen – Ein Handbuch für das moderne Management, Bullinger, H. J./Warnecker, H.-J. (Hrsg.), Berlin u.a., S. 489-498.

Armer, B./Thomas, B. K. (1978): Attitudes toward interdisciplinary collaboration in pupil personnel service teams, in: Journal of School Psychology, Vol. 16, No. 2, pp. 167-176.

Armstrong, J. S./Overton, T. S. (1977): Estimating Nonresponse Bias in Mail Surveys, in: Journal of Marketing Research, Vol. 14, No. 3, pp. 396-402.

Armstrong, M. (2006): Performance Management. Key Strategies and Practical guidelines, 3rd Ed., London, Philadelphia.

Atteslander, P. (2000): Methoden der empirischen Sozialforschung, 9. Aufl., Berlin u.a.

Backhaus, K./Büschken, J. (1998): Einsatz der Kausalanalyse in der empirischen Forschung zum Investitionsgütermarketing, in: Die Kausalanalyse, Hildebrandt, L./Homburg, C. (Hrsg.), Stuttgart, S. 150-168.

Backhaus, K./Erichson, B./Plinke, W./Weiber, R. (2003): Multivariate Analysemethoden. Eine anwendungsorientierte Einführung, 10. neu bearb. und erw. Aufl., Berlin u.a.

Baetge, J./Kirsch, H.-J./Thiele, S. (2007): Bilanzen, 9. Aufl. Düsseldorf.

Bagozzi, R. P. (1994): Principles of Marketing Research, Cambridge.

Bagozzi, R. P. (1998): A Prospectus for Theory Construction in Marketing: Revisited and Revised, in: Die Kausalanalyse als Instrument der Empirischen Betriebswirtschaftlichen Forschung, Hildebrandt, L./Homburg, C. (Hrsg), Stuttgart, S. 45-81.

Balderjahn, I. (1988): Die Kreuzvalidierung von Kausalmodellen, in: Marketing-Zeitschrift für Forschung und Praxis, Band 10, Vol. 1, S. 61-73.

Barnard, C. (1938): The Functions of the Executive, Cambridge, Mass.

Barnard, C. (1970): Die Führung großer Organisationen, Essen.

Baron, R./Kenny, D. (1986): The Moderator – Mediator Variable Distinction in Social Psychological Research. Conceptual, Strategic and Statistical Considerations, Journal of Personality and Social Psychology, Vol. 5, No. 6, pp. 1173-1182.

Beale, E. M. L./Little, R. J. A. (1975): Missing Values in Multivariate Analysis, in: Journal of the Royal Statistical Society, series B (methodological), Vol. 37, No. 1, pp. 129-145.

Beck, T. (1996): Die Projektorganisation und ihre Gestaltung, Berlin.

Becker, F. (1990): Anreizsysteme für Führungskräfte – Möglichkeiten zur strategisch-orientierten Steuerung des Managements, Stuttgart.

Becker, F. (1994): Anreizsysteme bei dezentralen Gruppenstrukturen, in: Handbuch Produktionsmanagement: Strategie – Führung – Technologie – Schnittstellen, Corsten, H. (Hrsg.), Wiesbaden, S. 929-941.

Becker, F. (2003): Grundlagen betrieblicher Leistungsbeurteilungen – Leistungsverständnis und -prinzip, Beurteilungsproblematik und Verfahrensprobleme, 4. aktual. Aufl., Stuttgart.

Becker, T./Dammer, I./Howaldt, J./Killich, S./Loose, A. (2007): Netzwerkmanagement. Mit Kooperation zum Unternehmenserfolg, Berlin.

Bedeian, A. G./Mossholder, K. W. (1994): Simple Question, Not So Simple Answer: Interpreting Interaction Terms in Moderated Multiple Regression, in: Journal of Management, Vol. 20, No. 1, pp. 159-165.

Belbin, R. M. (1981): Management Teams - Why They Succeed or Fail, Oxford.

Belbin, R. M. (1994): Team roles at work, Oxford.

Bergfeld, H./Leitz, W./Mempel, G. (1990): Workshop Multiprojektmanagement im F&E-Bereich, in: Projektmanagement. Beiträge zur Jahrestagung 1990. GPM München 1990, Gesellschaft für Projektmanagement INTERNET Deutschland e.V. (Hrsg.), S. 533-534.

Bernand, A. (1992): Motivation zur Leistungssteigerung, in: Human Ressource Management – Neue Konzepte zur Leistungssteigerung, Mitrani, A./Dalziel, M./Strombach, M. (Hrsg.), Landsberg/Lech, S. 145-169.

Bernard, U. (2006): Leistungsvergütung: direkte und indirekte Effekte der Gestaltungsparameter auf die Motivation, 1. Aufl., Wiesbaden.

Berthel, J. (1967): Informationen und Vorgänge ihrer Bearbeitung in der Unternehmung – eine programmatische Problem- und Aussagenanalyse, Berlin.

Berthel, J./Becker, F. (2003): Personal-Management. Grundzüge für Konzeption betrieblicher Personalarbeit, 7. überarb. und erw. Aufl., Stuttgart.

Bettenhausen, K. L. (1991): Five years of group research: What we have learned and what needs to be addressed, in: Journal of Management, Vol. 17, No. 2, pp. 345-381.

Blake, R./Mouton, J. (1968): Verhaltenspsychologie im Betrieb: Das Verhaltensgitter, eine Methode zur optimalen Führung in Wirtschaft und Verwaltung, Düsseldorf u.a.

Blake, R./Mouton, J. (1986): Führungsstrategien, Landsberg/Lech.

Blalock, H. M., Jr. (1970): Estimating Measurement Error Using Multiple Indicators and Several Points in Time, American Sociological Review, Vol. 35, No.1, pp. 101-110.

Blau, G. (1993): Operationalizing Direction and Level of Effort and Testing Their Relationships to Individual Job Performance, in: Journal of Organizational Behavior and Human Decision Processes, Vol. 55, No. 1, pp. 152-170.

Blendell, C./Henderson, S. M./Molloy, J. J./Pascual, R. G. (2001): Team performance shaping factors in IPME (Integrated Performance Modeling Environment). Unpublished DERA report. DERA, Fort Halstead, UK zitiert in Essens, P./Vogelaar, A./Myll, J./Blendell, C./Paris, C./Halpin, S./Baranski, J. (2005): A Review of Team Effectiveness Models, NATO Research and Technology Organization, RTO.

Blum, A./Zaugg, R. J. (2007): 360-Grad-Feedback. Komplexe Arbeitsbeziehungen erfordern differenzierte Feedbacksysteme, in: Moderne Personalentwicklung Mitarbeiterpotenziale erkennen, entwickeln und fördern, Thom, N./Zaugg, R. J. (Hrsg.), 2. aktual. Aufl., Wiesbaden, S. 63-82.

Boehme, J. (1986): Innovationsförderung durch Kooperation – Zwischenbetriebliche Zusammenarbeit als Instrument des Innovationsmanagements in kleinen und mittleren Unternehmen bei Einführung der Mikroelektronik in Produkte und Verfahren, Berlin.

Bohnet, I./Oberholzer-Gee, F. (2000): Leistungslohn: Motivations- und Selektionseffekte, in: Zfo, 69. Jg., Heft 2, S. 77-82.

Bohrnstedt, G. (1970): Reliability and Validity Assessment in Attitude Measurement, in: Attitudes Measurement, Summer, G. (Hrsg.), New York, pp. 80-99.

Bollen, K. A. (1989): Structural Equations with Latent Variables, Canada.

Bollen, K. A./Lennox, R. (1991): Conventional Wisdom on Measurement: A Structural Equation Perspective. Psychological Bulletin, Vol. 110, No. 2, pp. 305-314.

Bortz, J. (1984): Lehrbuch der empirischen Forschung für Sozialwissenschaftler, Berlin u.a.

Brannick, M. T./Prince, C.(1997a): An Overview of Team Performance Measurement, in: Team performance assessment and measurement, Brannick, M. T./Salas, E./Prince, C. u.a. (Hrsg.),Mahwah, New Jersey, pp. 3-16.

Brannick, M. T./Salas, E./Prince, C. (1997b): Team performance assessment and measurement. Theory, Methods and Applications, London u.a.

Braßler, A./Grau, C. (2005): Modulare Organisationseinheiten: Eine inter-organisationale Betrachtung, Teil 2, in: Wirtschaftswissenschaftliches Studium, 34. Jg., Nr. 5, S. 242-250.

Breisig, T. (1990): It's Team Time – Kleingruppenkonzepte im Unternehmen, Köln.

Brinkmann, R./Stapf, K. (2005): Innere Kündigung. Wenn der Job zur Fassade wird, München.

Brodbeck, F. C. (1993): Kommunikation und Leistung in Projektarbeitsgruppen: Eine empirische Untersuchung an Software-Entwicklungsprojekten. Gießen 1993, unveröffentl. Diss.

Brodbeck, F. C. (1994): Intensive Kommunikation lohnt sich für SE-Projekte, in: Produktivität und Qualität in Software-Projekten, Brodeck, F. (Hrsg.), München, S. 51-68.

Brosius, G. (1989): SPSS/PC – Advanced Statistics Tables, Hamburg.

Brown, R. (2000): Group processes – dynamics within and between groups, Oxford.

Brunner, J./Becker, D./Bühler M./Hildebrandt J./Zach, R. (1999): Value-Based Performance Management. Wertsteigernde Unternehmensführung. Strategie – Instrumente – Praxisbeispiele, Wiesbaden.

Brunner, J./Roth, P. (1999): Performance Management und Balanced Scorecard in der Praxis. Die Zukunft liegt in der Integration von Führungs- und Steuergrößen in den Controllingkreislauf, in: IO Management, 69 Jg., Heft 7/8, S. 50-55.

Buchinger, K. (1999): Teamarbeit in Organisationen – Zur unaufhaltsamen Karriere eines Instruments, in: Gruppendynamik, 30. Jg., Heft 1, S. 7-23.

Büdenbender, U./Strutz, H. (2005): Gabler Kompakt-Lexikon Personal: 1000 Begriffe zu Personalwirtschaft, Personalmanagement, Arbeits- und Sozialrecht nachschlagen, verstehen, anwenden, 2. Aufl., Wiesbaden.

Bühner, R./Pharao, I. (1993): Erfolgsfaktoren integrierter Gruppenarbeit, in: Zeitschrift des Vereins deutscher Ingenieure für Maschinenbau und Metallverarbeitung (VDI-Z), 135 Jg., Heft 1/2, S. 46-57.

Bullinger, H.-J./Warschat, J. (1997): Forschungs- und Entwicklungsmanagement – Simultaneous Enginerring, Projektmanagement, Produktplanung, Rapid Product Development, Stuttgart.

Campion, M. A./Medsker, G. J./Higgs, A. C. (1993): Relations Between Work Group Characteristics and Effectiveness – Implications for Designing Effective Work Groups, in: Personnel Psychology, Vol. 46, No. 4, pp. 823-850.

Campion, M. A./Papper, E. M./Medsker, G. J. (1996): Relations between work team characteristics and effectiveness: a replication and extension, in: Journal of Personnel Psychology, Vol. 49, No 2, pp. 429-452.

Cannon-Bowers, J. A./Salas, E. (1997): A Framework for Developing Team Performance Measures in Training, in: Team performance assessment and measurement, Brannick, M. T./Salas, E./Prince Carolyn, M. et al. (Hrsg.), pp. 45-62.

Cannon-Bowers, J. A./Tannenbaum, S. I./Salas, E./Volpe, C. E. (1995): Defining competencies and establishing team training requirements, in: Team effectiveness and decision making in organizations, Guzzo, R. A./Salas, E. & Associates (Hrsg.), San Francisco, pp. 333-380.

Carmines, E./Zeller, R. (1979): Reliability and Validity Assessment, California.

Carte, T. A./Russell, C. J. (2003): In Pursuit of Moderation: Nine Common Erros and Their Solutions, MIS Quarterly, Vol. 27, No. 3, pp. 479-501.

Carter, J./Ellram, L. (1993): The Impact of Interorganizational Alliances in Improving Supplier Quality, in: International Journal of Physical Distribution and Logistics Management, Vol. 24, No. 5, pp.15-23.

Child, J./Faulkner, D./Tallman, S. B. (2005): Cooperative Strategy – Managing Alliances, Networks, and Joint Ventures, New York u.a.

Chou, C.-P./Bentler, P. M. (1995): Estimates and Tests in Structural Equation Modeling, in: Structural Equation Modeling - Concepts, Issues, and Applications, Hoyle, R. H. (Hrsg.), Thousand Oaks, pp. 37-55.

Christophersen, T./Grape, C. (2007): Die Erfassung latenter Konstrukte mit Hilfe formativer und reflektiver Messmodelle, in: Methodik der empirischen Forschung, Alber, S./Klapper, D./Konradt, U./Walter, A./ Wolf, J. (Hrsg.), 2. Aufl. S. 103-118.

Churchill, G. (1979): A paradigm for Developing Better Measures of Marketing Constructs, in: Journal of Marketing Research, 16. Feb., S. 64-73.

Churchill, G. (1991): Marketing-Research – Methodological Foundation, 5. Aufl., Hinsdale.

Coenenberg, A. G./Fischer, T. M./Günter, T. (2007): Kostenrechnung und Kostenanalyse, 6. überarb. und erweit. Aufl., Stuttgart.

Cohen, S. G. (1991): New approaches to teams and teamwork, in: Organizing for the future: The new logic for managing complex organizations, Galbraith, J. R./Lawler E. .E. (Hrsg.), San Francisco, pp. 194-226.

Cohen, S. G./Bailey, D. E. (1997): What Makes Teams Work – Group Effectiveness Research from the Shop Floor to the Executive Suite, in: Journal of Management, Vol. 23, No. 3, pp. 239-290.

Cohen, S. G./Ledford, G. .E. (1994): The effectiveness of self-managing teams: A quasi-experiment, in: Journal of Human Relations, Vol. 47, No. 1, pp. 13-43.

Cokins, G. (2004): Performance management: finding the missing pieces (to close the intelligence gap), Hoboken, New Jersey.

Comelli, G./Rosenstiel, L. v. (2003): Führung durch Motivation – Mitarbeiter für Organisationsziele gewinnen, München.

Conradi, P. (1983): Personalentwicklung, Stuttgart.

Cooper, R. (1974): Job Motivation and Job Design, London.

Costa, A. C. (2003): Work team trust and effectiveness, in: personnel review, Vol. 32, No. 5, pp. 605-622.

Cox, T. H., Jr. (1991): The multicultural organization, in: Academy of Management Executive, Vol. 5, No. 2, pp. 34-47.

Cremer, J. (2002): Motivation in Projekten – Eine empirische Erforschung von Motivations- und Erfolgsursachen im Projektmanagement, Lengerich.

Cummings, T. G. (1981): Designing effective work groups, in: Handbook of organization design, Nystrom, P.C./Starbuck, W. (Hrgs.), New York: Oxford. Vol. 2, pp. 250-271.

Cyert, R. M./March, J. G. (1963): A Behavioral Theory of the Firm, Englewood Cliffs, New Jersey.

Daft, R. L./Lengel, R. H. (1986): Organizational information requirements, media richness, and structural determinants, in: Journal of Management Science, Vol. 32, No. 5, pp. 554-571.

Daimler AG (2009): Daimler und Karlsruher Institut für Technologie starten Forschungskooperation für Elektroantriebe, Stuttgart/Karlsruhe, 21. November 2008, http://www.daimler.com/dccom/0-5-876574-49-1153938-1-0-0-0-0-0-12081-876574-0-0-0-0-0-0-0.html, Abruf: 15.04.2009.

Dammer, I. (2005): Gelingende Kooperation („Effizienz"), in: Netzwerkmanagement – Mit Kooperation zum Unternehmenserfolg, Becker, T. (Hrsg.), Berlin u.a., S. 37-47.

Daniel, K. (2008): Managementprozesse und Performance. Ein Konzept zur reifegradbezogenen Verbesserung des Managementhandelns. Wiesbaden, zugl. Diss. Otto-Friedrich-Univ. Bamberg, 2008.

Davenport, T. H./Prusak, L. (1999): Wenn ihr Unternehmen wüßte, was es alles weiß – Das Praxishandbuch zum Wissensmanagement, 2. Aufl., Landsberg.

Day, H. (2006): Führen nach Zahlen, in: Personalwirtschaft – Zeitschrift für Human Resources, Vol. 3, S. 29-32.

De Leeuw, E. D. (2001): Reducing Missing Data in Surveys: An Overview of Methods, in: Quality and Quantity, Vol. 35, No. 2, pp. 147-160.

De Micheli, M. (2005): Mitarbeiterleistung professionell beurteilen – Darstellung anhand von Beispielen aus der betrieblichen Praxis inkl. diverser direkt einsetzbarere Musterbögen und Checklisten, Hamburg.

Deal, T. E./Kennedy, A. (1987): Unternehmenserfolg durch Unternehmenskultur. Bonn, Bad Godesberg.

Delgado Pina, M. I./Romero Martínez, A. M./Gómez Martínez, L. (2008): Teams in organizations: a review on team effectiveness, in: Team Performance Management, Vol. 14, No. 1/2, pp. 7-21.

Dempster, A. P./Laird, N. M./Rubin, D. B. (1977). Maximum Likelihood from Incomplete Data via the EM Algorithm, in: Journal of the Royal Statistical Society. Series B (Methodological), Vol. 39, No. 1, pp. 1-38.

Denison, D. R./Hart, S. L./Kahn, J. A. (1996): From Chimneys to cross-functional teams: Developing and Validating a diagnostics model, in: Academy of Management Journal, Vol. 39, No. 4, pp. 1005-1023.

Deutsch, M. (1976): Konfliktregelung, München.

Diamantopoulos, A./Winklhofer, H. M. (2001): Index Construction with Formative Indicators: An Alternative to Scale Development. Journal of Marketing Research, Vol. 38, No. 2, pp. 269-277.

Domsch, M. E./Gerpott, T. J. (1995): Führung in Forschung und Entwicklung, in: HWFü, Kieser, A. (Hrsg.), 2. Aufl., Stuttgart, Sp. 303-314.

Dorsch, F. /Häcker, H./Stapf, K.-H. (1987): Psychologisches Wörterbuch, Bern u.a.

Drach-Zahavy, A./Somech, A. (2002): Team heterogeneity and its relationship with team support and team effectiveness, in: Journal of Educational Adminstration, Vol. 40, No. 1, pp. 44-66.

Dreitzel, H.P. (1975): Soziologische Reflexionen über das Elend des Leistungsprinzips, in: Sinn und Unsinn des Leistungsprinzips. Ein Symposium. Mit Beiträgen von A. Geldern u.a., 3 unveränd. Aufl., München, S. 31-53.

Driskell, J. E./Salas, E./Hogan, R. (1987): A taxonomy for composing effective naval teams. Naval Training Systems Center, Human Factors Division, Orlando, Florida.

Drumm, H. J. (2005): Personalwirtschaft, Berlin u.a.

Eberl, M. (2004): Formative und reflektive Indikatoren im Forschungsprozess: Entscheidungsregeln und die Dominanz des reflektiven Modells, München.

Eberl, P. (1996): Die Idee des organisationalen Lernens: Konzeptionelle Grundlagen und Gestaltungsmöglichkeiten, Bern.

Edwards, M. R./Ewen, A. J.(2000): 360°-Beurteilung: klareres Feedback, höhere Motivation und mehr Erfolg für alle Mitarbeiter, München.

Eggert, A./Fassot, G./Helm, S. (2005): Identifizierung und Quantifizierung mediierender und moderierender Effekte in komplexen Kausalstrukturen, in: Handbuch PLS-Pfadmodellierung, Bliemel, F./Eggert, A./Fassot, G./Henseler, J. (Hrsg.), Stuttgart, S. 101-116.

Ehrlenspiel, K. (2007): Integrierte Produktentwicklung – Denkabläufe, Methodeneinsatz, Zusammenarbeit, München, Wien.

Eisenhardt, K. M./Tabrizi, B. N. (1995). Accelerating adaptive processes: Product innovation in the global computer industry, in: ASQ, Vol. 40, No. 1, pp. 84-110.

Engelhard, J. (1992): Leistungsdeterminanten, in: Handwörterbuch des Personalwesens, Gaugler, E./Weber, W. (Hrsg.), 2. Aufl., Stuttgart, Sp. 1254-1264.

Engelhardt, W. H./Kleinaltenkamp, M./Reckenfelderbäumer, M. (1992): Dienstleistungen als Absatzobjekt, Arbeitsbericht, Nr. 52 des Instituts für Unternehmensführung und Unternehmensforschung an der Ruhr-Univ. Bochum, Bochum.

Ernst, H. (2002): Success Factors of new product development: a review of the empirical literature, in: International Journal of Management Review, Vol. 4, No.1, pp. 1-40.

Erpenbeck, J./Rosenstiel, L. v. (2003): Handbuch Kompetenzmessung. Erkennen, verstehen und bewerten von Kompetenzen in der betrieblichen pädagogischen und psychologischen Praxis, Stuttgart.

Eschenburg, R. (1988): Zur Anwendung der Anreiz-Beitrags-Theorie in Genossenschaften, in: ZfgG, Vol. 38, No. 4, S. 250-262.

Espinosa, J. A./Lerch, F. J./Kraut, R. E. (2004): Explicit versus implicit coordination mechanisms and task dependencies: One size does not fit all, in: Team Cognition: Understanding the Factors that Drive Process and Performance, American Psychological Association, Salas, E./Fiore, S. M. (Hrsg.), Washington, DC., pp. 107-129.

Essens, P./Vogelaar, A./Myll, J./Blendell, C./Paris, C./Halpin, S./Baranski, J. (2005): Chapter 4 – A Review of Team Effectiveness Models, NATO Research and Technology Organization, Neuilly-sur-Seine.

Essens, P./Vogelaar, A./Mylle, J./ lendell, C./Paris, C./Halpin, S./Baranski, J. (2005): Military Command Team Effectiveness: Model and Instrument for Assessment and Improvement. NATO Research and Technology Organization, Neuilly-sur-Seine.

Evans, C. R./Dion, K. L. (1991): Group cohesion and performance: A meta-analysis, in: Small Group Research, Vol. 22, No. 2, pp. 175-186.

Evans, M. (1970): The Effects of Supervisory Behavior on the Path-Goal Realtionship, in: Organizational behavior and human performance, Vol. 5, pp. 227-249.

Evers, M. (1998): Strategische Führung mittelständischer Unternehmensnetzwerke, München.

Faix, W./Laier, A. (1991): Soziale Kompetenz – Das Potential zum unternehmerischen und persönlichen Erfolg, Wiesbaden.

Fassott, G./Eggert, A. (2005): Zur Verwendung formativer und reflektiver Indikatoren in Strukturgleichungsmodellen: Bestandsaufnahme und Anwendungsempfehlungen, in Handbuch PLS-Pfadmodellierung, Bliemel, F./Eggert, A./Fassott, G./Henseler, J. (Hrsg.), Stuttgart, S. 31-47.

Feldmann, K. (2005): Soziologie kompakt. Eine Einführung, Wiesbaden.

Fersch, J. M. (2002): Leistungsbeurteilung und Zielvereinbarungen in Unternehmen. Praxiserprobte Instrumente zur systemorientierten Mitarbeiterführung, Wiesbaden.

Feyerherm, A./Rice, C. (2002): Emotional Intelligence and team performance: the good, the bad and the ugly, in: The International Journal of Organizational Analysis, Vol. 10, No. 4, pp. 343-362.

Fiedler, R. (2005): Controlling von Projekten. Mit fünf konkreten Beispielen aus der Unternehmenspraxis – Alle Aspekte der Projektplanung, Projektsteuerung und Projektkontrolle, 3. überarbeitete und erweiterte Aufl., Wiesbaden.

Figge, C. P. (1999): Abwicklungsmanagement horizontaler Entwicklungskooperationen – Typen, Organisationsformen und Instrumente, Wiesbaden, zugl. Diss. Techn. Univ. München, 1998.

Fisch, R./Beck, D. (2002): Zusammenarbeit in Projektgruppen: Eine sozialwissenschaftliche Perspektive, in: Projektgruppen in der Organisation. Praktische Erfahrungen und Erträge der Forschung, Fisch, R./ Beck, D./ Englich, B. (Hrsg.), Göttingen, S. 3-17.

Fisher, K./Rayner, S./Belgard, W. (2000): Tipps für Teams: Teameinsatz optimal realisieren, 2. Aufl., Landsberg/Lech.

Fitz-enz, J. (2003): Renditefaktor Personal. So messen und erhöhen Sie den ROI Ihrer Mitarbeiter, Frankfurt u.a.

Ford, R. C./ Randolph, A. W. (1992): Cross-functional structures: A review and integration of matrix organization and project management, in: Journal of Management, Vol. 18, No. 2, pp. 267-294.

Fornell, C./Larcker, D. F. (1981): Evaluating Structural Equation Models with Unobservable Variables and Measurement Error, in: Journal of Marketing Research, Vol. 18, No. 1, pp. 39-50.

Forster, J. (1978): Teams und Teamarbeit in der Unternehmung, Stuttgart.

Frese, E. (1992): Handwörterbuch der Organisation, Stuttgart.

Fried, L. (1991): Team size and productivity in systems development: Bigger does not always mean better, in: Information Systems Management, Summer, Vol. 8, No. 3, pp. 27-35.

Friese, M. (1998): Kooperation als Wettbewerbsstrategie für Dienstleistungsunternehmen, Wiesbaden, zugl. Diss. Univ. Hohenheim, 1998.

Fritsch, M. (1997): Performance Management – der Mensch als Erfolgsfaktor, in: Marketing & Management, Vol. 2, pp. 48-58.

Fröhlich, W. (1999): Effiziente Personalarbeit: neue Ansätze zur Organisationsentwicklung, Leistungsverbesserung und Mitarbeiterdialog, Neuwied, Kriftel.

Gaitanides, M. (2004): Interorganisationale Teams: Transaktionskostentheoretische Überlegungen und empirische Befunde zum Teamerfolg, in: ZfbF, Vol. 56, No. 5, S. 436-451.

Gaitanides, M./Stock, R. (2004): Interorganisationale Teams: Transaktionskostentheoretische Überlegungen und empirische Befunde zum Teamerfolg, in: ZfbF, Vol. 56, No. 5, S. 436-451.

Galberg, C. (2000): Leistungssteigerung von Mitarbeitern durch Zielvorgaben, in: zfo, Vol. 9, No. 2, S. 97-101.

Gaul, H.-D. (2001): Verteilte Produktentwicklung – Perspektiven und Modell zur Optimierung, München.

Gebert, D./Rosenstiel, L. v. (1996): Organisationspsychologie, 4. Aufl., Stuttgart u.a.

Gemünden, H. G. (1995): Zielbildung, in: Handbuch der Unternehmensführung, Corsten, H./Reiß, M. (Hrsg.), Wiesbaden, S. 251-266.

Georgopoulos, B./Mahoney, G./Jones, N. (1957): A path-goal approach to productivity, in JAP, Vol. 41, No. 6, pp. 345-353.

Gerbing, D. W./Anderson, J. C. (1988): An Updated Paradigm for Scale Development Incorporating Unidimensionality and Its Assessment, in: Journal of Marketing Research, Vol. 25, No. 2, pp. 186-192.

Gerpott, T. (2000): 360-Grad-Feedback-Verfahren als spezielle Variante der Mitarbeiterbefragung, in: Handbuch Mitarbeiterbefragung, Domsch, M/Ladwig, D. (Hrsg.), Heidelberg, S. 195-220.

Gertz, W. (2008): Geld ist nicht alles, in: Personalwirtschaft – Magazin für Human Resources, Vol. 12, S.18-21.

Ghattas, R. G./McKee, S. L. (2001): Practical project management, Upper Saddle River u.a.

Gist, M. E./Locke, E. A./Taylor, S. M. (1987): Organizational Behavior: Group, Structure, Process and Effectiveness, in: Journal of Management, Vol. 13, No. 2, pp. 237-257.

Gladstein Ancona, D./Caldwell, D. F. (1992): Demography and Design – Predictors of New Product Team Performance, in: Organization Science, Vol. 3, No. 3, pp. 331-341.

Gladstein, D. L. (1984): Groups in Context – A Model of Task Group Effectiveness, in: Administrative Science Quarterly, Vol. 29, No. 4, pp. 499-517.

Gleich, R. (2001a): Das System des Performance Management – Theoretisches Grundkonzept, Entwicklungs- und Anwendungsstand, München.

Gleich, R. (2001b): Leistungsebenen von Performance Measurement-Systemen, in: Performance Measurement & Balanced Scorecard, Klingebiel, N. (Hrsg.), München, S. 65-89.

Goeken, M. (1998): Interorganisationale Unternehmensnetzwerke als Alternative zur Fusion, in: Fusionen: Gestalten und Kommunizieren, Henckel von Donnersmarck, M.-E./Schatz, R./Bebenroth, R. (Hrsg.), Bonn, S.183-201.

Goleman, D. (1998): Emotionale Intelligenz, 5. Aufl., München u.a.

Goleman, D. (1999): Emotionale Intelligenz – zum Führen unerlässlich, in: Harvard Business Manager, Vol. 21, No. 3, S. 27-36.

Goleman, D. (2001): EQ2 – Der Erfolgsquotient, 2. Aufl., München u.a.

Goodman, P. S./Leyden, D. P. (1991): Familiarity and group productivity, in: JAP, Vol. 76, No. 4, pp. 578-586.

Goodman, P. S./Ravlin, E./Schminke, M. (1987): Understanding groups in organizations, in: Research in organizational behavior, Vol. 9, pp. 121-173.

Göthlich, S. E. (2007): Zum Umgang mit fehlenden Daten in großzahligen empirischen Erhebungen, in: Methodik der empirischen Sozialforschung, Albers, S. u.a. (Hrsg.):, Wiesbaden, S. 119-134.

Götz, K. (2007): Integrierte Produktentwicklung durch Value Management, Dortmund, zugl. Diss. Univ. Dortmund, 2006.

Grassl, G. (1996): Personalbeurteilung. Die Anerkennung ist wichtiger als perfekte Systeme, in: Personal, No. 12, S. 652-657.

Groher, E. (2002): Gestaltung der Integration von Lieferanten in dem Produktentstehungsprozess, München.

Groll, M. (2004): Koordination im Supply Chain Management – Die Rolle von Macht und Vertrauen, Wiesbaden, zugl. Diss. Wiss. Hochsch. für Unternehmensführung Koblenz, 2004.

Grote, R. D. (2002): The performance appraisal question and answer book: a survival guide for managers, USA.

Grüning, M. (2002): Performance-Measurement-Systeme. Messung und Steuerung von Unternehmensleistung, Wiesbaden, zugl. Diss. Techn. Univ. Dresden 2001.

Guthof, P. (1995): Strategische Anreizsysteme – Gestaltungsoptionen im Rahmen der Unternehmensentwicklung, Wiesbaden.

Guzzo, R. A./Dickson, M. W. (1996): Teams in Organizations: Recent Research on Performance and Effectiveness, Maryland.

Guzzo, R. A./Jette, R. D./Katzell, R. A. (1985): The effects of psychologically based intervention programs on worker productivity: A meta-analysis. Personnel Psychology, Vol. 38, No. 2, pp. 275-291.

Guzzo, R. A./Shea G. P. (1992): Group performance and intergroup relations in organizations, in: Handbook of industrial and organizational psychology, 3. Aufl., Dunnette, M. D. /Hough, L. M./Palo A. (Hrsg.),California, pp. 269-313.

Haberstock, P. (2000): Executive Information Systems und Groupware im Controlling – Integration durch das prozessorientierte Team-Controllingsystem, Wiesbaden, zugl. Diss. Univ. Paderborn, 1999.

Hackman, R. J. (1983): A normative model of work team effectiveness. Technical report no 2, Research Program on Group Effectiveness. Yale School of Organization and Management.

Hackman, R. J. (1987): The design of work teams, in: Handbook of organizational behavior, Lorsch, J. W. (Hrsg.), Engelwood Cliffs, pp. 315-342.

Hackman, R. J. (1990): Introduction: Work Teams in Organisations. An Orienting Framework, in: Groups that work (and those that don't), Hackman, R. (Hrsg.), San Francisco, pp. 1-15.

Hackman, R. J./Edmondson, A. C. (2007): Groups as Agents of Change, Harvard University, USA.

Hackman, R. J./Morris, C. G. (1983): Group Tasks, Group Interaction Process, and Group Performance Effectiveness, in: Small Groups and Social Interaction, Vol. 1, pp. 331-345.

Hackman, R. J./Oldham G. R. (1980): Work redesign. Reading, MA: Addison-Wesley, 1980

Hackstein, R. (1977): Arbeitswissenschaften im Umriss, Band II: Grundlagen und Anwendungen, Essen.

Hahn, C. H. (2002): Segmentspezifische Kundenzufriedenheitsanalyse, Wiesbaden, zugl. Diss. Univ. Mainz, 2001.

Hair, J. F., Jr./Black, W. C. /Babin, B. J. /Anderson, R. E./Tatham, R. L. (2006): Multivariate Data Analysis, 6. Auflage, New Jersey.

Hanft, A. (1996): Organisationales Lernen und Macht – Über den Zusammenhang von Wissen, Lernen, Macht und Struktur, in: Wissensmanagement, Schreyögg, G./Conrad, P. (Hrsg.), Berlin u.a., S. 133-162.

Harbour, J. L. (2009): The performance paradox. Understanding the real drivers that critically affect outcomes, USA.

Hartle, F. (1992): Leistungsmanagement – Wohin geht die Entwicklung?, in: Human Resource Management – Neue Konzepte zur Leistungssteigerung, Mitrani, A./Strombach, M./Dalziel, M. (Hrsg.), Landsberg/Lech, S. 105-123.

Hartmann, F./Moers, F. (1999): Testing contingency hypotheses in budgetary research: an evaluation of the use of moderated regression analysis, in: Journal of Accounting, Organizations and Society, Vol. 24, No. 4, pp. 291-315.

Hatheyer, E. (1933): Der Leistungsbegriff in der Betriebswirtschaftslehre, in: Betriebswirtschaftliche Blätter, Vol. 4, Nr. 8, S. 281-292.

Havranek, C./Mauhart, J. (2008): Gehalt und Leistung managen. Die unternehmerische Gestaltung von Gehaltssystemen, Wien.

Hayes, N. (1997): Successful Team Management, London.

Hedeman, B./Heemst, G. V. v./Fredriksz, H. (2006): Project Management Based on Prince2 – Prince2 Edition 2005, 3. Aufl., Zeewold.

Heinen, E./Dill, P. (1986): Unternehmenskultur – Überlegungen aus betriebswirtschaftlicher Sicht, in: Zeitschrift für Betriebswirtschaft, Vol. 56, Nr. 3, S. 202-218.

Hellriegel, D./Slocum, J. W./Woodman, R. W. (2001): Organizational Behavior, 9. Aufl., Australia u.a.

Henschel, A. (2001): Communities of Practice – Plattform für individuelles und kollektives Lernen sowie den Wissenstransfer, St. Gallen.

Hentze, J./Kammel, A./Lindert, K. (1997): Personalführungslehre: Grundlagen, Funktionen und Modelle der Führung, 3. Aufl., Bern u.a.

Henzel, F. (1942): Leistungswirtschaft – Festschrift für Fritz Schmidt, Berlin, Wien.

Henzel, F. (1967): Kosten und Leistung, Essen.

Heppner, K. (1997): Organisation des Wissenstransfers. Grundlagen, Barrieren und Instrumente. Mit Geleitwort von Prof. Dr. Erich Frese, Wiesbaden, zugl. Diss Univ. Köln, 1996.

Herczeg, M./Janfeld, B./Kleinen, B./Kritzenberger, H./Paul, H./Wittstock, M. (2000): Virtuelle Teams. Erkenntnisse über die Nutzung von Video Conferencing und Application Sharing bei der Unterstützung virtueller Teams, Gelsenkirchen.

Hersey, P./Blanchard, K. (1972): Management of organizational behavior: utilizing human resources, 2. Aufl., London.

Hertel, G./Geister, S./Konradt, U. (2005): Managing virtual teams: A review of current empirical research, in: Human Resource Management Review, Vol. 15, No. 1, pp. 69-95.

Herzberg, F./Mausner, B./Snydermann, B. B. (1959): The Motivation to Work, New York u.a.

Higgs, M./Plewnia, U./Ploch, J. (2005): Influence of team composition and task complexity on team performance, in: Team performance Management, Vol. 11, No. 7/8, pp. 227-250.

Hildebrandt, L. (1984): Kausalanalytische Validierung in der Marketingforschung, Marketing – ZFP, Vol. 6, Nr. 1, S. 41-51.

Hilgers, D. (2008): Performance Management – Leistungserfassung und Leistungssteuerung in Unternehmen und öffentlichen Verwaltungen, Wiesbaden, zugl. Diss. Univ. Hamburg, 2007.

Hill, J. (1997): Managing Performance - Goals, Feedback, Coaching, Recognition, Hampshire.

Hoffmann, O. (2000): Performance Management: Systeme und Implementierungsansätze. 2. Aufl., Bern.

Högl, M. (1998): Teamarbeit in innovativen Projekten: Einflussgrößen und Wirkungen. Mit Geleitwort von Hans Georg Gemünden, Wiesbaden, zugl. Diss. Techn. Univ. Karlsruhe, 1998.

Högl, M./Gemünden, H. G. (2001): Determinanten und Wirkungen der Teamarbeit in innovativen Projekten. Eine theoretische und empirische Analyse, in: Management von Teams – Theoretische Konzepte und empirische Befunde, Gemünden, H. G./Högl, M. (Hrsg.), 2. aktual. und erw. Aufl., Wiesbaden, S. 33-66.

Holtbrügge, D. (2007): Personalmanagement, 3. überarb. und erw. Aufl., Berlin.

Homans, G. C. (1960): Social behavior as exchange, in: American Journal of Sociology, Vol. 63, May, pp. 567-606.

Homburg, C. (2000): Kundennähe von Industriegüterunternehmen. Konzeption - Erfolgsauswirkungen – Determinanten, 3. Aufl., Wiesbaden.

Homburg, C./Baumgartner, H. (1995): Beurteilung von Kausalmodellen: Bestandsaufnahme und Anwendungsempfehlung, in: Marketing ZFP, 17. Jg, No. 3, S. 162-176.

Homburg, C./Giering, A. (1996): Konzeptualisierung und Operationalisierung komplexer Konstrukte. Ein Leitfaden für die Marketingforschung, in: Marketing ZFP, Vol. 1, 1. Quartal, S. 5-25.

Homburg, C./Giering, A. (1998): Konzeptualisierung und Operationalisierung komplexer Konstrukte – Ein Leitfaden für die Marketingforschung, in: Die Kausalanalyse, Hildebrandt, L./Homburg, C. (Hrsg.), Stuttgart, S. 111-146.

Homburg, C./Pflesser, C. (2000): Strukturgleichungsmodelle mit latenten Variablen: Kausalanalyse, in: Marktforschung. Methoden, Anwendungen, Praxisbeispiele, Herrmann, A./Homburg, C. (Hrsg.), 2. aktualisierte Aufl., Wiesbaden, S. 633-659.

Homstrom, B./Milgrom, P. (1991): Multitask Principal-Agent Analyses: Incentive Contracts, Asset Ownership and Job Design, in: Journal of Law, Economics & Organization, Vol. 7, Special Issue, 1991, pp. 24-52.

Hopfenbeck, W. (2002): Allgemeine Betriebswirtschafts- und Managementlehre: das Unternehmen im Spannungsfeld zwischen ökonomische, sozialen und ökologischen Interessen, 14. Aufl., München.

House, R. (1971): A Path Goal Theory of Leader Effectiveness, in: Journal of ASQ, Vol. 16, pp. 321-339.

Hoyle, R. H. (1995): The Structural Equation Modeling Approach: Basic Concepts and Fundamental Issues, in: Structural Equation Modeling – Concepts, Issues, and Applications, Hoyle, R. H. (Hrsg.), Thousand Oaks, California, pp. 1-15.

Hronec, S. M. (1996): Vital Signs – Indikatoren für die Optimierung der Leistungsfähigkeit ihres Unternehmens, Stuttgart.

Huber, F./Herrmann, A./Meyer, F./Vogel, J./Vollhardt, K. (2007): Kausalmodellierung mit Partial Least Squares - Eine anwendungsorientierte Einführung, Wiesbaden.

Huisman, J. M. E. (1999): Item nonresponse: occurrence, causes, and imputation of missing answers to test items, Leiden.

Hungenberg, H. (1995): Zentralisation und Dezentralisation - Strategische Entscheidungsverteilung in Konzernen, Wiesbaden.

Irwin, J. R./McClelland, G. H. (2001): Misleading Heuristics and Moderated Multiple Regression Models, in: Journal of Marketing Research, Vol. 38, No. 1, pp. 100-109.

Jacoby, J. (1978): Consumer Research: A State of the Art Review, in: Journal of Marketing, Vol. 42, No. 2, pp. 87-96.

Jago, A. (1995): Führungsforschung – Führung in Nordamerika, in: HWFü, Kieser, A./Wunderer, R. (Hrsg.), Bd. 10, 2. Aufl., Stuttgart, Sp. 619-638.

Janssens, M./Steyaert, C. (2009): HRM and performance: A Plea for Reflexity in HRM Studies, in: Journal of Management Studies, Vol. 46, No. 1, pp. 143-155.

Jarvis, C. B./MacKenzie, S. B./Podsakoff, P. M. (2003): A Critical Review of Construct Indicators and Measurement Model Misspecification in Marketing and Consumer Research, in: Journal of Consumer Research, Vol. 30, No. 2, 199-218.

Jaworski, B. M./Detlaf, A. A. (1972): Physik griffbereit. Definitionen, Gesetze, Theorien, Braunschweig.

Jedrzejczyk, P. (2007): Multikulturelle Teams in Organisationen - Eine experimentelle Untersuchung des Problemlöseverhaltens unter Wettbewerbsbedingungen, Bd. 23 Schriften zur empirischen Entscheidungs- und Organisationsforschung, Frankfurt a.M., zugl. Diss. Univ. Mainz, 2007.

Jetter, W. (2004): Performance Management. Strategien umsetzen – Ziele realisieren – Mitarbeiter fördern, 2. aktual. und überarb. Aufl., Stuttgart.

Johansen, R. (1988): Groupware: Computer Support for Business Teams, Free Press, New York.

Jost, P.-J. (2000): Organisation und Motivation, Wiesbaden.

Jung, H. (2006): Personalwirtschaft, 7. Aufl., München.

Kahle, E. (1999): Vertrauen als Voraussetzung für bestimmte Formen organisatorischen Wandels, Arbeitsbericht Nr. 01/99 der Univ. Lüneburg, Forschungsgruppe Kybernetische Unternehmens-Strategie, Lüneburg.

Kandaouroff, A. (1998): Erfolgreiche Implementierung von Gruppenarbeit: Analyse – Optimierungsansätze – Handlungsempfehlungen, Wiesbaden, zugl. Diss. Techn. Univ. München, 1996.

Kaplan, R. S./Norton, D. P. (1992): The Balanced Scorecard - Measures that Drive Performance, in: Harvard Business Review, January-February, pp. 71-79.

Katzenbach, J. R./Smith, D. K. (1993): The Discipline of Teams, in: Journal of Harvard Business Review on Teams that Succeed, pp. 1-25.

Keller, P. (2006): Human-Resource-Management: Personal als Erfolgsfaktor, in: Handbuch Handel, Zentes, J. (Hrsg.), Wiesbaden, S. 851-872.

Keplinger, W. (1992): Merkmale erfolgreichen Projektmanagements, Graz.

Kern, E.-M. (2005): Verteilte Produktentwicklung - Rahmenkonzept und Vorgehensweise zur organisatorischen Gestaltung, Berlin.

Kernaghan, J. A./Cooke, R. A. (1990): Teamwork in planning innovative projects: Improving group performance by rational and interpersonal interventions in group process, in: IEEE Transactions on Engineering Management, Vol. 37, No. 2, pp. 109-116.

Kersten, W./Meyer, C. (2005): Improving the implementation and application of complexity management in logistics, in: Proceedings of the International Conference on Operations and Supply Chain Management, Bali, Indonesia.

Kersten, W./Schröder, M. (2006): Qualifizierte Mitarbeiter für eine dynamische Branche. In: Personalwirtschaft – Magazin für Human Resources – Schwerpunkt Logistik: Am Markt entscheiden Qualifikationen, Nr. 5, S. 10-13.

Kersten, W./Schröder, M./Hohrath, P./Winter, M./Böger, M. (2008): Risikomanagement in dezentral organisierten Supply Chains von kleinen und mittelständischen Unternehmen, in: Pfohl, H.-C./Wimmer, T. (Hrsg.), Robuste und sichere Logistiksysteme Wissenschaft und Praxis im Dialog, Schriftenreihe Wirtschaft und Logistik, Bobingen, S. 213-231.

Kersten, W./Winter, M.(2007): Qualität von Managementsystemen: Was bringt Benchmarking?, in: Tagungsband zur 2. Tagung "Produkt- und Systemzertifizierung", 05.-06.06.2007, Germanischer Lloyd Hamburg, S. 19-28.

Kersten, W./Zink, T./Kern, E.-M. (2006): Wertschöpfungsnetzwerke zur Entwicklung und Produktion hybrider Produkte: Ansatzpunkte und Forschungsbedarf, in: Wertschöpfungsnetzwerke. Festschrift für Bernd Kaluza, Blecker, T./Gemünden, H. G. (Hrsg.), Berlin S. 189-201.

Kieser, A. (1999): Human-Relations-Bewegung und Organisationspsychologie, in: Kieser, A. (Hrsg.), Organisationstheorien, 3. Aufl., Stuttgart, Berlin, Köln, S. 101-131.

Kieser, A./Kubicek, H. (1992): Organisation, 3. völlig neu bearb. Aufl., Berlin u.a.

Kim, C./Mauborgne, R. (1998): Warum rücksichtsvolle Chefs erfolgreicher sind?, in: Journal of Harvard Business Manager, 20. Jg., Nr. 1, S. 60-70.

Kleinaltenkamp, M. (1996): Customer Integration – Kundenintegration als Leitbild für das Business-to-Business Marketing, in: Customer Integration: Von der Kundenorientierung zur Kundenintegration, Kleinaltenkamp, M./Fließ, S./Jacob, F., Wiesbaden, S. 13-24.

Kleinbeck, U./Quast, H.-H. (1992): Motivation, in: HWO, Frese, E. (Hrsg.) Stuttgart 1992, Sp. 1420-1434.

Klimoski, R./Jones, R.G. (1995): Staffing for effective group decision making: Key issues in matching people and teams, in: Team effectiveness and decision making in organizations, Guzzo, R. A./Salas, E. (Hrsg.), San Francisco, pp. 291-332.

Kline, R. B. (2005): Principles and Practice of Structural Equation Modeling, 2. Aufl., New York.

Klingebiel, N. (1998): Performance Management – Performance Measurement, in: Zeitschrift für Planung, Vol. 9, No. 1, S. 1-15.

Knebel, H. (2008): Vertrauen in Vereinbarungen, in: Zeitschrift Personalwirtschaft, Fachteil Performance Management, Vol. 11, S. 60-62.

Koch, J. L. (1979): Effects of goal specificity and performance feedback to work groups on peer leadership, performance and attitudes, in: Human Relations, Vol. 32, No. 10, 1979, pp. 819-840.

Koller, H. (1994): Die Integration von Textverarbeitung und Datenverarbeitung – Analyse des Bedarfs und seiner Determinanten aus betriebswirtschaftlicher Sicht, Wiesbaden.

Koller, H. (1998): Gestaltung und Steuerung international verteilter Leistungserstellung bei mittleren Industrieunternehmen, in: Innovationen in der Produktionswirtschaft - Produkte, Prozesse, Planung und Steuerung, Wildemann, H. (Hrsg.), München, S. 247-289.

Koller, H./Langmann, C./Untied, H. (2006): Das Management von Innovationsnetzwerken in verschiedenen Phasen – Erkenntnisse und offene Forschungsfelder, in: Innovative Kooperationsnetzwerke, Wojda, F./Barth, A. (Hrsg.), Wiesbaden, S. 27-80.

Köppel, P. (2007): Konflikte und Synergien in multikulturellen Teams. Virtuelle und face-to-face Koopeationen, Wiesbaden, zugl. Diss. Univ. Potsdam, 2007.

Köppen, M. (1997): Effiziente Gruppenarbeit: Leistungsgerecht entlohnen – wirtschaftlich nachweisen, Köln 1997.

Kosiol, E. (1962): Leistungsgerechte Entlohnung, 2. Aufl., Wiesbaden.

Kowol, U. (1998): Innovationsnetzwerke: Technikentwicklung zwischen Nutzungsvisionen und Verwendungspraxis, Wiesbaden.

Krafft, M./Götz, O./Liehr-Gobbers, K. (2005). Die Validierung von Strukturgleichungsmodellen mit Hilfe des Partial-Least-Squares (PLS)-Ansatzes, in: Handbuch PLS Pfadmodellierung, Bliemel, F./Eggert, A./Fassott, G./Henseler, J. (Hrsg.), Stuttgart, S. 71-86.

Kratzer, J./Leenders, R. Th. A. J./Engelen, J. M. L. v. (2004): A delicate managerial challenge: how cooperation and integration affect the performance of NPD teams, in: Journal of Team performance Management, Vol. 10, No. 1/2, pp. 20-25.

Krause, O. (2006): Performance Management: eine Stakeholder-Nutzen-orientierte und Geschäftsprozess-basierte Methode; Wiesbaden, zugl. Diss. Techn. Univ. Berlin, 2005.

Krins, C. (2008): Personalsteuerung in IT-Projekten. Typen der Sicherstellung von Motivation und Leistungsbereitschaft des Projektpersonals, München, Mering, zugl. Diss. Duisburg-Essen Univ., 2007.

Kroeber-Riel, W./Weinberg, P. (2003): Konsumentenverhalten, 8. Aufl., München.

Krogh, G. v./Köhne, M. (1998): Der Wissenstransfer in Unternehmen: Phasen des Wissenstransfers und wichtige Einflussfaktoren, in: Die Unternehmung, 52. Jg., Heft 5/6, S. 235-252.

Kropeit, G. (1999): Erfolgsfaktoren für die Gestaltung von FuE-Kooperationen, Dresden, zugl. Diss. Techn. Univ. Dresden, 1998.

Kuester, S./Schumacher, M. C./Lenz, C./Mantel, J. (2008): What Influences NPD Team Performance - An Input-Process-Output Investigation, Proceedings of the 15th IPDM Conference, June 30 - July 1, Hamburg, Germany.

Kummer, W. A./Spühler, R. W./Wyssen, R. (1986): Leitfaden zu Methode und Teamführung in der Praxis, 2. Aufl., Zürich.

Kunz, G. (2003): Führen durch Zielvereinbarungen. Im Change Management Mitarbeiter erfolgreich motivieren, Bad Langensalza.

Kunz, H. U. (1994): Spitzenleistung im Team: Menschen erfolgreich führen, 2. vollst. überarb. Aufl., Heidelberg.

Kupsch, P./Marr, R. (1991): Personalwirtschaft, in: Industriebetriebslehre, Heinen, E. (Hrgs.), 9. Aufl., Wiesbaden.

Kurzewitz, M. (2007): Kompetenzentwicklung als Element erfolgreicher Strategieumsetzung dargestellt am Beispiel des Schiffbaus, in: Schriftreihe: Wissen schafft Innovation, Band 5, Hamburg, zugl. Diss. Techn. Univ. Hamburg-Harburg, 2007.

Kwak, E. J. L. (2004): Team Effectiveness and Characteristics: Apparel Product Development Teams, PhD thesis, Florida 2004.

Langmann, C. (2009): F&E-Projektcontrolling. Eine empirische Untersuchung der Nutzung von Controllinginformationen in F&E-Projekten, Wiesbaden, zugl. Diss. Helmut-Schmidt-Univ., 2008.

Latané, B./Williams, K./Harkins, S. (1979): Many hands make light the work: the causes and consequences of social loafing, in: Journal of Personality and Social Psychology, Vol. 37, No. 6, pp. 822-832.

Lawrence, P. R./Lorsch J. W. (1967): Organization and Environment: Managing Differentiation and Integration, Boston, Mass.

Leavitt, H. J. (1951): Some effects of certain communication patterns on group performance, in: Journal of Abnormal and Social Psychology, Vol. 46, pp. 38-50.

Lechler, T. (1997): Erfolgsfaktoren des Projektmanagements, Frankfurt am Main u.a., zugl. Diss. Univ. Karlsruhe, 1996.

Ledford, G. E./Lawler, E. E./Mohrman, S. A. (1988): The quality circle and its variations, in: Productivity in organizations, Campbell, R. J./ Campbell and Associates (Hrsg.), San Francisco, pp. 255-294.

Lipnack, J./Stamps, J. (1998): Virtuelle Teams. Projekte ohne Grenzen. Teambildung. Virtuelle Orte. Intelligentes Arbeiten. Vertrauen in Teams, Wien.

Litke, H.-D. (2004): Projektmanagement. Methoden, Techniken, Verhaltensweisen, 4. Aufl., München, Wien.

Little, R. J. A. (1988). A Test of Missing Completely at Random for Multivariate Data with Missing Values, in: Journal of the American Statistical Association, Vol. 83, No. 404, pp. 1198-1202.

Locke, E. A. (1968): Towards a theory of task motivation and incentives. Organizational Behavior and Human Performance, Vol. 3, pp. 157-189.

Locke, E. A. (1975): Personnel Attitudes and Motivation, in: Annual Review of Psychology, Vol. 26, pp. 457-480.

Locke, E. A./Latham, G. P. (1985): The application of goal setting to sports, in: Sport Psychology Today, Vol. 7, pp. 205-222.

Locke, E. A./Latham, G. P. (1990): A theory of goal setting and task performance, New Jersey.

Loo, R./Thorpe, K. (1996): Training in project management: a powerful tool for improving individual and team performance, in: Team Performance Management: An International Journal, Vol. 2, No. 3, pp. 6-14.

Lorentz, S. (1932): Der betriebswirtschaftliche Leistungsbegriff, in: ZfB, Vol. 9, S. 372-378.

Lorenz, T./Oppitz, S. (2001): Vom Training zur Performance: improving performance - Nutzen für Mitarbeiter und Unternehmen, GABAL Professional Training, Offenbach.

Lorenzet, S. J./Cook, R. G./Ozeki, C. (2006): Improving performance in very small firms through effective assessment and feedback, in: Journal of Education and Training, Vol. 48, No. 8/9, pp. 568-583.

Lucht, T. (2007): Strategisches Human Resource Management. Ein Beitrag zur Revision des Michigan-Ansatzes unter besonderer Berücksichtigung der Leistungsbeurteilung, München, Mering.

Luczak, H./Eversheim, W. (1999): Telekooperation. Industrielle Anwendung in der Produktentwicklung, Berlin u.a.

Luczak, H./Springer, J./Herbst, D./Schlick, C./Stahl, J. (1995): Kooperative Konstruktion und Entwicklung, in: Kreative Unternehmen – Spitzenleistungen durch Produkt- und Prozeßinnovationen, Reichwald, Ralf, Wildemann, Horst (Hrsg.), HAB-Forschungsbericht , Bd. 7, Stuttgart, S. 119-148.

Lüthje, C. (2000): Kundenorientierung im Innovationsprozess: eine Untersuchung der Kunden-Hersteller-Interaktion in Konsumgütermärkten, Wiesbaden, zugl. Diss. Univ. München, 1999.

Mankin, D/Cohen, S./Bikinson, T. K. (1996): Teams and technology: Fulfilling the promise of the new organization, Boston, Massachusetts.

March, J. G./Olsen, J. P. (1976): Ambiguity and Choice in the Organizations, Bergen u.a.

March, J. G./Simon, H. A. (1958): Organisation, New York u.a.

March, J. G./Simon, H. A. (1976): Organisation und Individuum: Menschliches Verhalten in Organisationen, Wiesbaden.

Maslow, A. (1954): Motivation and Personality, New York.

Mayo, E. (1945): The Human Problem of an Industrial Civilization, New York.

McGrath, J. E. (1964): Social Psychology - A Brief Introduction, London u.a.

McGrath, J. E. (1984): Groups, interaction and performance, New Jersey.

McGrath, J. E. (1991): Time, Interaction, and Performance (TIP): A Theory of Groups, in: Journal of Small Group Research, Vol. 22, No. 2, pp. 147-174.

Mehra, A. /Smith, B. R. /Dixon, A. L. /Robertson, B. (2006): Distributed leadership in teams: The network of leadership perceptions and team performance, Elsevier Inc., USA.

Meyer, C. M. (2007): Integration des Komplexitätsmanagements in den strategischen Führungsprozess der Logistik, Bern, zugl. Diss. Techn. Univ. Hamburg-Harburg, 2006.

Milgrom, P./Roberts, J. (1992): Economics, Organization and Management, Englewood Cliffs (Prentice-Hall), New Jersey.

Millmore, M./Lewis, P./Saunders, M./Thornhill, A./Morrow, T. (2007): Strategic Human Resource Management. Contemporary issues, Harlow u.a.

Mohrman, S. A./Cohen, S. G./Morhman, A. M. (1995): Designing team-based organizations: New forms for knowledge work, San Francisco.

Möllering, G./Sydow, J. (2006): Organisationen vertrauen – Organisationales Vertrauen in Kunden-Lieferanten-Beziehungen, in: Konsumentenvertrauen – Konzepte und Anwendungen für ein nachhaltiges Kundenbindungsmanagement, Bauer, H. H./Neumann, M. M./Schüle, A. (Hrsg.), München, S. 63-75.

Morgan, B./Lassiter, D. L. (1992): Team composition and staffing, in: Teams – Their training and performance, Swezey R./Salas, E. (Hrsg.), Norwood, New Jersey, pp. 75-100.

Mueller, R. O. (1996): Basic Principles of Structural Equation Modeling – An Introduction to LISREL and EQS, New York.

Mullen, B./Cooper, C. (1994): The relation between group cohesiveness and performance: An integration, in: Journal of Psychological Bulletin, Vol. 115, pp. 210-227.

Müller, C. (2003): Projektmanagement in FuE-Kooperationen – eine empirische Analyse in der Biotechnologie, Norderstedt, zugl. Diss. Techn. Univ. Hamburg-Harburg, 2003.

Müller, M. W. (1999): Erfolgsfaktoren und Management Strategischer Allianzen und Netzwerke, München, zugl. Diss. Univ. Rostock, 1999.

Müller-Stewens, G./Gocke, A. (1995): Kooperation und Konzentration in der Automobilindustrie. Strategien für Zulieferer und Hersteller, Chur (Schweiz).

Natale, S. M./Libertella, A. F./Rothschild, B. (1995): Team performance management, in: Team Performance Management. An International Journal, Vol. 1, No. 2, pp. 6-13.

Nato Task Group (2008): Professional Team Effectiveness Modell, http://www.duxtrail.nl/PTEF_Model.pdf, Abruf 20. Juni 2009.

Neuberger O./Kompa, A. (1987): Wir, die Firma: Der Kult um die Unternehmenskultur. Weinheim, Basel.

Neuberger, O. (2002): Führen und führen lassen: Ansätze, Ergebnisse und Kritik der Führungsforschung, 6. Aufl., Stuttgart.

Nunnally, J. (1978): Psychometric Theory, 2. Aufl., New York.

O'Leary-Kelly, A. M./Martocchio, J. J./Frink, D. D. (1994): A review of the influence of group goals on group performance, in: Academy of Management Journal, Vol. 73, No. 5, pp. 1285-1301.

O'Leary-Kelly, S. W./Vokurka, R. J. (1998): The empirical assessment of construct validity, in: Journal of Operations Management, Vol. 16, No. 4, pp. 387-405.

Oechsler, W. (2000): Personal und Arbeit: Grundlagen des Human Resource Management und der Arbeitgeber-Arbeitnehmer-Beziehungen, 7. Aufl., München u.a.

Oelsnitz, D. v. d./Busch, M. W. (2006): Social Loafing – Leistungsminderung in Teams, in: Personalführung, Vol. 9, pp. 64-75.

Oetting, G. (1951): Beitrag zur Klärung des betriebswirtschaftlichen Kapazitätsbegriffs und zu den Möglichkeiten der Kapazitätsmessung, Mannheim, zugl. Diss. Wissenschaftshochschule Mannheim, 1951.

Osterloh, M./Frey, B./Frost, J. (1999): Was kann das Unternehmen besser als der Markt, in: ZfB, 69. Jg., Heft 11, S. 1245-1262.

Panten, G. (2005): Internet-Geschäftsmodell – Virtuelle Community – Analyse zentraler Erfolgsfaktoren unter Verwendung des Partial-Least-Squares (PLS)-Ansatzes, Wiesbaden, zugl. Diss. Christian-Albrechts-Univ. zu Kiel, 2005.

Patzak, G./Rattay, G. (1998): Projekt Management: Leitfaden zum Management von Projekten, Projektportfolios und projektorientierten Unternehmen, 3. Aufl., Stuttgart.

Pearson, C. A. L. (1992): Autonomous workgroups: An evaluation at an industrial site, in: Journal of Human Relations, Vol. 45, No. 9, pp. 905-936.

Pelled, L-H. /Eisenhardt, K. M./Xin, K. R. (1999): Exploring the Black Box: An Analysis of Work Group Diversity, Conflict, and Performance, in: ASQ, Vol. 44, No. 1, pp. 1-28.

Pfeffer, J. (1997): New Directions for Organization Theory, Problems and Prospects, New York, Oxford.

Pfeiffer, W/Dörrie, U./Stoll, E. (1977): Menschliche Arbeit in der industriellen Produktion, Göttingen.

Picot, A./Reichwald, R./Wigand, R. T. (1998): Die grenzenlose Unternehmung. Information, Organisation und Management: Lehrbuch zur Unternehmensführung im Informationszeitalter, 3. Aufl., Wiesbaden.

Pinto, M. B./Pinto, J. K. (1990): Project Team Communication and Cross-Functional Cooperation in New Program Development, in: Journal of Product Innovation Management, Vol. 7, pp. 200-212.

Pinto, M. B./Pinto, J. K./Prescott, J. E. (1993): Antecedents and Consequences of Project Team Cross-functional Cooperation, in: Journal of Management Science, Vol. 39, No. 10, October 1993, pp. 1281-1297.

Plötner, O./Jacob, F. (1996): Customer Integration und Kundenvertrauen, in: Customer Integration: Von der Kundenorientierung zur Kundenintegration, Kleinaltenkamp, M./Fließ, S./Jacob, F. (Hrsg.), Wiesbaden, S. 105-119.

Pöck, T. (2002): Organisatorische Voraussetzungen erfolgreicher Wertschöpfungspartnerschaften: dargestellt am Beispiel der Automobilindustrie, Wiesbaden, zugl. Diss. European Business School Wiesbaden, 2001.

Pohl, M./Witt, J. (2000): Innovative Teams zwischen Konflikt und Kooperation, Heidelberg.

Pohlmann, M./Apelt, M./Buroh, K./Martens, H. (1995): Industrielle Netzwerke. Antagonistische Kooperationen an der Schnittstelle Beschaffung-Zulieferung, München, Mering.

Polis, J. D. (2003): The connection between trust and knowledge management: what are its implications for team performance, in: Journal of Knowledge Management, Vol. 7, No. 5, pp. 55-66.

Porter, L. W./Lawler, E. E. (1968): Managerial Attitudes and Performance. Homewood, Illinois.

Prechtl, D. (1999): Team-Potential-Analyse (TPA), München.

Pritchard, R. D. (1990): Enhancing Work Motivation Through Productivity Measurement and Feedback, in: Kleinbeck, U./Quast, H.-H./Thierry, H./Häcker, H. (Hrsg.): Work Motivation, Hillsdale, pp. 119-132.

Prüfer, P./Rexroth, M. (1996): Verfahren zur Evaluation von Survey-Fragen: Ein Überblick, in: ZUMA-Nachrichten, Vol. 39, November 1996, pp. 95-115.

Rahn, H.-J. (1992): Betriebliche Führung, 2. überarb. Aufl., Kompendium der praktischen Betriebswirtschaft, Ludwigshafen (Rhein), Kiel.

Rasker, P./van Vliet, T./van den Broek, H./Essens, P. (2001): Team effectiveness factors: A literature review. TNO Technical report No.: TM-01-B007, Soesterberg, The Netherlands, zitiert in Essens, P./Vogelaar, A./Myll, J./Blendell, C./Paris, C./Halpin, S./Baranski, J. (2005): A Review of Team Effectiveness Models, NATO Research and Technology Organization, RTO.

Raulin, G. (1996): Leistungsorientierte Entlohnung von Portfoliomanagern, Bad Soden/Taunus: Uhlenbruch, zugl. Diss. Univ. Münster, 1996.

Reddin, W. (1981): Das 3-D-Programm zur Leistungssteigerung des Managements, Landsberg/Lech.

Reichwald, R./Möslein, K./Sachenbacher, H./Engelbeger, H. (2000): Telekooperation – Verteilte Arbeits- und Organisationsformen, 2. Aufl., Berlin.

Reimer, J.-M. (2005): Verhaltenswissenschaftliche Managementlehre, Bern u.a.

Reinartz, W./Krafft, M./Hoyer, W. D. (2004): The Customer Relationship Management Process: Its Measurement and Impact on Performance, in: Journal of Marketing Research, Vol. 41, No. 3, pp. 293-305.

Rheinberg, F. (2002): Motivation, Stuttgart.

Richter, M. (1999): Personalführung. Grundlagen und betriebliche Praxis, 4. aktual. und überarbeit. Aufl., Stuttgart.

Rickert, D. (1995): Multi-Projektmanagement in der industriellen Forschung und Entwicklung, Wiesbaden, zugl. Diss. Univ. Kiel, 1994.

Ridder, H.-G. (1999): Personalwirtschaftslehre, Stuttgart u.a.

Ringle, G. (1987): Die Beitrittsentscheidung und deren Förderung unter Anreiz-Beitrags-Aspekten, Institut für Genossenschaftswesen der Univ. Hamburg, Hamburg.

Roethlisberger, F. J./Dickson, W. J. (1939): Management and the Worker. An Account of a Research Program Conducted by the Western Electric Company, Hawthorne Works, Chicago, Cambridge, Mass.

Rohn, A. S. (2006): Multikulturelle Arbeitsgruppen – Erklärungsgrößen und Gestaltungsformen, Wiesbaden.

Rosen, M. (1961): Expectancy and Dissonance Reduction in The Prediction of Goal Striving, Paper Presented at The Meeting of The Eastern Psychological Association, Philadelphia, 7.4.1961.

Rosenstiel, L. v. (1975): Die motivationalen Grundlagen des Verhaltens in Organisationen: Leistung und Zufriedenheit, Wirtschaftspsychologische Schriften der Universitäten München und Augsburg, Bd. 2, Mexer, A./Hermann B. (Hrsg.), Berlin.

Rosenstiel, L. v. (1996): Motivation im Betrieb. Mit Fallstudien aus der Praxis, 9. überarb. und erg. Aufl., Leonberg.

Rosenstiel, L. v. (2001): Motivation im Betrieb, 10. Aufl., Leonberg.

Rosenstiel, L. v. (2006): Lernkultur Kompetenzentwicklung, in: Jahrbuch Personalentwicklung. Ausbildung, Weiterbildung, Management Development, Schwuchow, K./Gutmann, J. (Hrsg.), München, Unterschleißheim, S. 105-112.

Rosenstiel, L. v./Comelli, G. (2003): Führung durch Motivation. Mitarbeiter für Organisationsziele gewinnen, 3. erw. und überarb. Aufl., München.

Rossiter, J. R. (2002): The C-OAR-SE procedure for scale development in marketing, in: International Journal of Research in Marketing, Vol. 19, No. 4, pp. 305-335.

Rotering, C. (1990): Forschungs- und Entwicklungskooperationen zwischen Unternehmen – Eine empirische Analyse, Bd. 4, Stuttgart.

Rothenbücher, C. (2007): Leistungszurückhaltung im Unternehmen. Motivationsdefizite und nicht-adäquate Personalführung als Ursache für eine Reduzierung des Leistungsniveaus der Mitarbeiter. Schriftenreihe Personalwirtschaft, Bd. 11, Hamburg.

Rubin, D.B. (1976): Inference and Missing Data, in: Biometrika: a journal for the statistical study of biological problems, Vol. 63, Vol. 3, pp. 581-592.

Rummler, G. A./Brache, A. P. (1990): Improving performance – How to manage the white space on the organization chart, San Francisco.

Rupprecht-Däullary, M. (1994): Zwischenbetriebliche Kooperation: Möglichkeiten und Grenzen durch neue Informations- und Kommunikationstechnologien, Wiesbaden, zugl. Diss. Techn. Univ. München, 1994.

Salas, E./Dickinson, T./ Converse, S. A./Tannenbaum, S. I. (1992): Towards an understanding of team performance and training, in Teams: Their training and performance, Swezey, R. W./Salas, E. (Hrsg.), Norwood, New Jersey, pp. 219-245.

Schanz, G. (1991): Motivationale Grundlagen der Gestaltung von Anreizsystemen, in: Handbuch Anreizsysteme in Wirtschaft und Verwaltung, Schanz, G. (Hrsg.), Stuttgart, S. 3-30.

Schanz, G. (1993): Personalwirtschaftslehre. Lebendige Arbeit in verhaltenswissenschaftlicher Perspektive, München.

Schierenbeck, H./Wöhle, C. (2008): Grundzüge der Betriebswirtschaftslehre, München.

Schlick, G. (1999): Projektmanagement, Gruppenprozesse, Teamarbeit, 3. Aufl., Renningen-Malmsheim.

Schlittgen, R. (2009): Multivariate Statistik, 2. Aufl., München.

Schmidt, F. (1935): Leistungslohn, in: ZfB, Vol. 12, S. 15-33.

Schmidt, K.-H./Kleinbeck, U. (1990): The Role of Goal Setting and Feedback in Job Design, in: Work Motivation, Kleinbeck, U./Quast, H.-H./Thierry, H./Häcker, H. (Hrsg.), Hillsdale, pp. 105-118.

Schmidt, R. H. (1998): Erich Gutenberg und die Theorie der Unternehmung, in: Working Paper Series: Finance, Nr. 13, Februar, Johann Wolfgang Goethe-Universität, Frankfurt 1998.

Schneider, E. (1969): Industrielles Rechnungswesen – Grundlage und Grundfragen. 5. Aufl., unveränd. nachd. der 2. Aufl., völlig neu bearb. Aufl., Tübingen.

Schneider, H. (1993): Mitarbeiter zu positivem Leistungsverhalten anspornen, in: Personalwirtschaft, Nr. 7, S. 17-19.

Schneider, H./Knebel, H. (1995): Team und Teambeurteilung: Neue Trends in der Arbeitsorganisation, Köln.

Schnell, H. (1999): Policy Deployment, in: io management, Vol. 4, 1999, pp. 76-81.

Schnell, R. (1986): Missing-Data-Probleme in der empirischen Sozialforschung, zugl. Diss., Ruhr-Univ. Bochum, 1986.

Schnell, R. (1997): Nonresponse in Bevölkerungsumfragen, Opladen.

Schnell, R./Hill, P./Esser, E. (1999): Methoden der empirischen Sozialforschung, 6. Aufl., München.

Scholz, C. (2000): Personalmanagement. Informationsorientierte und verhaltenstheoretische Grundlagen, 5. neubearb. und erw. Aufl., München.

Schonert, T. (2008): Interorganisationale Wertschöpfungsnetzwerke in der deutschen Automobilindustrie. Die Ausgestaltung von Geschäftsbeziehungen am Beispiel internationaler Standortentscheidungen, Wiesbaden, zugl. Diss. Leuphana Univ. Lüneburg, 2007.

Schröder, K. A. (2003): Mitarbeiterorientierte Gestaltung des unternehmensinternen Wissenstransfers. Identifikation von Einflussfaktoren am Beispiel von Projektteams. Mit Geleitwort von Prof. Dr. Wolfgang Kersten, Wiesbaden, zugl. Diss. Techn. Univ. Hamburg-Harburg, 2003.

Schuler, H. (2004): Beurteilung und Förderung beruflicher Leistung, 2. vollst. überarb. und erw. Aufl., Göttingen u.a.

Schulte, T. (1999): Groupware, St. Gallen.

Schulte-Althoff, M. (1992): Projektfinanzierung: ein kooperatives Finanzierungsverfahren aus Sicht der Anreiz-Beitrags-Theorie und der neuen Institutionenökonomie, Münster, zugl. Diss. Univ. Münster, 1991.

Schulte-Zurhausen, M. (1995): Organisation, München.

Schulz, V. (2000): Nichtmaterielle Anreize als Instrument der Unternehmungsführung – Gestaltungsansätze und Wirkungen, Wiesbaden, zugl. Diss. Univ. Rostock, 1998.

Schumacker, R. E./Lomax, R. G. (2004): A Beginner's Guide to Structural Equation Modeling, 2. Aufl., Mahwah, New Jersey.

Schust, G. H. (1994): Total performance management: neue Formen der Leistungs- und Potentialnutzung in Führung und Organisation, Stuttgart.

Schust, G. H. (2000): Human Performance Management: wie Sie Mitarbeiter zur Wertschöpfung führen. Die lernende Organisation, Bd. 18, Leonberg.

Schwaiger, M. (2009): Theorie und Methoden der Betriebswirtschaft. Handbuch für Wissenschaftler und Studierende, München.

Seers, A. (1989): Team-Member Exchange Quality: A New Construct for Role-Making-Research, in: Journal of Organizational Behavior and Human Decision Process, Vol. 43, pp. 118-135.

Sharma, S./Durand, R. M./Gur-Arie, O. (1981): Identification and Analysis of Moderator Variables, in: Journal of Marketing Research, Vol. 18, No. 3, pp. 291-300.

Sharman, P. (1995): How to implement performance measurement in your organization, in: Journal of CMA – the Management Accounting Magazine, Vol. 5, pp. 33-37.

Shaw, M. (1981): Group dynamics, 3. Aufl., New York.,

Shea, G. P./Guzzo, R. A. (1987a): Group Effectiveness: What Really Matters?, in: Journal of Sloan Management Review, Vol. 28, No. 3, pp. 25-31.

Shea, G./Guzzo, R. (1987b): Groups as human resources, in: Journal of Research in Personnel and Human Resources Management, Vol. 5, pp. 323-356.

Simon, P. (2002): Die Entwicklung eines Modells der Gruppeneffektivität und eines Analyseinstruments zur Erfassung des Leistungspotentials von Arbeitsgruppen, Landau.

Skjoett-Larsen, T. (2000): Third Party Logistics – From an Interorganizational Point of View, in: International Journal of Physical Distribution and Logistics Management, Vol. 30, No. 2, pp. 112-127.

Slevin, D./Pinto, J. (1991): Project leadership: Understanding and consciously choosing your style, in: Project Management Journal, Vol. 12, No. 1, pp. 39-47.

Smith, G. R. (2000): Project leadership: why project management alone doesn't work, Boston u.a.

Sommerhoff, B. (1999): Mitarbeiterbeurteilung. Leistung messen – Mitarbeiter fördern – Personal entwickeln, 2. Aufl., Landsberg/Lech.

Spreckelsen, B. v. (2004): Performance Measurement von F&E-Kooperationsprojekten, St. Gallen, zugl. Diss. Univ. St. Gallen, 2003.

Sprenger, R. (1999): Mythos Motivation: Wege aus einer Sackgasse, 16. Aufl. Frankfurt/ Main u.a.

Spriestersbach, A./Stulle, K./Kersting, M. (2009): Auf den Zahn gefühlt, in: Personalwirtschaft – Magazin für Human Resources, Nr. 3, S. 48-50.

Staehle, W. H. (1999): Management – Eine verhaltenswirtschaftliche Perspektive, München

Stärkle, R./Jäger, F. (1972): Information und Kommunikation, in: Organisationsleiter-Handbuch, Degelmann, A. (Hrsg.), 2. Aufl., München, S. 646-668.

Staudt, E./Mühlemeyer, P./Kriegesmann, B. (1994): Erfinderlohn statt Schulterklopfen, in: Personal Potential, Heft 6, S. 41-43.

Stein, B. A./Kanter, R. M. (1980): Building the parallel organization: Creating mechanism for permanent quality of work life, in: Journal of Applied Behavioral Science, Vol. 16, pp. 371-386.

Steiner, I. D. (1966): Models for Inferring Relationships Between Group Size, in: Journal of Behavioral Science, Vol. 11, No. 4, pp. 273-283.

Steinthal, W. (1924): Intensitätsmessung in der Industrie. Berlin.

Steven, M. (1999): Organisation von virtuellen Produktionsnetzwerken, in: Produktionswirtschaft 2000. Perspektiven für die Fabrik der Zukunft, Nagel, K./Erben, R. F./Piller, F. T. (Hrsg.), Wiesbaden, S. 243-260.

Stickling, E. (2008): Nimmt man die Lust weg, hat man kein Motiv mehr für Leistung, in: Personalwirtschaft – Magazin für Human Resources, Heft 12, S. 22.

Stiglitz, J. E. (1991): Symposium on Organizations and Economics, in: Journal of Economic Perspectives, Vol. 5, Spring 1991, pp. 15-88.

Stock, R. (2003): Steuerung von Dienstleistungsnetzwerken durch interorganisationale Teams, in: Dienstleistungsnetzwerke, Bruhn, M./Stauss, B. (Hrsg.), Wiesbaden, S. 215-228.

Stock, R. (2003): Teams an der Schnittstelle zwischen Anbieter- und Kunden-Unternehmen. Eine integrative Betrachtung, Wiesbaden, zugl. Habil.-Schrift Helmut-Schmidt-Universität, Universität der Bundeswehr Hamburg, 2003.

Stock, R. (2005): Können Marketingteams zu homogen sein? Verhaltenstheoretische Überlegungen und empirische Befunde, in: Die Unternehmung, Vol. 56, Nr. 3, S. 274-306.

Stock-Homburg, R. (2007): Der Zusammenhang zwischen Mitarbeiter- und Kundenzufriedenheit. Direkte, indirekte und moderierende Effekte, Wiesbaden, 3. Aufl, zugl. Diss. Univ.-Mannheim, 2000

Stock-Homburg, R. (2008): Personalmanagement. Theorien – Konzepte – Instrumente, Wiesbaden.

Stock-Homburg, R./Gaitanides, M. (2006a): Einflussgrößen des Teamerfolgs: Analyse der Interorganisationalität als Moderator, in: Die Unternehmung, 60. Jg., Nr. 4, S. 265-279.

Stock-Homburg, R./Gaitanides, M. (2006b): Interorganisationale Teams: Aktueller Überblick und Entwicklung eines konzeptionellen Bezugsrahmens, in: Die Unternehmung, 69. Jg., Nr. 1, S. 45-62.

Stockstrom, C. (2009): Projektplanung und -management in der Neuprodukt-entwicklung – Eine empirische Untersuchung, zugl. Diss. Techn. Univ. Hamburg-Harburg, 2009.

Stölzle, W. (1999): Industrial Relationships, München, Wien, Oldenburg.

Strutz, H./Wagner, U. (1980): Soziologie: Einführung für Angehörige der öffentlichen Verwaltung, Köln.

Stüdemann, K. (1988): Allgemeine Betriebswirtschaftslehre, München, Wien.

Sui-Pheng, L./Khoo, S. D. (2001): Team performance management: enhancement through Japanese 5-S Principles, in: Journal of Team Performance Management, Vol. 7, No. 7/8, pp. 105-111.

Sundstrom, E./De Meuse, K. P./Futrell, D. (1990): Work Teams: Applications and Effectiveness, American Psychologist, Vol. 45, No. 2, pp. 120-133.

Sydow, J. (1992): Strategische Netzwerke – Evolution und Organisation, Wiesbaden.

Sydow, J. (1995): Organisation von Netzwerken – Strukturtheoretische Analysen der Vermittlungspraxis in Versicherungsnetzwerken, Opladen.

Sydow, J. (2006): Management von Netzwerkorganisationen. Beiträge aus der „Managementforschung“, 4. aktual. und erw. Aufl., Wiesbaden.

Sydow, J./Windeler, A. (2000): Steuerung von Netzwerken – Konzepte und Praktiken, Opladen.

Szulanski, Gabriel (1996): Exploring Internal Stickiness: Impediments to the Transfer of Best Practice Within the Firm, in: Strategic Management Journal, Vol. 17, 1996, Winter Special Issue, pp. 27-43.

Tannenbaum, R./Schmidt, W. (1987): How to choose a leadership pattern, in: The great writings in management and organizational behavior, Boone ,L. F./Bowen, D. D. (Hrsg.), New York, pp. 261-278.

Tannenbaum, S. I./Beard, R. L./Salas, E. (1992): Team building and its influendes on team effectiveness: an examination of conceptual and empirical developments, in: Issues, Theory and Research in Industrial Organizational Psychology, Kelley, K. (Hrsg.), pp. 117-153.

Teufel, S./Sauter, C./Mühlherr, T./Bauknecht, K. (1995): Computerunterstützung für die Gruppenarbeit, Bonn u.a.

Theriou, G. N./Chatzoglou, P. D. (2007): Enhancing performance through best HRM practices, organizational learning and knowledge management – A conceptual framework, in: Journal of European Business Review, Vol. 20, No. 3, pp. 185-207.

Thies, S. (2004): Content-Interaktionsbeziehungen im Internet – Ausgestaltung und Erfolg, Betriebswirtschaftliche Aspekte lose gekoppelte Systeme und Electronic Business, zugl. Diss. Univ. Kiel, 2004.

Thom, N. (1980): Grundlagen des betrieblichen Innovationsmanagements, 2. Aufl., Königstein.

Thompson, E. P./Chaiken, S./Hazlewood, D. J. (1993): Need for Cognition and Desire for Control as Moderators of Extrinsic Reward Effects: A Person x Situation Approach to the Study of Intrinsic Motivation, in: Journal of Personality and Social Psychology, Vol. 64, No. 6, pp. 987-999.

Thoms, W. (1940): Rentabilität und Leistung – Die Notwendigkeit des Neubaues der Wirtschaftsrechnung des Betriebes, Stuttgart.

Thorelli, H. B. (1986): Networks: Between Markets and Hierarchies, in: Strategic Management Journal, Vol. 7, January/February 1986, pp. 37-51.

Timme, H. (1967): Leistung am Arbeitsplatz. Eine Analyse des Leistungsbegriffs als Grundlage für Untersuchungen über Leistungsmessung, Leistungsbeurteilung, Leistungssteigerung, Leistungsentlohnung in unterrichtsähnlicher Darstellung (teilprogrammiert) zum Zwecke des Selbststudiums und als Lehrunterlagen, München.

Tjosvold, D. (1995): Cooperation theory, constructive controversy, and effectiveness: Learning from crisis, in: Team effectiveness and decision making in organizations, Guzzo, R. A./Salas, E. and Associates (Hrsg.), San Francisco, California, pp. 79-112.

Ueberschaer, N. (1998): Leistung, Motivation und Vergütung in der Team- und Gruppenarbeit, in: Personalführung, Vol. 4, S. 14-21.

Ullrich, K. V. (1977): Gesellschaftsbezogene Unternehmensphilosophie. Veröffentlichung der Stiftung Gesellschaft und Unternehmen, Vol. 8, Köln.

Unger, H. (1998): Organisationales Lernen durch Teams – Methode und Umsetzung eines teambasierten Projektmanagements, München.

Vahs, D. (2007): Organisation. Einführung in die Organisationstheorie und -praxis, 6. überarb. und erw. Aufl., Stuttgart.

Verworn, B. (2005): Die frühen Phasen der Produktentwicklung. Eine empirische Analyse in der Mess-, Steuer- und Regelungstechnik, Wiesbaden, zugl. Diss. Techn. Univ. Hamburg-Harburg, 2004.

Vroom, V. H. (1964): Work and Motivation, New York u.a.

Vroom, V. H. (1987): A New Look at Managerial Decision Making, in: The Great writings in management and organizational behavior, Boone, L. E. (Hrsg.), 2. Aufl., New York 1987, pp. 365-383.

Wahren, H.-K. E. (1994): Gruppen- und Teamarbeit in Unternehmen, Berlin

Walter-Busch, E. (1989): Das Auge der Firma – Mayos Hawthorne-Experimente und die Harvard Business School, 1900-1960, Stuttgart.

Weinert, A. B. (2004): Organisations- und Personalpsychologie, Weinheim, Basel.

Weingart, L. R. (1992): Impact of group goals, task component complexity, effort and planning on group performance, in: Journal of Applied Psychology, Vol. 77, No. 5, pp. 682-693.

Weissenberger-Eibl, M. (2000): Wissensmanagement als Instrument der strategischen Unternehmensführung in Unternehmensnetzwerken, München, zugl. Diss. Techn. Univ. München, 2000.

Wenger, E. C./Snyder, W. (2000): Communities of Practice: The organizational frontier, in: Journal of Harvard Busines Review, January-February, pp. 139-145.

Wettstein, T. (2002): Gesamtheitliches Performance Measurement: Vorgehensmodell und informationstechnische Ausgestaltung, Freiburg, zugl. Diss. Univ. Freiburg 2002

Wildemann, H. (1994): Flexible Arbeits- und Betriebszeiten und Gruppenorganisation, in: Flexible Arbeitszeiten, Gruppen- und Teamorganisation, neue Entgeltsysteme, Tagungsbericht, Wildemann, H. (Hrsg.), München, S. 1-73.

Wildemann, H. (2003): Wissensmanagement: Ein Erfolgsfaktor für Unternehmen, TCW München.

Wildemann, H. (2004): Entwicklungspartnerschaften in der Automobil- und Zulieferindustrie, Ergebnisse einer Delphi-Studie, München.

Williams, R. (1998): Performance Management. Perspectives on Employee Performance, London u.a.

Williamson, O. E. (1990): Die ökonomischen Institutionen des Kapitalismus: Unternehmen, Märkte, Kooperationen. Tübingen.

Wischer, T. (2005): Ein Modell zur Beurteilung der Effizienz von Anreizsystemen. Erweiterung des Kossbielschen Effizienzansatzes auf Basis des Rubikon-Modells, München, Mering.

Wiswede, G. (1992): Gruppen und Gruppenstrukturen, in: HWO, Frese, E. (Hrsg.), 3. Aufl., Stuttgart, Sp. 735-754.

Witte, E. H. (2002): Das Ausschöpfen der Leistungsvorteile von Gruppen: Wie kann man es besser machen?, in: Projektgruppen in der Organisation. Praktische Erfahrungen und Erträge der Forschung, Fisch, R./Beck, D./Englich, B. (Hrsg.), Göttingen, S. 307-322.

Witte, E. H./Lecher, S. (1998): Leistungskriterien für aufgabenorientierte Gruppen, in: Gruppendynamik. Anspruch und Wirklichkeit der Arbeit in Gruppen, Ardelt-Gattinger, E./Lechner, H./Schlögl, W. (Hrsg.), Göttingen, S. 52-61.

Wöhe, G./Döring, U. (2008): Einführung in die Allgemeine Betriebswirtschaftslehre, 23. völlig neu bearb. Aufl., München.

Wolf, J. (2003): Organisation, Management, Unternehmensführung, Theorien und Kritik, Wiesbaden.

Wunderer, R. (1988): Betriebswirtschaftliche Führungsforschung und Führungslehre, in: Betriebswirtschaft als Management- und Führungslehre, Wunderer, R. (Hrsg.), 2. Aufl., Stuttgart, S. 33-47.

Wunderer, R./Grunwald, W. (1980): Führungslehre, Bd.1: Grundlagen der Führung, Berlin u.a.

Zachary, W. B./Krone, R. M. (1984): Managing creative individuals in high-technology research projects, in: IEEE Transactions on Engineering Management, Vol. 31, No. 1, pp. 37-40.

Zerr, K./Müller-Schneider, T. (2002): Postalische Vorankündigung bei Online-Befragungen?, in: Planung und Analyse: Zeitschrift für Marktforschung und Marketing, Vol. 4, S. 56-59.

Zink, K. J. (1975): Differenzierung der Arbeitsmotivation von F. Herzberg zur Ausgestaltung sozio-technologischer Systeme, Frankfurt/Main, Zürich.